rowohlt
HUNDERT AUGEN

Allan Jenkins

WURZELN SCHLAGEN

Ein Jahr im Garten auf der Suche nach mir selbst

Aus dem Englischen von Christel Dormagen

ROWOHLT HUNDERT AUGEN

Das Buch basiert auf persönlichen Erfahrungen des Autors. Einzelne Namen und eindeutige Charakteristika, Dialoge und Details wurden verändert beziehungsweise fiktionalisiert.

1. Auflage April 2018

Die Originalausgabe erschien 2017 unter dem Titel
«Plot 29» bei Fourth Estate, London.

Einbandgestaltung AMMA Kommunikationsdesign, Stuttgart
Einbandabbildung Florikgius/Alaneg
Satz aus der Dolly, InDesign,
bei Pinkuin Satz und Datentechnik, Berlin
Druck und Bindung
CPI books GmbH, Leck, Germany
ISBN 978 3 498 03226 5

Für Christopher

Vorwort

Es gibt zwei Arten von Gärtnern. Solche, die ein Stück Land erben und darauf Rasen aussäen, eine sorgsam gepflegte Grasfläche anlegen, ordentlich abgekantet, in geraden Linien gemäht und von allen bewundert. Und solche, die ihre Fläche nutzen, um etwas anzupflanzen, die sich um das, was darauf wächst, kümmern und es mit anderen teilen. Letztere graben tief in die Erde, sie pflügen und verbessern den Boden, pflanzen Samen ein und sehen ihnen beim Sprießen zu. Sie schützen und behüten alles, was dort lebt, und am Ende teilen sie die reiche Ernte mit anderen.

Auch einen Lebensbericht kann man auf zwei Arten schreiben. Man kann eine Geschichte hinpinseln, die jegliche Risse zukleistert und von heroischen Taten und Erfolgen erzählt. Oder man kann mutig den Spatenstich tiefer ansetzen und dann graben, um eine sehr viel reichere Geschichte zutage zu fördern. Eine, die Autor und Leser gemeinsam mit auf eine Reise nimmt, die mal überraschend, mal zart und gelegentlich verstörend ist.

Ich habe noch nie etwas wie *Wurzeln schlagen* gelesen. Ja, es ist die liebenswürdige, herzerwärmende Geschichte von der Rettung und Wiederherstellung eines aufgegebenen Schrebergartens, eine Geschichte vom Schutz, den jemand, der etwas von den Freuden und Tücken des Gärtnerns versteht, dem Boden angedeihen lässt. Zugleich enthalten diese Seiten aber auch eine sehr ungewöhnliche Lebensgeschichte, mutig, exzellent geschrieben und absolut berückend.

Nigel Slater, 2017

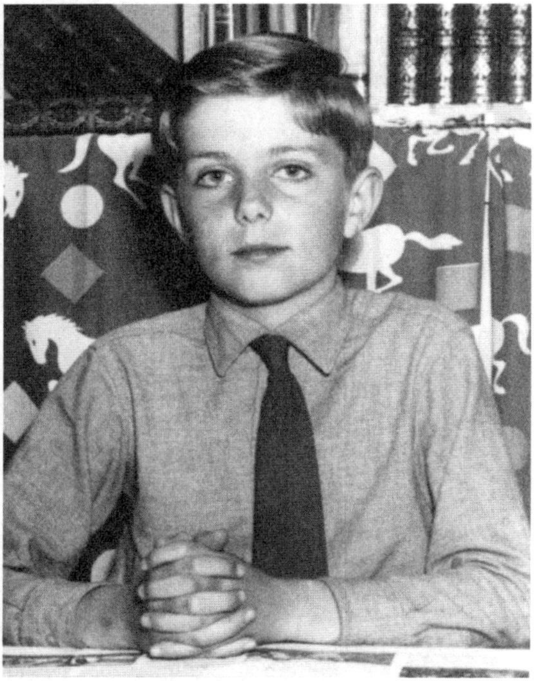

Natur

Immer wenn ich aufgewühlt, womöglich sogar wütend bin, ist das Gärtnern für mich wie eine Therapie. Wenn ich nicht reden möchte, suche ich Parzelle 29 auf oder ein noch wilderes Fleckchen Erde an einem Meer im Norden. Dort, zwischen Sämlingen und Bäumen, beruhigen sich mein Atem und mein Herzschlag allmählich. Meine Ängste und Sorgen verflüchtigen sich.

So ist es nicht immer. Manchmal möchte ich einfach nur Kartoffeln zwischen Blumen pflanzen, wie einst als Fünfjähriger mit meinem Bruder während eines verzauberten Sommers bei unseren neuen Eltern.

Parzelle 29 liegt in einer Londoner Kleingartenkolonie, in der Leute zum Gärtnern zusammenkommen. Nur dass ich dort manchmal, neben Studentenblumen und Sauerampfer, eben auch Trost anbaue. Ich ziehe kleine Pflanzen so heran, wie ich als kleiner Junge gern umsorgt worden wäre. Ich biete Schutz gegen Eindringlinge, ähnlich wie damals, als ich versuchte, Christopher zu beschützen.

Dies hier ist also mein Tagebuch und zugleich meine Kindheitsgeschichte, auch wenn die Erinnerungen so zerstückelt sind wie meine Familie. Ich versenke mich in die Parzelle, in die Natur und ihre Kultivierung. Ich gerate in Verzückung. Ich pflanze Erbsen für meinen Seelenfrieden.

Es geht natürlich nicht nur um Heilung, auch wenn sie dort wie die Bohnen im Überfluss zu finden ist. Manchmal geht es schlicht um das Vergnügen, Gemüse und Obst und Blumen gedeihen zu lassen, an denen man sich mit Menschen erfreuen kann, die man liebt.

Es treten auf:

SCHREBERGARTENFAMILIE
Mary, Howard, Annie, Bill,
Jeffrey, John, Ruth

FAMILIE
Henriette
Ehefrau

Christopher, Lesley, Caron, Susan,
Michael, Mandy, Adeboye, Tina.
Geschwister

Lilian und Dudley
Mum und Dad

Sheila
Mutter

Ray
Vater

Bill und Doris
Großeltern

Terry, Tony, Colin, Mike, Joyce
vier Onkel und eine Tante

Allan, Alan, Peter
Ich

Herrje, der Alte konnte
mit dem Spaten umgehn.
Genau wie sein Alter.

Seamus Heaney,
Vom Graben

Juni

Es ist der Monat der frühen Besuche, wenn man bereits vor fünf aufwacht, weil die Parzelle ruft. Die Zeit des Wachsens und der Haselzweigwigwams. Zeit, sich um die Aussaat zu kümmern. Während ich wach liege – oder in der Redaktion sitze –, stelle ich mir die zarten Sämlinge vor, der Gnade von Wind, Regen, Sonne und Schnecken ausgesetzt. Werden sie es durch ihre Kindheit schaffen? Mit meiner Hilfe vielleicht.

Gegen sechs bin ich in der Kleingartenanlage, die Luft ist weich, das Licht ebenfalls, das Rotkehlchen, vielleicht auch der Fuchs sind meine einzigen Gefährten. Die Bohnenschösslinge, gerade mal zwei Blättchen hoch, sind nun sehr verletzlich. Schaffen sie es an den Schnecken vorbei, die wie Rowdys auf der Lauer liegen? Binnen zwei Wochen werden sie frei sein und sich wie im Zeitraffer an den Haselstecken hochwinden. Nächsten Monat werden sie schon zwei Meter hoch sein, die Stängel ineinander verschlungen, und wie Bergsteiger an einer schwierigen Felswand nach der nächsten Stange tasten. Blüten werden aufgehen, Schoten werden sich formen. Doch für den Moment stehe ich erst mal nur am Rand, ein Vater am Schulsporttag, der leidenschaftlich anfeuert. Bald werden sie, wie Kinder, alt genug sein, um sich allein durchzuschlagen, doch noch bin ich für sie da, weniger, um irgendetwas zu tun – das Beet ist gehackt und gejätet, ziemlich makellos –, sondern eher als Freund, damit sie, so komisch es klingt, wissen, dass sie nicht allein sind.

Ich habe, glaube ich, an Sämlingen gelernt zu lieben; andere Kinder haben dafür kleine Hunde oder Kätzchen oder Plüschspielzeug. Es war die hoffnungsvolle Hilflosigkeit keimender Jungpflanzen, die nach mir rief, etwas Verletzliches, das betreut

werden wollte. Das Bedürfnis zu beschützen, da zu sein, war stark; für meinen Bruder Christopher hatte ich das nicht gekonnt, hatte ihn im Kinderheim allein gelassen; ebenso wenig wie für meine Schwester Lesley, die ich bei ihrem Dad in Sicherheit wähnte, und für Caron, die sich selbst überlassen blieb, während meine Mutter auf der Suche nach neuen Männern, neuem Sex und Abenteuern war.

SAMSTAG, 6 UHR FRÜH. Noch hat die Sonne die Parzelle nicht erreicht. Bill schläft schlechter, seit seine Frau gestorben ist, deshalb kommt er her, um die Zeit totzuschlagen, bis Costa Coffee um 8 Uhr aufmacht, wo er sich mit anderen Schlaflosen trifft. Seine Parzelle ist die ordentlichste, beinah wie mit der Nagelschere getrimmt, alles adrett in sauberen Reihen, die Pflanzen in perfektem Abstand, Sellerie bleicht in braunem Packpapier, Kletterbohnen winden sich an geringeltem Draht empor, die Büsche mit den schwarzen Johannisbeeren sind in Netze gehüllt. Seine Setzlinge zieht er zu Hause und pflanzt sie dann in streng vermessene Rillen. Das würde bei mir nicht funktionieren. Ich bin ein leidenschaftlicher Vertreter des Säens *in situ*, ich brauche den magischen Moment, wenn das ängstliche Absuchen einer Reihe mit dem Anblick aufgebrochener Erde belohnt wird, aus der sich ein winziger Stiel hervordrängt, wie eine Babyschildkröte, die sich aus dem Ei befreit, um sich ins Meer zu stürzen. Ich bin zwei Wochen nicht mehr hier gewesen, und der Salat ist völlig überwuchert. Reihen von Mondviolen mit Blüten wie Schiffspropeller, Gartenschaumkraut, mit gelben Stacheln gespickt. Die Bohnen werden von Schnecken belagert. Viele der etwa ein Zoll hohen Stiele sind angefressen, verkümmert, so wie Babyschildkröten, die wenige Meter vorm Wasserrand von herabschießenden Möwen angegriffen werden. Einige sind schlicht

hinüber. Insgesamt stehen die Pflanzen voll im Saft und schießen rasch in die Höhe, perfekte Angriffsfläche für räuberische Schnecken. Irgendetwas hat eine Saubohnenschote abgerissen, aber es sind noch genügend übrig. Ich wandere zwischen den taugetränkten Blättern hindurch und werfe ein paar Schnecken über die Mauer. Später werde ich wiederkommen, um den Salat auszudünnen, damit mehr Licht in den Pflanzendschungel dringt, doch der Plan für den Nachmittag sieht vor, dass ich mich weiter um Marys Beete kümmere.

Parzelle 29 gehört Mary Wood. Seit 2009 ihr Mann Don starb, teilt sie sie mit meinem Freund Howard Sooley und mir. Nicht, weil ihr der Garten zu viel wurde (sie ist eine begnadete Gärtnerin), sondern weil dort mehr gedeiht, als sie allein essen kann. Doch momentan schwächelt Mary. Je mehr ihre Kraft abnimmt, desto mehr Unkraut und Wildwuchs ersticken die Parzelle. Ich bin hier, um ihren Gründünger auszureißen. Überall schwirren narkotisierte Bienen herum, offenbar vernebelt von einer Überdosis Nektar. Völlig benommen fallen sie auf die Erde, während ich Unkraut jäte. Ahornkeimlinge überschwemmen das Beet, der Mangold, der den Winter überstanden hat, ist voll aufgeblüht und einen Meter hoch, bedrohliche Nesseln sind noch höher. Ich arbeite schnell, sense, jäte, stelle wieder Ordnung her. Es fühlt sich wichtig und dringlich an, dass Marys Parzelle nicht ebenfalls einem feindlichen Angriff erliegt.

Ich säubere das Beet, bepflanze zwei kurze Reihen mit fünfzehn Zentimeter hohem umgesetzten Mangold, säe eine Reihe Rote Bete aus. Später komme ich noch einmal zurück, um mit Mary zu plaudern. Sie ist seltener hier als in den vergangenen Jahren, aber die Sonne und ihr Bedürfnis, die Gartenerbsen umzupflanzen, haben sie hergelockt. Sie hat jetzt einen Stuhl auf dem Gelände und setzt sich häufiger hin. Wir reden darüber,

was sie in diesem Jahr anpflanzen möchte und wo. Ich schneide Stangen für eine Reihe Erbsen am Ende des Beets zurecht. Da ich nur wenig Zeit für unseren Teil der Parzelle aufbringen kann, säe ich am Rand Kapuzinerkresse aus.

Mein Gärtnerleben, auf bestimmte Weise mein Leben überhaupt, hat mit diesen einfachen Samen begonnen. Die meisten meiner Erinnerungen setzen um das Alter von fünf ein, vielleicht, weil es aus der Zeit Fotos gibt, vielleicht aber auch, weil vorher fast alles nur Chaos war, ein Chaos, das später auf dem Stuhl eines Therapeuten und in Gesprächen mit meiner «Geburtsfamilie» (ein listiger Begriff, den wir anstatt «richtige Familie» zu benutzen hatten), die ich erst viele Jahre später kennenlernen sollte, Schicht um Schicht freigelegt werden musste. Vielleicht liegt es aber auch schlicht daran, dass damals mein Leben in Sicherheit begann. Mit Lilian und Dudley Drabble.

Es gibt ein Foto von meinem Bruder Christopher und mir als kleinen Jungen zusammen mit Lilian. Christopher grinst schief und hält stolz sein neues fuchsfarbenes Kätzchen in den Armen. Es hat fast dieselbe Farbe wie sein Haar. Lilian hockt auf dem Boden, ihre siamesische Katze Tonka im Schoß. Ich habe den Arm um sie gelegt und blicke etwas misstrauisch in die Kamera. Die Kleidung von uns Buben wirkt seltsam groß. Nicht im Sinne von «da wächst du noch rein», sondern groß, weil sie gekauft wurde, ohne dass die dafür vorgesehenen Kinder jemals anwesend sind (es hat sie nie gegeben). Wir sind klein für unser Alter. Aber es sind neue Sachen für ein neues Leben in unserem neuen Zuhause mit unserer neuen Familie.

Lilian und Dudley heirateten, als beide um die vierzig waren. Sie lernten sich kennen, während Lilian Dudleys sterbenden Vater pflegte. Für eigene Kinder zu alt, wollten sie anfangs ein kleines Mädchen adoptieren, durften es aber nicht, vielleicht

weil sie schon so alt waren. Lilian litt darunter ihr Leben lang. Sie hatte sich ein Wesen gewünscht, das ganz ihr gehörte, ein Wesen, das sie formen und bilden konnte, das hübsche Kleider tragen würde. Irgendwie blieb da immer eine Traurigkeit, die auch wir nie lindern konnten.

Stattdessen boten die Drabbles in ihrem Bilderbuch-Häuschen im Dartmoor Erholung für «beschädigte» Kinder an. Christopher und ich verbrachten dort ein Wochenende, schossen mit Pfeil und Bogen und lernten bitte und danke sagen (wir hätten «kehlig» geklungen, pflegte Dudley mir später vergnügt zu erklären).

Die Kinderheime in Plymouth waren damals wild und ungezähmt. Eine knurrende Meute, die Angst, Tränen und Blut ausschwitzte. Nicht immer nur die Jungen.

Wir lernten dort unsere Lektion über Kasten. Zuallererst waren da natürlich die Brahmanen: die «Phantastischen Fünf» Familien mit ihren normalen Eltern, «Mama und Papa» (kleine Wörter, die gelegentlich immer noch schwarze Löcher aus Kummer heraufbeschwören können).

Die Adoptierten waren die «Auserwählten», meistens Kinder aus der übermäßig fruchtbaren Unterschicht, die von der unfruchtbaren Mittelschicht aufgenommen wurden. Unwürdige, die, wenn man so will, würdig wurden; ein beinahe nicht vorstellbarer Statuswechsel – Freigang auf Bewährung aus dem Fegefeuer.

Pflegefamilien waren Auffangbecken auf Zeit – ein selektierendes, wechselhaftes Fastfamilienleben, immer auf Abruf. Hier übten wir, dankbar und liebevoll zu sein – stets das Klopfen an der Tür fürchtend oder erhoffend: den schrecklichen Besuch der Sozialarbeiterin, die einen weiter-, herum- oder zurückschickte.

Ganz unten natürlich die Unberührbaren, die Unliebenswürdigen. Die in Pflege gegebenen zerbrochenen Kinder mit dem Kainszeichen, die, die niemand haben wollte. Mein Bruder Christopher.

Pflegeheime funktionierten wie Tierheime – im Stich gelassene kleine Wesen, zusammengepfercht verwahrt, bis irgendjemand, wer auch immer, sie vielleicht zu sich nahm. Ich erinnere mich an Tage, an denen mein Haar besonders gründlich gebürstet wurde. Ich wurde angehalten zu lächeln, weil neue Eltern mich vielleicht sehen, mich heilen, mich lieben und aus den Händen der Stadt befreien wollten. Es gibt, muss man wissen, eine Fähigkeit, sich liebenswürdig zu verhalten, ein wuscheliger, unversehrter Disneyhund zu sein, voller Eifer und mit wedelndem Schwanz. Christopher konnte oder wollte es nicht lernen. Sein nervöser Tick machte die Leute nervös. Sein Gesicht zuckte, sein Mund verzog sich. Er war unterentwickelt, der Kümmerling des Wurfs, eventuell mit leichten Anzeichen drohenden Ärgers. Obwohl der Anschein trügen kann.

Ich bekam ein neues Zuhause, jaulte aber so lange sehnsüchtig nach Christopher, bis sie mich wieder zurück zur Meute schickten, noch so ein undankbarer, unwürdiger Junge. Bis die Tage bei Lilian und Dudley Drabble begannen, mit ihrem Haus an einem Fluss in Devon, einem Kätzchen, einem Kater und einem Zaubertütchen mit Kapuzinerkressesamen.

Ich pflanze sie immer noch, diese schwer zu bändigende, knallbunte Blume. Sie kann leicht zur Plage werden und ist stets die Erste, die dem Frost zum Opfer fällt, aber mein Gärtnerleben ist ebenso sehr von emotionalen Erinnerungen durchtränkt wie von Musik und Liebe. Also säe ich Kapuzinerkresse, weil sie, der wuchernden Ackerwinde ähnlich, mit Gedanken an den Jungen durchwoben ist, der ich war; an den Jungen, zu dem ich

wurde; an den Bruder, den ich verlor; und vielleicht auch an den Vater, den ich nie kennenlernen werde. Und ich säe Stangenbohnen für Mary, weil Don, ihr verstorbener Ehemann, sie immer pflanzte. Auch Mary hat mir ein Zuhause geboten, einen Ort zum Pflanzen, als ich keinen hatte. Darum unterhalten wir uns über Erbsen und Radieschen, über Rucola und Kopfsalat; beides werde ich aussäen, wenn sie mit der Chemo beginnt.

Gegen Ende der Woche treffe ich mich mit Howard, um eine Stunde lang mit der Hand biodynamischen Kuhdung in Wasser aufzulösen. Gleich zu Beginn unserer Übernahme des Schrebergartengrundstücks beschlossen wir, es Jane Scotter von der Fern Verrow Farm in Herefordshire, der besten Gärtnerin, die wir kennen, gleichzutun. In den meisten Bereichen meines Lebens wäge ich sorgfältig Risiko und Gewinn gegeneinander ab, da ich mit knapp bemessenen Budgets und klarer Aufgabenteilung vertraut bin. Hier ist es anders; hier wachsen Bio-Pflanzen, Füchse bewegen sich frei, Blumen wuchern, Kinder rennen umher. Als Jugendlicher wurde ich vom Konfirmationsunterricht ausgeschlossen, weil ich nicht an die Kirche, die Wiederauferstehung und die Wunder glauben konnte; doch seitdem habe ich gelernt, meinen Unglauben zeitweilig außer Kraft zu setzen. Ich bin Journalist, und als solcher versuche ich keine Fragen mehr zu stellen, sondern zuzuhören. Beim Pflanzen richten wir uns nach dem Mondkalender und vermeiden nichtbiologische Schädlingsbekämpfung. Wir finden, dass unsere geernteten Früchte sich länger halten und besser schmecken – der Rucola ist schärfer, die Rote Bete süßer, der Sauerampfer saurer. Für uns funktioniert es. Wir fühlen uns stärker mit dem Boden verbunden. Es passt zu uns und dem Garten.

Der Prozess des Umrührens hat etwas zutiefst Meditatives, zwingt einen, sich zu konzentrieren, einfach eine Stunde lang

stillzusitzen, in der Morgen- oder Abenddämmerung, ganz egal, wie das Wetter ist. Howard muss früh fort, also bin ich es, der die Mischung später auch in Marys Parzelle versprüht.

Am nächsten Morgen bin ich zeitig auf dem Gelände, um für Mary und mich Reihen auszusäen. Ich möchte dringend aufholen. Im Winter konnte ich die Parzelle wegen eines gebrochenen Fußgelenks vier Monate lang nicht aufsuchen. Mein Wohlbefinden ist stark mit der Nähe zur Erde verbunden, und nun war es unterbrochen. Plötzlich waren schrecklicherweise das Laufen und das Gärtnern, die beiden chemiefreien Heilverfahren, die ich in mein Leben fest integriert habe, zusammen mit meinen Knochen zerschmettert. Nun versuche ich, diese Verbindung wiederherzustellen, doch es dauert. Ich laufe inzwischen schon wieder am Kanal entlang zur Arbeit, gehe zu Fuß in die Heide oder an den Strand, aber ich habe das Einsetzen von Winterpflanzen verpasst, mit denen die braune Erde, die uns umgibt, begrünt wird. Es kommt mir so vor, als schmolle die Parzelle, wie ein Kätzchen oder ein Kind, das zu lange allein gelassen wurde. Die drei Bohnenpyramiden, die ich errichtet habe, sind nun jederzeit angreifbar. Biologische Schneckenkörner sind dringend erforderlich.

Später kommt ein benachbarter Schrebergärtner vorbei und bringt schlechte Nachrichten. William, der freundliche Vereinsvorsitzende, wurde tot in seiner Wohnung aufgefunden. Ich war ihm immer dankbar, weil er Spannungen zwischen den Parzellenbesitzern und freiwilligen Helfern auf sanfte Art zu entschärfen verstand. Als Student hatte William seine südafrikanische Heimat gezwungenermaßen verlassen, weil die afrikaanssprachigen Behörden auf seine politischen Aktivitäten aufmerksam geworden waren. In London hatte er dann erfolgreich Stücke geschrieben, als Regisseur gearbeitet und Bücher rezensiert, und

auf Fotos sieht man, wie schön er gewesen war, aber der William, den ich kannte, war ein scheuer, bebrillter Mann, der Tulpen und Pfingstrosen zog und bei dessen Parzelle ich immer stehen blieb, um übers Gärtnern, das Wetter und die Probleme mit dem Gemeinschaftsschuppen zu plaudern.

Womöglich gewinnen die Schnecken ihre Schlacht gegen die Kletterbohnen. Die jungen Salate sind schon erledigt. Der Knoblauch und die Frühlingszwiebeln, die noch vor wenigen Tagen grün und gesund aussahen, sind von Rost befallen und bröselig wie dünnes Papier. Sie müssen ausgerissen werden. Die wilden toskanischen Ringelblumen haben sich explosionsartig vermehrt und ersticken die anderen Pflanzen. Zum ersten Mal, seit ich die Parzelle bewirtschafte, benötigt der Garten im Juni einen Neustart. Der lebende Teppich, der normalerweise den Boden bedeckt, ist schütter und kraftlos. Zwei Wochen vor Mittsommer beginne ich von neuem. Manchmal möchte ich lieber nicht glauben, dass der eigene Garten etwas über einen selbst verrät, über den grünen Daumen, den man so gern hätte, über die angeborene Fähigkeit (oder Unfähigkeit), zu hegen und zu pflegen. So leicht es fällt, sich gut zu fühlen, wenn die eigene Parzelle gedeiht, so schwer ist es zu akzeptieren, wenn sie dahinsiecht. Der Fehler liegt bei dir, nicht bei den Samen, nicht beim Wetter oder beim Pilzbefall auf dem Gelände.

Hätte ich als kleiner Junge nicht solch einen raschen Erfolg mit dem Pflanzen gehabt, würde ich vermutlich heute nicht gärtnern. Es war das erste Mal, dass ich als Kind dachte, ich könnte vielleicht doch zu irgendetwas taugen. Damals in Süd-Devon gab Dudley Christopher und mir zwei handtuchgroße Beete im Garten und zwei Samentütchen. Christopher bekam afrikanische Studentenblumen (Tagetes): leuchtende orangefarbene fröhliche Pflanzen, oft als Blumengirlanden in Tempeln

verwendet. Ich bekam Kapuzinerkresse: chaotische Kaskaden aus Rot, Orange und Gelb (Dad liebte leuchtende Farben), die rasch alles überwucherten. Kapernförmige Fruchtstände trockneten in der Sonne. Ich fand es überwältigend (finde es immer noch), dass so viel Leben aus einem so kleinen Tütchen kommen kann. Später wurde meine Kapuzinerkresse ein Opfer der Kriebelmücke, die alles Süße aussaugt – eine albtraumhafte Heimsuchung. Lilian zeigte mir, wie man Blätter und Stängel mit Seifenlauge besprüht und so die Zerstörung eindämmt, bis schließlich der Frost ihr Grün in ein welkes, geisterhaftes Grau verwandelte und ein silbriger tauartiger Schimmer das Ende ankündigte. Ich riss die Pflanzen aus, schüttelte die Samen fürs nächste Jahr heraus (obwohl die Selbstvermehrung stets reichte) und warf die leblosen Leichen auf den Komposthaufen, wo sie verrotten und sich in Erde verwandeln würden. Dass die Natur sich auf diese Weise erneuerte, faszinierte mich. Es war der Beginn einer großen Liebe.

Während meiner Anfangsjahre in der Laubenkolonie half ich bei einem Gartenverein für Grundschüler mit, wo Kinder zwischen fünf und elf mit Pflanzen umzugehen lernten. Kinder, die im Unterricht vielleicht Schwierigkeiten hatten, zur Ruhe zu kommen, arbeiteten jeden Freitag während der Mittagspause zusammen in der Kolonie. Sämlinge, die im Treibhaus vorgezogen worden waren, wurden in Hochbeete auf dem Spielplatz ausgepflanzt. Ich begleitete die Kinder bei ihren Besuchen auf dem Schrebergartengelände. Es befindet sich in Branch Hill und ist wie ein viktorianischer geheimer Garten: umzäunt, nur gerade ausreichend gebändigt, durch hohe Bäume geschützt. Wir gaben den Kindern Sonnenblumensamen und sahen zu, wie sie staunend beobachteten, dass die Pflanzen schneller wuchsen als sie selbst. Wir aßen Erbsen aus den Schoten und kosteten

Kräuter. Eine Erinnerung blieb mir besonders im Gedächtnis haften: wie ein in Somalia geborenes Mädchen allmählich aufblühte. Zuerst stand sie scheu und mit gesenktem Kopf ganz hinten in der Gruppe, dann begann sie mitzumachen, probierte Sauerampfer, Liebstöckel und andere Kräuter, deren Geschmack ihr fremd war. Gegen Ende des Jahres wartete sie immer schon ungeduldig am Tor und wollte unbedingt die wunderbare Kapuzinerkresse haben, ihre «würzige Lieblingsblume».

1960. Christopher verwandelt sich; aus einem zu klein geratenen Kind wird ein schnell wachsender Junge. Auch die nervöse Scheu verliert sich. Er spricht häufiger und aufgeregter. Ist immer unterwegs mit seiner Angelrute oder auf der Suche nach Ködern. Ich habe nicht die Nerven, ängstliche Seeringelwürmer auf einen Haken zu fädeln. Wir essen nie Fische, die er gefangen hat. Er bringt auch nie welche nach Hause. Er mag ohnehin keinen Fisch zum Tee. Er ist ein Fleisch-und-Kartoffel-Junge. Sein Lieblingsessen: Heinz-Spaghetti auf Toast. Mit der Zeit zieht es ihn mehr und mehr ins Dorf. Er kann dessen Ruf deutlicher hören als ich: die Hundepfeife anderer Kinder. Ich sehe sie auf den Hügeln, am Horizont, als sichtete ich einen Fuchs. Binnen weniger Jahre wird er zu einem begnadeten Athleten, talentiert in vielen Sportarten. Es fällt ihm leichter, ein Junge zu sein, als mir. Er ist authentischer dabei. Autos und Fahrräder, Kricket und Fußball; später Bier mit den größeren Jungs. Bald nach unserer Ankunft baut Dudley uns eine Art Seifenkiste. Er malt sie leuchtend gelb und blau an. Chris' sommersprossiges Gesicht strahlt, wenn wir hinter dem Haus den Hügel runterbrettern, er lacht, wenn wir zum Fluss rasen, mit kreischender Handbremse über den Wattweg schlittern und es schaffen, den Schlamm fast immer zu umkurven. Allmählich wird er von seiner Angst ge-

heilt. Er nimmt an Größe und Gewicht zu. Schon nach wenigen Jahren in Aveton Gifford ist er ärgerliche zweieinhalb Zentimeter größer als ich.

Ich bin wieder in der Parzelle, und die Schnecken wüten weiter auf Marys Gartenstück. Ich weiß nicht, warum. Ich habe eine Menge Unkraut ausgerupft, und es gibt nur noch wenige Verstecke für sie. Vielleicht ist es einfach ihr Jahr. Ich habe Erbsen und Bohnen gesät und nachgesät, aber sie erledigen die jungen Keimlinge fast jedes Mal sofort. Wie Skelette liegen sie am Fuß der Stangen. Es ist ein Bohnenschlachtfeld. Ich gebe nach und kaufe endlich Bio-Schneckenkorn. Die biologische Gedankenpolizei würde finster blicken, aber es geht nicht an, dass ich eine reiche Ernte habe, während Marys Wigwam kahl bleibt. Ich lege Buschbohnen nach (in drei Farben: Gelb, Grün und Blau) und gehe eines Abends nach der Arbeit noch einmal hin. Niemand ist auf dem Gelände, es riecht nach Heu und englischem Sommer. Die Ringelblumenbüschel leuchten geradezu in der frühen Dämmerung. Ich stecke noch mehr Bohnen um Marys Stangen in die Erde und lege die ersten Spitzen der Saat von vergangener Woche frei, Keime, zusammengerollt wie Siebenschläfer. Ich ergänze die Erbsenstöcke und verteile schützendes Schneckenkorn. Mir läuft die Zeit davon. Noch eine Woche bis zur Sommersonnenwende, dann werde ich nicht mehr hier sein, um zu helfen. Denn dann fahre ich zu dem zweiten magischen Fleckchen Erde in meinem Leben, einem Nutzgarten mit Sommerhaus an der ostjütländischen Küste, wo ich vor allem Bäume pflanze.

Es fühlt sich immer komisch an, den Schrebergarten zu verlassen, und sei es für noch so kurze Zeit. Als ließe ich ihn im Stich und er verstehe es nicht. Es ist ein wiederkehrendes irrationales Gefühl (ein Thema, das sich durch mein Leben zieht).

Aber dieses Mal ist es noch intensiver, verstärkt durch meine erzwungene Abwesenheit im Winter, als ich gebrochene Knochen hatte.

Der Garten in Dänemark ist anders. Er ist wie ein Echo von Devon. Ebenso küstennah, selbst der breite Streifen mit flachem Wasser und weißem Sand ist gleich. Doch er ist größer, wilder, und einsamer gelegen als die Parzelle in London – etwa 1500 Quadratmeter sandiger Lehm, 300 Meter vom Meer und einige Kilometer von dem Ort entfernt, in dem meine 90 Jahre alte dänische Schwiegermutter lebt. Nah genug jedenfalls, dass sie die Strecke radeln kann.

Wir besitzen dieses Stück Land und das Haus seit nunmehr zehn Jahren. Es ist vielleicht mein Ort der größten Geborgenheit.

Natürlich erinnert dort vieles an Dudley, an unser Haus, Herons Reach, an zu Hause. Das liegt am Klima, am Licht, an den flirrenden Libellen, den blauen Schmetterlingen und den Blumen: rosafarbene Nelken im Sommer, blasse Schlüsselblumen im Frühling – die gleiche scheue, bescheidene Blume, die ich Lilian immer zum Muttertag pflückte. Es liegt an den Finken und Meisen, die wir füttern, an der jedes Jahr wieder überraschenden Ankunft der Zugvögelschwärme, die hier haltmachen, um sich an den wilden Kirschen und den roten Vogelbeeren satt zu fressen. Es liegt an den Hasen mit orangefarbenem Rückenfell, die über die Wiese hoppeln, an den Füchsen und Dachsen, die ihre Spuren im Schnee hinterlassen. Es liegt an den Brombeeren, die den Strand säumen und tröstliche Bilder vergangener Spätsommertage hervorrufen, wenn wir mit Lilian die Hecken abpflückten, kleine Kannen mit Beeren füllten und ich mir Hände und Gesicht mit Saft bekleckerte. In einer meiner lebhaftesten Erinnerungen backen wir Brombeer- und Apfelkuchen, den

Dudley so gern mit der fetten Sahne aus Devon aß (Lilian war keine große Köchin, aber sie konnte einen guten Kuchen backen). Doch das tiefste Echo von Devon hallt aus den Bäumen. Dudley pflanzte leidenschaftlich gern Bäume: Pappeln und Goldregen, die die neue Zufahrt zum Haus säumten, Japanische Zierkirschen wegen der Farben der herbstlichen Blätter, die ich zwischen den Seiten meines Schulbuchs presste; Äpfel (*Cox Orange* zum Essen, *Bramley* zum Kochen), Conference-Birnen und Victoria-Pflaumen. Als ich etwa sieben war, pflanzte er 200 fünfzehn Zentimeter hohe Weihnachtsbäume, um die ich mich zu kümmern hatte, das heißt, ich sollte das erstickende Gras kurz halten. Das war die Arbeit, die ich am wenigsten mochte, noch weniger, als die endlosen Quadratmeter Rasen zu harken. Es war stets eine große Frickelei mit den Bäumchen, und es ließ sich nie vertuschen, wenn mir die Schere ausrutschte und ich ein Stämmchen verletzte. Christopher blieb diese Arbeit erspart, weil er zu viele Bäumchen köpfte. Ein schlauer kleiner Fuchs, mein Bruder.

Vielleicht zu Ehren von Dudley, auch wenn solche Dinge nie so eindeutig sind, wie es hier klingt, pflanze ich auf Ahl meistens Bäume – ein paar alte dänische Apfel- und Pflaumensorten, drei Spalierbirnen, rote und schwarze Johannisbeerbüsche und dazu Kiefer, Fichte, Lärche, Birke und Buche. Ich habe sie ausgewählt, weil sie in diese Gegend passen: eine Halbinsel mit altem Baumbestand und überall dazwischen Sommerhäuser aus Holz. Als wir das Haus fanden, mussten wir erst einmal vergreiste Bäume entfernen, die das Grundstück umstanden. Wir fällten sie mit Hilfe unserer Nachbarn, derselben Nachbarn, die ihre Wochenenden opferten, um einen Schuppen für das Brennholz zu bauen, das sie dann mit uns zusammen zersägten und spalteten. Denselben Nachbarn, die im Winter unseren Kamin

anzünden, bevor wir ankommen. Einsamkeit plus Gesellschaft, nach dieser Formel bin ich seit jeher auf der Suche, genauso wie in der Kleingartenkolonie, und auch sie ist ein Echo jenes Dorflebens in Devon, das es nicht mehr gibt und das auch nie meines war.

Genau wie bei der Laubenkolonie mache ich mir Gedanken um den Garten, wenn ich nicht da bin, fühle denselben Abschiedsschmerz, wenn ich ihn verlasse. Zum Winter vergrabe ich Tulpenzwiebeln am Rand, auch wenn die Chance gering ist, dass ich sie blühen sehen werde. Der Reiz besteht in dem Wissen, dass sie am Dialog mit ihrer Umgebung teilnehmen. Ich freue mich zwar, wenn mein Besuch in die Zeit ihrer Blüte fällt, aber ich muss nicht zwingend zu diesem Zeitpunkt dort sein. Es reicht mir, wenn ich die verblühten Blumen, die abgefallenen Blütenblätter in ihren verblassten Farben entdecke. Wie in der Laubenkolonie geht es mir um das Pflanzen als solches. Zwar bereitet es mir ein kindliches Vergnügen, wenn ich sehe, wie die Lärche in die Höhe schießt und nach dem Himmel greift, dennoch ist mir bewusst, dass ich sie höchstwahrscheinlich nicht mehr in ihrer majestätischen Vollendung als ausgewachsener Baum erleben werde. Aber irgendjemand wird es, vielleicht ein kleiner Junge, der an einem ihrer Äste schwingt oder im sommerlichen Gras spielt. Unterdessen mähe ich und denke hin und wieder an Dudley, wie er den Feldern und Hügeln Devons Rasen und Wiesen und Obstgärten abgewann, an die Baskenmütze (vielleicht wie er selbst ein Überbleibsel aus dem Krieg) auf seinem Kopf, den militärisch akkurat getrimmten Schnurrbart (dito), an seine eng gegürtete Kordhose, die grasgrünen Flecken auf seinen Schuhen, und ich warte und beobachte.

Ich sehe, dass die Lärche die drei neuen Birken überflügelt, während ihr Schwesterbaum in der anderen Ecke Sonnenlicht

und Schatten einfängt. Ich sehe die hellgrünen neuen Triebe an den Schösslingen, die ich über eine Anzeige in der Lokalzeitung gekauft habe. Manchmal schiebe ich die kleinen Bäume so lange auf dem Grundstück hin und her, bis sie ihren Platz gefunden haben und bleiben. Ich sehe, wie die wilde Kartoffelrose Fuß fasst und sich ausbreitet. Die Gemeindeverwaltung unterhält eine Hassliebe zu den wuchernden, duftenden Blumenböschungen, die sich den ganzen Strand entlangziehen, und rasiert sie jedes Jahr von neuem ab. Sie seien russisch, behaupten sie, obwohl es die Rosen am Strand schon gibt, solange die Leute denken können. Die Dänen haben ein gestörtes Verhältnis zu Eindringlingen von außen, während ich natürlich der Kartoffelrose die Daumen drücke.

Ich beobachte, wie die scheuen Rotschenkel abends umherflattern und Ameisen fressen. Das Männchen stößt seinen warnenden Morgenruf aus, wenn ich mich dem Brutkasten nähere, in den sie jedes Jahr zurückkehren (ich wende mich nach links und mache einen großen Bogen ums Haus, um sie nicht zu stören). Ich beobachte, wie der Buntspecht seinem Jungvogel beibringt, Nahrung zu suchen, während eine Meise geschickt hinter ihnen herschleicht, für den Fall, dass sie etwas übersehen. Ich schaue dem Amselpaar zu, wie es, aufgeplustert und wichtigtuerisch, auf dem Rasen patrouilliert, ich lausche dem Männchen, wenn es im höchsten Ast der größten Birke singt. Auch auf sie nehme ich Rücksicht und meide den Holzschuppen, wenn sie dort nisten, was an einem kühleren nordischen Morgen, wenn ich Feuer machen möchte, lästig sein kann.

Ich bewundere die Wildblumenexplosion an der Südseite des Hauses: in einem Jahr ein umwerfender Wall knallroter Mohnblumen, im nächsten Jahr Margeriten, dann wieder nichts. Ich kaufe und streue wie verrückt Wildblumensamen, mit we-

nig oder keinem Erfolg. Ich pflanze neue Buchenhecken, damit etwas von dem Geborgenheitsgefühl zurückkehrt, das verloren ging, als der Baumdoktor blindwütig durch den Garten tobte. Ich versetze die Reineclaude-Pflaume, um zu schauen, ob sie an einem etwas schattigeren Platz glücklicher ist. Hauptsächlich übe ich mein Auge jedoch darin, die kleinen Veränderungen seit meinem letzten Besuch wahrzunehmen: die golden schimmernden Käfer, die Frösche, den Klee oder das scheue Leberblümchen. Auf meinen rituellen Morgenspaziergängen beuge ich mich in den Tau hinunter, um genauer hinschauen zu können. Alles hier ist bereit für den Frühling und den Sommer, für das frische Laub, das die Nachbarparzellen aussperrt, sie fortschiebt, als grüne Schutzzäune, wenn man so will, die nur so wimmeln von neuem Leben, dem täglichen Morgendämmerungschor.

SONNTAGMORGEN, ENDE JUNI. Ich sitze im ersten Bus, meine Mitpassagiere sind Hausangestellte auf dem Weg nach Hampstead, zu den größeren Londoner Wohnungen, wo sie putzen und sich um den Haushalt kümmern. Ich bin seit zwei Wochen nicht mehr in der Gartenkolonie gewesen und gespannt, ob meine notfallmäßig ausgesäten Bohnen aufgegangen sind. Mir hat der Garten gefehlt. Mein Herz schlägt höher, als ich ankomme. An jeder von Marys Bohnenstangen klettern eifrig Ranken. Marys Sommerparzelle ist gerettet. Okay, Pfahlwurzeldisteln gedeihen, das Unkraut explodiert, viele der Erbsen- und Saubohnenpflanzen sind verweht und umgefallen, einige Samen haben nicht gekeimt, aber insgesamt nichts, das sich nicht mit ein oder zwei Tagen mit der Handhacke richten ließe. Plötzlich ein rostroter Blitz, ein Tupfer Weiß auf einem vorbeihuschenden Schwanz, ein Fuchs flitzt vor mir über den Weg. Meine erste Sichtung in diesem Sommer. Ein gutes Omen. Mag sein, dass

Omen etwas für Landkinder sind, mag aber auch sein, dass die Parzelle mir mein gebrochenes Bein und meine Abwesenheit verziehen hat. Ich säe selbstgesammelte rote Tagetes-Samen und mache mich an die Arbeit. Eine Frühstückspause zu Hause, zwei Stunden für die Sonntagszeitung und wieder zurück, weil ich die Kartoffelreihen anhäufeln will. Die ersten Knollen können demnächst geerntet werden. Der Mangold steht mit seinen vielen Blättern prächtig da. Während eines Wolkenbruchs hacke ich mich durch jede Reihe und richte die Erbsen wieder auf. Ich liebe Gartenarbeit bei Regen. Er schließt die Außenwelt aus und hilft dir, dich zu konzentrieren. Nur du und dein Tun: eine Meditation mit Hand und Hacke. Ein Moment der Verbundenheit. Ich binde die Erbsen an und muss an einen Freund denken, der mir Samen per Post schickt. Ich schicke ihm meinerseits eine bunte Mischung aus der ganzen Welt zurück, die ich gesammelt oder geschenkt bekommen habe. Er schickt mir baskische Erbsen und kleine, intensiv schmeckende Tomaten, weil sie ihn und seine Region repräsentieren. Die Erbsen muss man jung pflücken, und manchmal denke ich, wenn ich sie esse, an Ferran Adrià mit seinem El Bulli. Und ich denke an Lilian.

2011. Es ist einer der letzten Abende vor der Schließung des besten Restaurants der Welt. Dom Perignon hat 50 Gäste in Privatmaschinen eingeflogen: Investoren, die ihr Geld in Wein anlegen, Silicon-Valley-Milliardäre, Filmstars mit ihren Liebhabern, ein zweiter Restaurantkritiker und ich. Wir werden von einem Hubschrauber wie in einer Szene aus *Apocalypse Now* am Strand abgesetzt. Wir essen 50 kleine Gerichte – Eier, aus Gorgonzola geformt, kleine pikante Würfel vom Hasen, Seegurkenstreifen, Rosenblüten-Wan-Tans und eben die Erbsen. Angeregte Diskussionen, der 73er Dom Perignon fließt in Strömen. Ich sitze

an einem Tisch mit bedeutenden Würdenträgern, als mich, mitten während der Mahlzeit, eine Woge erfasst. Der Raum und der Lärm verschwimmen, ein Brocken angestauter Emotionen löst sich, und ich merke, dass mein Gesicht nass ist. Ich weine stumm. Ferran Adriàs Erbsen, die in meinem Mund zerplatzen, haben den Zugang zu Erinnerungen freigesprengt. Ich sitze nicht mehr gegenüber vom Roller Girl aus *Boogie Nights*; ich bin vielleicht sechs, hocke in Shorts und gestreiftem Hemd auf der rosafarbenen Veranda unseres Hauses in Devon. Lilian ist bei mir; in ihrem gelb gemusterten Sommerkleid mit der blauen Schmetterlingsbrosche sitzt sie lächelnd neben mir und palt geduldig Erben in ihr verbeultes Aluminiumsieb. Und als ich eine Schote nehme und ihr helfe, begreife ich, dass Sicherheit für immer so schmecken wird: wie Gartenerbsen, frisch aus der Schürze deiner neuen Mum gepflückt.

Juli

Die Saubohnen sind jetzt fast verschwunden, übrig sind nur etwa ein halbes Dutzend im Frühling gesäter Crimson-Flowering von Mads McKeever aus dem Samengeschäft *Brown Envelope Seed* in Cork. Ich bin Anfang 2007 über die «Samen-Botschafter» auf diese alte Sorte – und auf Brown Envelope – gestoßen. Andrew Still und seine Frau Sarah sind Samenjäger aus Oregon, wo viele begeisterte Pflanzenzüchter leben. Andrews Leidenschaft gilt dem Kohl, und das Paar war gerade auf einer Europatour, die tief in Sibirien begonnen hatte und bei Mads an der Westküste Irlands endete. Zusammen mit Andrew und Sarah kamen auch die Geschichten. Die beiden erschienen an einem kalten Wintermorgen in der Parzelle mit ihren Päckchen von Tim Peters von *Peace Seeds*, dem Züchter von Gulag Star, einer Wintersalatkreuzung aus russisch-sibirischem Kohl und Senfgewächsen, und unserer ersten Flashback-Calendula. An dem Tag lernte ich auch die *Trail of Tears*-Bohnen kennen, die ihren Namen, «Marsch der Tränen», von den Cherokee haben, die im Winter 1838 von ihrem Stammland in den Carolinas vertrieben und nach einem langen Fußmarsch in Oklahoma angesiedelt wurden. 1977 kamen die Bohnen zum ersten Mal durch Dr. John Wyche, einen «Cherokee-Nachkommen, Gärtner, Samenretter, Zirkusbesitzer und Zahnarzt», auf der *American Seed Savers Exchange*, einer Samen-Börse, auf den Markt. Heute können sie bei Züchtern historischer Pflanzen getauscht und gekauft werden. Ich habe die Samen gesammelt und ernte noch immer von den Pflanzen, die Andrew und Sarah uns damals schenkten. In diesem Jahr haben die Trail of Tears zwei von Marys Stangen erklommen, als Ergänzung für die mühsam um ihr Leben kämpfenden anderen Bohnen.

Schneckenkörner und Sonne haben ihr Werk getan, diesmal wird der Wigwam sich begrünen. Ich jäte den Boden um die Stangen herum und passe auf, dass ich die Geranien nicht abbreche, die Mary dort gepflanzt hat. An anderen Stellen breitet sich die mörderische Ackerwinde offenbar unheilvoll aus, aber Mary hat ein weiteres kleines Winterbeet freigelegt. Ich dünne die Ringelblumen aus, die jetzt auf beiden Seiten der Parzelle wuchern; blühende Stängel stehen zu Hause neben meinem Bildschirm, während ich in den frühen Morgenstunden schreibe. Es ist herrlicher Hochsommer und somit Zeit, mit einem Hut und Sonne auf dem Rücken zu gärtnern, Zeit, Salat, Erbsen und Rettich für die Küche zu ernten, und beinah Zeit, Spinat zu säen. Die Sommersonnenwende liegt einige Wochen zurück, die Tage sind wärmer, die Nächte aber schon wieder ein bisschen länger. Es wird Zeit, mit dem Planen und dem Pflanzen für den Winter zu beginnen.

Der Sommer hält für mich immer auch Erinnerungen an früher bereit, an Herons Reach, an das Haus am Flussufer, das Lilian und Dudley kauften, um die Jungen großzuziehen. Wenn ich von jener Zeit spreche, von meinem frühen Leben, ist oft die Rede von «dem Jungen» (oder den Jungen) und dem, was ihm (oder ihnen) widerfahren ist. Ich benutze selten die Wörter «ich» oder «wir». Das mag mit Verwirrung zu tun haben oder mit der Absicht, eine schützende Distanz zu schaffen. Mir ist aber aufgefallen, dass andere Menschen mit ähnlichem Hintergrund sich ebenso verhalten. Es könnte auch mit dem Abwerfen von Identitäten zu tun haben, ähnlich den hauchdünnen Schlangenhäuten, die ich oft auf dem Friedhof von Aveton Gifford fand. Und es könnte mit Namen zu tun haben. Mum und Dad mochten den Namen Alan nicht und beschlossen, mich stattdessen Peter zu nennen (mein zweiter Vorname). Und nach

einer Art Probezeit – ich muss die Prüfung bestanden haben – wurde ich zu Drabble (Christopher lehnte das ab und blieb trotzig bei Jenkins, ein Graben zwischen uns). Nun, da wir endlich in Sicherheit waren, dachten sie, sie könnten uns ungefährdet voneinander loslösen.

Das verängstigte Stadtkind Alan Jenkins verblasste, zumindest fürs Erste. Der blondhaarige Dorfbub Peter Drabble mit den strahlenden Augen schlüpfte aus seinem Kokon, war geboren.

Und während wir spielten, wurde auch das Haus erweitert, modernisiert und umbenannt. North Efford (nördlich des Fjords): ein Landarbeiterhäuschen verwandelte sich in Herons Reach. Ein Anbau wurde hinzugefügt, Licht wurde hereingelassen, das Äußere bekam einen neuen rosafarbenen Anstrich; rostroter wilder Wein wurde an der Außenwand hochgezogen. In jenem langen, glücklichen Sommer, dem ersten, der sich tief in mein Gedächtnis eingegraben hat, wedelte Dudley mit seinem Zauberstab, machte einen Durchbruch für die Verandatür, kaufte das große Feld hinter dem Haus, legte eine Auffahrt an, schaffte die Grundlage für einen Rasen und ein kleines Feld. Er pflanzte noch mehr Bäume. So wie ich schüttelte das Haus seine dunkle Vergangenheit ab. In der Küche wurde süße Erdbeermarmelade gekocht, im Garten waren die Geräusche von Jungen, der Knall eines Kricketschlägers gegen einen Ball zu hören, Pflaumen und Äpfel wuchsen im Obstgarten. Dudley erschuf ein Heim für seine neue Familie.

Während dieser Umbauphase hausten wir in einem Wohnwagen. Er war hell, hatte einen Frühstückstresen und Klappbetten; allerdings hielten wir uns nur zum Schlafen dort drinnen auf. Christopher spielte Kricket oder Fußball, während ich in Bäume kletterte und den Fluss erkundete, Aale und Stichlinge fing und sie so lange in einem Glas aufbewahrte, bis sie starben.

Wir hatten unterschiedliche Haare, unterschiedliche Augen und lächelten auf unterschiedliche Weise. Er hatte haselnussbraune Augen, um die ich ihn fast beneidete, rötliches Haar, das ich mochte, und Sommersprossen, die ich gern gehabt hätte, aber ohne den dazugehörigen Sonnenbrand. Er war schmächtig, während ich stämmiger war, sein Grinsen war breiter, dafür war ich mit meinem schneller zur Hand.

Mein Lieblingsfoto von Christopher stammt aus jenem idyllischen Sommer 59. Er sitzt im Eingang des Wohnwagens, und ein stolz blickender Dudley hat den Arm um ihn gelegt. Christopher ist glücklich – sein nervöser Tick verschwindet allmählich. Er wird umarmt. Er wird geliebt.

Das offenherzige Lächeln sollte allmählich verschwinden, sein fröhliches, sich verhaspelndes Geplapper verstummen. Er zog sich in sich selbst zurück, wenn auch noch nicht vollständig.

4. Juli. Alle Tomatenpflanzen, vielleicht ein Dutzend, die in Töpfen auf der Dachterrasse wachsen, tragen Früchte. Es ist eine Ironie der Geschichte, dass sie dort stehen, denn es waren Tomatensamen, die mich zu Parzelle 29 brachten. Es ist Juli 2006, ich bin Herausgeber einer überregionalen Sonntagszeitung, jongliere mit Millionenbudgets, einer Millionenleserschaft und über zwanzig Angestellten. Meine Tage verbringe ich mit Fotografen, Autoren, Agenten, Prominenten und Modeschöpfern mit empfindlichen Egos. Aber alles, woran ich denke, ist, wie es wohl meinen Tomatensetzlingen ergeht, wenn das Wetter sich ändert. Wie kommen sie mit Kälte oder Hitze zurecht? Das nächste Titelbild fürs *Observer Magazine* kann warten. Mich verfolgen hilflose Pflanzen. Zum ersten Mal seit zwanzig Jahren hat meine Arbeit einen Rivalen. Ich habe das Gefühl, anderswo gebraucht zu werden.

Und ich bin nicht allein. In der Redaktion sind einige von uns zurzeit wie besessen. Wir tauschen junge Pflänzchen und vergleichen ihre Größe. Wir reden kaum von etwas anderem.

Zu Hause in Kentish Town habe ich seit Jahren eine Dachterrasse, auf der ich Blumen und Pflanzen in Töpfen ziehe. Ich bin mit einer Architektin verheiratet, die die Moderne und klare Linien liebt, also in saubere Reihen gesäte Gräser und Palmen. Jedes Jahr machen wir Kompromisse und einigen uns auf ein paar Geranien – ein Relikt aus meinem ersten Londoner Teenagerjob in einem Gartencenter in Kensington. Aber die unordentlichen Tabletts mit Tomatenpflanzen werden langsam ein Problem. Wo sollen die alle hin?

Wahrscheinlich wird meine Besessenheit nur auf der Arbeit verstanden. Unter den Tomatenpflanzern beim *Observer Magazine* ist ein Wettbewerb ausgebrochen. Jemand bringt zum Beispiel seine hohen Schösslinge mit und gibt damit an. Wir zeigen einander Tomatenfotos. Und dann kapiere ich: Wir brauchen einen Ort zum Pflanzen. Vielleicht könnten wir ja außerhalb des Büros gemeinsam säen, gemeinsam schreiben, gemeinsam gestalten? Das ergäbe eine andere Dynamik. Keiner wäre der Chefredakteur, wir würden ein utopisches Ideal erschaffen. Wir würden, stelle ich mir vor, in aller Harmonie Tomaten anbauen, so wie die alte englische Digger-Gemeinschaft aus dem 17. Jahrhundert oder wie eine Landkommune in den sechziger Jahren. Ich bin nicht mehr zu bremsen.

Wir ziehen Guerilla-Gärtnern in Betracht, wollen städtischen Raum umwandeln. Wir setzen uns mit Behörden in Verbindung, erkundigen uns, ob sie über unbenutztes Land in einer Wohnsiedlung verfügen, das von ein paar Blumen- und Gemüsebeeten profitieren könnte. Wir fragen, ob es irgendwo freie Schrebergärten gibt, die wir für eine Weile übernehmen könnten. Dann

stoßen wir auf Marys Schwester Hilary, die zuständige Beamtin für die städtischen Schrebergärten in Camden, und Branch Hill tritt in mein Leben.

2006. Ruth ist die Pächterin von Parzelle 30. Sie hat achtzehn Jahre auf einen Schrebergartenplatz gewartet, und als sie endlich einen bekam, ging es ihr nicht gut. Der Garten liegt in Nordlondon, in der Nähe meiner Wohnung. Hilary sagt, wir könnten ihn für ein Jahr bewirtschaften und später als Nutzfläche zurückgeben. Ruth wird es dann hoffentlich besser gehen.

Wir fahren hin, um ihn zu besichtigen.

Ruths Parzelle liegt neben der, die wir heute bewirtschaften. Meine erste Schrebergartenliebe; die Parzelle ist anfangs schwer zu erkennen, weil sie nicht einfach nur überwuchert ist, sondern geradezu in Unkraut ertrinkt. Das Gelände fällt rasch einen steilen Abhang hinab, ist bedeckt von Winden und Büschen, und überall dazwischen liegen Betonüberreste. Mehr wüste Brache als Schrebergarten. Meine Kollegen machen lange Gesichter. Ich aber strahle. Hier ist ein Fleckchen Erde, in das ich mich gut einfühlen kann: ein Gartenfräulein in Not; so bezaubernd und verlassen wie ein heruntergekommenes Häuschen am Fluss, das eine helfende Hand benötigt, um zu sich selbst zu kommen.

Es fängt gut an. Kollegen von der Zeitung opfern ihre Wochenenden und graben den Boden um. Wir begegnen uns in einem ganz neuen Licht: völlig verdreckt, mehr als nur ein bisschen schwitzend. Aber es gibt zu viel zu tun. Es wird zu lange dauern. Das Unkraut nimmt kein Ende, und wir graben Brocken alter Gebäude aus, die bösartig in der Erde lauern. Wir fördern einen kompletten Anderson-Bunker mitsamt Wellblechdach zutage. Es ist zu viel, das kann ich nicht verlangen. Es ist ihr Wochenende, an dem sie Arbeit und Büro hinter sich lassen wollen.

Nach wenigen Wochen bin ich allein, der Regen, vergrabene Ziegel, Draht und zerbrochenes Glas sind meine Gefährten. Auftritt: Howard, Don und Mary.

Ursprünglich hatte ich Howard für die Fotos vor Monty Dons Gärtnerkolumne in der Zeitung engagiert; mir gefiel seine Arbeit, seit ich das Buch gesehen hatte, das er zusammen mit Derek Jarman über den Prospect-Cottage-Garten in Dungeness gemacht hatte. Das war genügsames, kunstvolles Pflanzen in fast schon brutaler Harmonie mit der Umgebung. Howards stille Bilder von Jarman, von Treibholz und Details hat mein Verständnis davon, wie Raum zu begreifen sei, vollkommen verändert.

Jarman erfasst den Fotografen sehr fein, wenn er in dem Buch schreibt: «Howard Sooley ist eine Giraffe, eine Giraffe, die lange auf ein Foto von Virginia Woolf gestarrt hat; er besitzt die Ruhe und die Anmut dieses wundersamen Tiers.» In dieser Ruhe – und Kameradschaftlichkeit – sollten wir gemeinsam unsere erste wundersame Parzelle hervorzaubern und danach noch weitere.

1960. Christopher gründet mit Begeisterung immer neue Vereine. Wir haben selbstgemachte, auf Pappe gezeichnete und angemalte Abzeichen, die mit Sicherheitsnadeln angesteckt werden. Lilian machen die Löcher in unseren Hemden und Pullovern Kummer. Unsere Abzeichen sind gewöhnlich rund, manchmal auch wie Schilde geformt. Es gibt undurchsichtige Regeln. Er ist immer der Anführer. Ich bin das einzige Mitglied. Wir bleiben eine Geheimgesellschaft, weil andere Jungen müde abwinken. Mädchen fragen wir nie. Wir bauen Höhlen als Versammlungsorte. Ich schwöre dem Verein und Christopher die Treue. Bald schon werde ich durch Kricket ersetzt.

Samstag, 11. Juli, 6 Uhr früh. Wir werden belagert. Die Mücken, die im Sommer abends und frühmorgens Teich und Parzelle heimsuchen, fallen über mich her. Heute möchte ich Platz für neue Pflanzen schaffen, Licht und Luft hereinlassen. Es ist fast so schwül wie vor einem Monsun, neuer Regen droht. Anfangs bemerke ich die Mücken kaum, schlage nur geistesabwesend nach ihnen und ärgere mich über die Stiche, die die Tiere dem bleich aufblitzenden Fleisch zwischen Hemd und Hose verpassen, sobald ich mich bücke. Ich entferne die von den Schnecken erledigten letzten Saubohnen. Ich rupfe übergriffige Ringelblumen aus und behalte ein paar Stängel für den Küchentisch, bringe es aber nicht übers Herz, die leuchtend orangefarbenen mitzunehmen. Ich dünne den neu gesäten Salat aus, verwahre die Blättchen fürs Mittagessen. Es wäre immer noch viel zu tun, aber inzwischen juckt mein ganzer Körper so unerträglich wie einst in Kinderzeiten bei Windpocken. Während ich arbeitete, haben die Insekten es sich gut gehen lassen. Ich brauche dringend etwas gegen die Schwellung, die jetzt auf ein Auge drückt, und auch gegen das rasende Kratzen. Ich verlasse den Kampfplatz, fliehe, lasse Blätter, Bohnen und Blumen liegen.

Später kehre ich zurück, durch ein geschwollenes Auge entstellt, vollgepumpt mit Antihistaminen und mit Kortisonsalbe eingerieben. Howard gesellt sich zu mir. Wir müssen säen. Die Erbsen auf den beiden Beeten am Ende der Parzelle kommen nicht durch, also werden wir sie durch niedrig wachsende Buschbohnen ersetzen. Es könnte unsere letzte Chance sein, noch dieses Jahr welche auszusäen. Wir ernten den blühenden Koriander und hängen ihn zum Trocknen an einen Wigwam. Das ursprüngliche Samentütchen habe ich aus Brasilien mitgebracht. Die Blätter sind sehr würzig – vermutlich eine dort heimische Züchtung. Wir sammeln den Samen für später. Ich

jäte ein anderes Beet für Winterchicorée. In letzter Minute lege ich auch das oberste Beet frei und säe eine schwarze Bohnensorte von Brown Envelope aus. Die schrumpeligen Erbsen hätten gepflückt werden müssen, als wir weg waren. Wir essen ein paar aus der Schote und teilen uns den Rest. Als es zu dämmern beginnt und Howard ebenfalls zerstochen ist, hören wir auf. In den drei Stunden, die wir hier waren, haben wir kaum gesprochen. Die wenigen Worte, die nötig waren, handelten von der Frage, ob eine Schubkarre angeschafft werden soll oder nicht und welche Bohnen wohin kommen. Ein richtiges Gespräch entsteht erst, als wir den Hügel hinab nach Hause gehen.

1961. Fast sofort nachdem Christopher und ich wieder vereint sind, beginnen wir uns auseinanderzuleben. «Kultur besiegt Natur», wenn auch nicht sofort. Er klammert sich eisern an seine Geschichte und an seinen Namen (auch wenn ich nicht weiß, ob es seine Entscheidung war; es hätte nie seine sein dürfen). Ich entferne mich von ihm, bin auf der Suche nach etwas Sichererem, Pfiffigerem, Vielseitigerem. Nach einem Cowboyanzug zu Weihnachten vielleicht, nach Verkleidungsmöglichkeiten vielleicht. Mein Ich ist zerbrochen, bald wird es Zeit, es mit Peter Drabble zu versuchen; von der Unterschicht in die Mittelschicht, wie die zu große Jacke auf dem ersten Foto, die nicht wirklich passte. Heute male ich mir oft aus, wie das Leben meines Bruders wohl verlaufen wäre, wenn Lilian und Dudley ihn Christopher Drabble genannt hätten. In meiner Vorstellung lächelt er, ist glücklich verheiratet, hat viele Hunde und Kinder und leitet vielleicht ein landwirtschaftliches Projekt in Kanada. Es hätte mehr Möglichkeiten in seinem Leben gegeben.

Herons Reach liegt an der befestigten Straße, die durchs Wattenmeer verläuft, bei Ebbe achthundert Meter von der Schu-

le entfernt, bei Flut über anderthalb Kilometer. Ich treibe mich gern allein am Fluss herum, während Christopher das Dorf liebt. Er ist jetzt größer, kann mir virtuose Kopfstöße verpassen, aber ich spüre seine Zerbrechlichkeit, kann die Unsicherheit wittern. Kann sie sehen, wenn niemand anders dabei ist. Mit der Zeit wird er sich auf seine Fäuste verlassen. Und ich mich auf meinen Verstand.

Die Veränderung steht immer öfter zwischen uns. Das ländliche Devon der sechziger Jahre ist immer noch sehr abgelegen. Eine Gegend, in der Brüder denselben Namen, dieselben Gesichtszüge, dieselben Interessen haben. Wir unterscheiden uns, und Verschiedenheit ist schwierig.

Andere Jungen müssen ebenfalls abgeschreckt werden, zumindest zu Hause. In unserem ersten Jahr gibt es eine Geburtstagsfeier, aber es wird auch die letzte sein. Lilian mag keine Jungen oder Partys in ihrem Haus – zu laut, zu chaotisch, zu matschig, zu rücksichtslos. Sanftheit finde ich bei anderen Kindern zu Hause, einen freundlicheren Empfang mit einem Anflug von Herzlichkeit. Andere Jungen kommen selten zu uns, nicht einmal zu Christopher, obwohl er Freunde sammelt wie ich Briefmarken. Er beginnt, seine Tage auf dem Nachbarhof zu verbringen, läuft über die Felder, hilft, die Kühe zusammenzutreiben, bringt Milch und Schlamm nach Hause. Der Bauer sieht gut aus, ist jung, Mitte zwanzig, ein Junggeselle, allerdings kommt mir dieser Gedanke erst jetzt. Ich halte mich lieber in der Nähe des Hauses auf, in der Nähe von Lilian und Dudley, sehe zu, wie Lilian von Dudley gezogene Stangenbohnen palt, die Häufchen aus zartestem Grün bilden. Das Essen ist stets einfach, fast immer selbst angebaut und frisch. Für Dudley ebenso wie für Marys Mann Don stehen Stangenbohnen für den englischen Sommer.

SOMMER 2007. Ruths Schrebergarten nimmt langsam Form an. Howard und ich haben wochenlang knietief, manchmal bis zu den Oberschenkeln in der Erde gestanden und Ziegel, Glas, Draht, Holz, Baumstümpfe und Betonpfeiler ausgegraben, während Don anerkennend zuschaut. Mary schenkt uns kleine Tüten mit Salat, damit wir durchhalten. Eines Tages tritt der Schrebergartenverein in Aktion. Sie bestellen einen Container, und als ich vormittags ankomme, sind sie gerade dabei, in einer Eimerkette und mit Schubkarren den Schrott abzutransportieren. Augenscheinlich möchten alle helfen.

Sarah aus der Werbeabteilung des *Guardian*, wo ich arbeite, taucht auf. Wer hätte gedacht, dass es Gummistiefel mit hohen Absätzen gibt? Sie hilft mir, fünf Tonnen Mutterboden zu verteilen, die wir besorgt haben, um das Niveau des steilen Abhangs auszugleichen. Sie lernt, Nackt- und Gehäuseschnecken zu töten. Sie fährt mit mir fast 500 Kilometer weit für eine Lastwagenfuhre Kuhdung. «Pferde-Energie ist für Gemüse zu schnell, aber gut für Blumen, Sie brauchen die Kuh», lautete der kryptische Rat von Jane Scotter. Der Dung ist das Geschenk eines Farmers, der auf eine ins Netz gestellte Bitte der biodynamischen Community geantwortet hatte. Man glaubt nicht, wie schwer es ist, in London organischen Kuhmist aufzutreiben. Vorsichtig fahren wir unseren überladenen gemieteten Pritschenwagen zurück (wir hatten es ein wenig im Vagen belassen, wofür wir ihn brauchten, und das Wort Dung wohlweislich vermieden). Wir schaffen es kaum die Hügel hinauf und sterben beinah vor Lachen, eingehüllt in eine Wolke aus Bauernhofmief.

Der Hang ist jetzt gezähmt, die Erde genährt. Wir sind bereit zum Pflanzen.

Das dänische Landwirtschaftsmuseum hat uns «verloren

gegangene» Samen geschickt, darunter Tagetes Ildkonge (für Christopher), die samtigsten, dunkelrotesten Studentenblumen, die wir jemals gesehen haben. Sarah und ich bepflanzen ein großes Beet mit Mangold. Wir haben jetzt einen Wigwam mit duftenden Gartenerbsen und einen anderen mit Trail-of-Tears-Bohnen, solchen mit den purpurroten Schoten. Die Studentenblumen bilden eine dichte Hecke. Wir haben Kräuter, Fenchel, Blumen, Rote Bete, Karotten, Kohl, Senfpflanzen, Gründünger. Ich schreibe einen nationalen Wettbewerb für Schulgartenvereine zum Entwerfen von Vogelscheuchen aus und sorge dafür, dass die Mode-Redaktion der Zeitung den Gewinner bauen und einkleiden wird. Bald schon steht ein scharlachroter, ein Meter achtzig großer Pirat, komplett mit Augenklappe und silbernem Schwert, Wache gegen die ortsansässigen Tauben. Sie ignorieren ihn. Wir pflanzen einen Apfelbaum, einen Pflaumenbaum, Stachelbeer- und Johannisbeerbüsche, genau wie Dad. Alles, was wir pflanzen, wächst üppig wie im Regenwald, so als sei all die Energie eingesperrt gewesen und jetzt befreit worden. Der Schrebergarten ist glücklich, und wir sind es auch, aber ich bringe es nicht übers Herz, selbst die schwächsten Tomaten auszudünnen, geschweige denn wegzuwerfen – womöglich identifiziere ich mich mit ihrer Not und ziehe es vor, ihnen mehr Licht und Nahrung und Liebe zu schenken. Bald schon haben wir zwanzig hohe, früchtetragende Pflanzen am sonnigsten Platz der Parzelle. Wir wissen noch nicht, dass das Gelände von Mehltau verseucht ist und dass sich die Krankheit bei Regen sehr rasch ausbreitet. Die Blätter der Tomatenpflanzen beginnen braun zu werden und zu schrumpeln. Auch die Tomaten selbst. Sämlinge, die ich von Geburt an gehütet habe, kränkeln und sterben, und ich kann nichts dagegen tun. Auf dem gesamten Gelände gehen die Tomatenpflanzen ein. Die

schwächsten sterben natürlich zuerst, ihre Früchte sind blasig, ihre Stängel und Blätter verfärbt. Erfahrene Schrebergärtner reißen die Blätter aus und besprühen alles, wie in einem Feldlazarett. Und trotzdem verkümmern sie. Wie zu Zeiten der Pest vor dem Penicillin. Am Ende reißen wir alle aus und karren die Leichen zu dem Grüncontainer am Tor. Keine Erneuerung durch Kompostieren dieses Jahr. Eine Gärtnerlektion in Liebe und Verlust. Aber eine, die ich nur unwillig lerne.

SOMMER 1973. Mein erster Garten in London liegt in der Elgin Avenue, einer Straße mit besetzten Häusern in der Nähe der U-Bahn-Station Notting Hill Gate. Ich bin neunzehn, arbeite in einem Gartencenter in Kensington und verkaufe bepflanzte Blumenkästen an feine Westlondoner Damen. Hier kauft man anscheinend seinen Garten als Fertigprodukt, hat keine Zeit zu warten. Gärtnern als sportlicher Wettkampf. Ich verstehe mich inzwischen ziemlich gut darauf, den Kundinnen einzureden, sie müssten ihre Nachbarn übertrumpfen. Wenn die eine sich für rote Geranien und einen 90 Zentimeter langen Blumenkasten aus Terrakotta entscheidet, verkaufe ich ihrer Nachbarin einen gut einen Meter langen Kasten aus Stein mit schöneren, größeren Blumen. Niemand zieht Pflanzen aus Samen. Es herrscht eine große Verschwendung. Das ist für mich etwas Neues. Ich fange an, Töpfe mit vertrockneten Azaleen, die ich aus den Mülltonnen gerettet habe, nach Hause zu karren. Bald stehen überall in der Wohnung sowie vorm und hinterm Haus Eimer mit gewässerten Pflanzen. Ich hole meine ausgesetzten Kinder zurück ins Leben. Als auch der Garten voll ist, erweitere ich meinen Pflanzungsbereich. Die Drogenfreaks haben nichts dagegen, solange sie nicht gießen müssen. Ich dehne mich im selben Tempo in der Straße aus wie die Dealer. Es gibt jetzt Azaleen, Geranien,

Pelargonien, Magnolien und einen etwas aus der Form geratenen Lorbeerbusch. Wir sollten einen Preis bekommen für die am schönsten gestaltete Hausbesetzerstraße.

17. Juli. Seit drei Tagen herrschen Temperaturen von knapp unter dreißig Grad, und ich habe Mary versprochen zu gießen. Sie macht Urlaub in Cornwall, und ich möchte, dass alles gut aussieht, wenn sie zurückkommt. Howard und ich finden uns schon vor dem Frühstück ein. Ich liebe das Licht um diese Tageszeit, wenn Obstbäume und Büsche durch die niedrig stehende frühe Sonne von hinten durchleuchtet werden. Unser Nachbar Jeffrey ist ein amerikanischer Banker mit einer Leidenschaft für englische Cottagegärten. Sein Fenchel und seine Stockrosen sind zwei Meter hoch. Bienen aus den benachbarten Stöcken nähern sich wie ein Kampfgeschwader aus *Star Wars*. Ein junges Rotkehlchen beobachtet uns mit schief gelegtem Kopf. Roter Amaranth und Ochsenblut-Mangold kontrastieren mit den anderen, jüngeren, limettengrünen Blättern. Die Schrebergartenwelt ist in Ordnung. Howard gießt, während ich Ringelblumen mit Mehltau unten am Stängel als warnendes Anzeichen des nahenden Herbsts begreife. Wird Zeit, dass die Ränder der Beete mehr Luft bekommen, Zeit für Bohnen. Natürlich haben wir zu viele (die Keimlinge werden am Ende ausgerissen). Weinranken strecken ihre Fühler aus wie ein Ertrinkender seine Hand. Howard ist gegen die Mücken bis oben hin zugeknöpft, aber sie kommen immer noch durch. Das nervöse Kratzen beginnt.

September 1959. Der TBC-Test in der Dorfschule hat Mum und Dad und mich alarmiert. Mein linker Arm ist stark geschwollen und mit langen roten Streifen übersät. Der Arzt hält mich für «rachitisch». Christopher geht es gut, was das Ganze nur noch

mysteriöser macht. Wo war ich? Wo war er? Es ist der erste Hinweis darauf, dass wir vielleicht nicht immer zusammen gewesen sind. Aber warum haben wir es vergessen?

Die englische Krankheit (Rachitis). Eine Dickens-Welt entfernt von dem Familienleben, das die Drabbles aufgebaut haben. Kein Vitamin D, und jetzt hat die TBC nach mir gegriffen. Große Buchstaben, großgeschrieben aus Mangel an Fürsorge. Wo war die Familie, wo war die Sicherheit, wo war meine andere Mum? Es war uns im Heim eingeprügelt worden, dieses Kreuz, das wir tragen. Entweder sind wir es nicht wert, geliebt zu werden, oder wir sind die verfluchte Brut einer liebesunfähigen Mutter. So oder so sind wir von der Herde zu entfernen. Echte Mütter haben wie Maria zu sein, wie eine christliche Ikone, die sich ihr Baby fest an die Brust drückt.

Während der nächsten zehn Jahre muss ich jährlich geröntgt und auf Krankheitssymptome untersucht werden. Die eingesunkene Brust gegen kaltes Metall gepresst, stehe ich auf Zehenspitzen auf einer Kiste und drücke das Kinn herunter. War ich dabei, meine Vergangenheit auszubrüten? Würde sie zurückkehren und mich aus der Bahn werfen? Ich schlucke jetzt jeden Morgen einen großen Löffel Lebertran, und es schüttelt mich, wenn er die Kehle hinunterläuft. In einer meiner Erinnerungen bekomme ich sogar rohe Leber zu essen, aber das kann auch Übertreibung oder Erfindung sein, bei Kindern wie mir eine typische Schwäche.

Einmal habe ich mir meinen Vater erfunden. Es gab einen Mann, der uns regelmäßig beobachtete, wenn wir auf dem Karussell im Park hinter dem Heim in Plymouth spielten. Ich habe allen erzählt, er sei mein Dad. (Ich habe nicht gesagt, er sei Christophers Dad; vielleicht war mein Bruder gar nicht da. Meine Erinnerungen sind rudimentär und bruchstückhaft, ver-

pixelt wie ein abgenutztes VHS-Band. Da ist niemand, der die Lücken auffüllen könnte.) Der geheimnisvolle Mann passe auf mich auf und warte, erklärte ich den anderen Kindern. Bald werde er kommen und mich holen, er müsse nur noch eine Wohnung für uns finden. Dass er nicht kam, verstand ich nicht.

19. JULI, SAMSTAG. Nach zwei Gewitternächten und Temperaturen bis zu 32 Grad ist es drückend schwül. Gießen ist unnötig, jedenfalls vorerst. Am Spätnachmittag komme ich in die Parzelle, um nach Fortschritten zu schauen. Ich hatte auf Marys «Kürbisstück» Gartenkürbis- und Zucchinisamen gelegt und freue mich, als ich neue Pflänzchen aus dem Boden schießen sehe. Ich buddele ein paar Kartoffeln aus, die rötlichen *Red Duke of York*. Als Kind grub ich schrecklich gern am Wochenende die Kartoffeln fürs Mittagessen aus, eine Stunde vor dem Essen holte ich sie heraus. Es waren immer *King Edward*-Kartoffeln, gekocht mit Apfelminze, wenn sie neu waren, sorgfältig abgeschrubbt und mit gesalzener Butter serviert. Wir pflanzten auch Erbsen, Stangenbohnen und Erdbeeren (Dudleys Lieblingsobst), aber es waren die Kartoffeln, von denen ich lernte, wie schön es ist, für sein Essen das zu verwenden, was man selbst angebaut hat, und immer nur so viel zu ernten, wie man für eine Mahlzeit braucht, niemals mehr.

20. JULI. Wieder im ersten Bus, am frühen Sonntagmorgen. Der Erfolg mit den Kürbissamen hat mich dazu animiert, die Grube vom Unkraut zu befreien und die Säcke mit Pferdemist für Mary in ihre Parzelle zu tragen. Es ist noch keine 7 Uhr, und ich bin schon mit Insektenmittel eingeschmiert und mit Pferdescheiße bekleckert, die sich in der Hitze verflüssigt. Die Säcke zu stapeln ist schweißtreibende, dreckige Arbeit. Ich hacke das Beet, setze

eine verirrte Ringelblume um und säe Zucchinisamen. Ich habe die Tendenz, zu viel zu säen, beinah so, als fehlte mir das Vertrauen, als glaubte ich immer noch nicht an Wunder. (Doch, das tue ich. Ich glaube fast, ich selbst bin eines.) Ich jäte zwischen Marys Roter Bete, den Bohnen und dem Mangold und kappe die allzu forschen Erdbeerableger. Am vorderen Wigwam sind die ersten Bohnen reif: Blauhilde und *Trail of Tears*. Ich pflücke eine Handvoll, als Beigabe zu den Kartoffeln. Wir werden sie dämpfen und mit Butter servieren, genau wie damals bei Mum und Dad. Meine Stiefel und die Hose sind voller Pferdemist. Mein Hemd ist durchgeschwitzt. Die Haare kleben mir am Kopf. Ich bin glücklich. Eine gepflegte Matrone mit zwei Schulmädchen im Blazer zieht die Kinder näher zu sich, als ich vorbeigehe. Ich bin nicht für die Sonntagsgesellschaft gekleidet, nicht einmal für den Bus. Hampstead sollte einen Dienstboteneingang haben.

22. Juli. Jeder Garten in meinem Leben hat seinen eigenen Charakter, erfüllt eine eigene Funktion, aber der älteste und vielleicht makelloseste ist die Dachterrasse zu Hause. Sie war asbestverseucht und voller Gerümpel und kaputter Fahrräder, als wir einzogen. Zu Beginn drehte ich ein bisschen durch und machte sie in einem Anfall von Tatendrang zu einem ländlichen Cottagegarten über einer Großstadtstraße. Sie wurde zu einer Orgie aus Farbe und Kontrasten. An den Wänden gab es Rankgitter, keines blieb frei. Rosen kletterten in alle Richtungen und spendeten Duft ebenso wie Jasmin. Als Nächstes kamen früh und spät blühende Clematis. Den Boden bedeckten wir mit grobem Marmorkies und stellten einen Tisch und Stühle aus verwittertem Teakholz auf. An Sommerabenden pflegen wir dort oben zu essen, im Winter trinken wir, Zeitung lesend, unseren Tee in dicken Mänteln. Die Dachterrasse ist meine Verbindung

zum Land. Sie ist eine Oase der Ruhe in Kentish Town. Die Töpfe bepflanze ich farbenfroh, im Sommer immer besonders leuchtend.

Der Charakter der Dachterrasse hat sich mittlerweile geändert, ist mit uns gereift. Als Erstes verschwanden die Rankgitter, die Kletterpflanzen und die ursprünglich weißen Steine. Die Blumen wurden spezieller, nach Besonderheit ausgesucht, aber Dahlien gibt es immer. Dudley fand Dahlien «gewöhnlich», aber ich liebe sie wegen ihrer unendlich vielen Formen und der starken Farben, die den Übergang in den Herbst erleichtern. Es gibt auch eine *Magnolia stellata*, weil ihre Blüten den ersten Frühling verkünden, aber vor allem ist die Dachterrasse ein Tor zu unserem Stück Himmel, ein Ort zum Draußenherumwerkeln.

1959. Wir haben unser eigenes Zimmer, unser eigenes Bett. Aber die deutlichsten Zeichen von Geborgenheit sind unsere Morgenmäntel. Zu tragen sind sie unten beim Fernsehen, nach einer Sonntagabendbadewanne oder für ein Gutenachtküsschen; unsere sind aus brauner Wolle, schlicht und am Rand abgepaspelt. Zu Beginn der neuen Schulwoche sind sie stets frisch gewaschen. Meine Kordel ist blau und weiß wie die Drehstange vor Friseursalons, Chris' ist rot und weiß wie die Farben von Manchester United, seiner Lieblingsfußballmannschaft. Plymouth Argyll, die Mannschaft von Devon, verliert für seinen Geschmack zu oft.

1960. Der siebenjährige Christopher sieht aus wie Alfred E. Neuman aus dem *Mad Magazine*: mit einer Lücke zwischen den Schneidezähnen, Sommersprossen und einem breiten, frechen Grinsen im Gesicht. Er wächst. Die Vergangenheit verblasst langsam. Er hat sich aus ihrem Griff befreit. Er ist fürs Dorfleben gemacht. Es ist nachsichtiger als Mum und Dad. Er ent-

deckt seinen Appetit neu. Er kommt von draußen (er ist immerzu draußen) herein und schlingt Brennstoff für den Nachmittag hinunter. Streunt umher wie ein junger Hund, auf der Suche nach allem, was er gebrauchen kann. Er ist genau so, wie er aussieht: ein eifriger Junge, der eine Verschnaufpause verdient hat, der dich anhimmelt, wenn du ihn anhimmelst. Es geht auch beinahe gut in jenen berauschenden Tagen, bevor Lilians und Dudleys bittere Enttäuschung sich verfestigt. Er ist wachsam und spürt es lange vor mir.

Christopher erzählt mir nachts Geschichten, wenn wir aufgeregt in unseren zueinander passenden Betten mit der zueinander passenden bestickten Bettwäsche liegen. Ich bin neidisch auf seinen Teddybär mit der aufgenähten schwarzen Nase und den gelenkigen Gliedern. Mein weißer Plüschterrier hat Beine, die zu steif und zu kurz zum Schmusen sind. Wir tragen die gleichen Ladybird-Pyjamas, innen flauschig, ohne Kordeln oder Knöpfe, fast amerikanisch. Manchmal können wir unser Glück kaum fassen, kommen uns vor wie auf dem Mond gelandet. Sicherheit, von der wir geträumt hatten, eine Familie, wie wir sie uns erhofft hatten. Das Geschichtenerzählen hält ungefähr ein Jahr an und passiert nicht jede Nacht, aber fast immer, wenn ich ihn darum bitte. Meist sind es Abenteuerstoffe: Piratengeschichten. Ich liebe Piraten. Draußen, hinter unserem Fenster, ruft der Fluss nach mir, zu Dreimastern aufgetakelte vorbeiziehende kleine Boote mit wehender Flagge: Totenkopf über gekreuzten Knochen, schwerbewaffnete bärtige Männer mit Ohrringen, Säbel zwischen den Zähnen. Ich bin ein beeindruckbares Kind, übererregt im sommerlichen Licht. Christopher ist lieb zu mir. Wir fühlen uns eng verbunden.

1961. Christopher ist Linkshänder. Weder Dudley noch der Schule gefällt das. Beide versuchen, es ihm auszutreiben. Es ist in gewisser Hinsicht verdächtig, «anders», etwas Unnatürliches, Unchristliches. Der Lehrer schlägt ihm mit einem hölzernen Federkästchen auf die linke Hand. Er tritt hinter ihn. Manchmal, ohne etwas zu sagen. Links scheint mit Ungezähmtheit verbunden zu sein und muss unterdrückt werden. Dudley findet es einfach nur «abweichend». Angepasst sein ist das, worauf es ihm ankommt, bloß nicht auffallen. Auf Kosten von Chris' Hand lernen wir, unsichtbar zu sein. Natürlich funktioniert es nicht. Christopher ist ein geeignetes Prügelopfer.

1962. Als Kind finde ich es reizvoll, mich zu ängstigen. Auf dem düstersten Stück Weg hinter dem Haus steht ein Baum, bei dem ich gern verweile. Er ist hoch, vielleicht bösartig, seine Äste und Rinde sind so verknotet und verdreht, als stammten sie von Tolkien. Christopher rennt immer daran vorbei (obwohl er bei Streit mit Rowdys mutiger ist als ich). Ich bleibe stehen und warte, genieße den Moment der Angst, wenn die unheimlichen Äste sich im Wind bewegen. Mit zehn oder elf Jahren erhöhe ich die Angstdosis mit Hilfe eines verlassenen Dachsbaus, den ich auf einem meiner langen Streifzüge am Fluss entdecke. Er ist in die Uferböschung eingegraben. Ich krieche tief hinein, unter die vorstehenden Wurzeln, den schweren Lehm von Devon. Dringe so weit wie möglich vor. Dann bleibe ich liegen, riskiere, dass der Tunnel einstürzt und mich unter roter Erde begräbt. Der Reiz wird durch das Gefühl gesteigert, dass ich möglicherweise niemals gefunden werde, die Vorstellung, dass ich einfach verschwinden kann. Nach etwa einer halben Stunde gehe ich nach Hause zum Mittagessen. Mit zwölf hat es mir eine Schieferklippe angetan, dort, wo der Weg erodiert ist. Ich schaue auf

das helle Wasser und die Felsen hinunter und lasse mich gleiten. Man kann dort nicht entlanggehen, auch nicht, wenn man vorsichtig ist. Man kann nur nachgeben, das Fallen mit den Füßen zu einem maroden Weg lenken. Ich finde es toll, einfach loszulassen und zu sehen, ob ich auf die andere Seite komme und dort stehen kann, wo sich niemand anderes hinwagen würde. Ich mache es niemals in Anwesenheit anderer. Es geht um die Heimlichkeit. Als ich anfange, mich für Mädchen zu interessieren, höre ich damit auf.

1963. Lilians Mutter ist gekommen, um bei uns zu leben (oder, genauer gesagt, zu sterben). Christopher muss sein Schlafzimmer hergeben und wieder zu mir ziehen. Das geht nicht gut. Er ist nicht glücklich, und wenn er nicht glücklich ist, kämpfen wir, und ich verliere. Immerhin ist er den ganzen Tag draußen, während ich drinnen bleiben und der Oma vorlesen muss. Sie schickt mich ins Dorf, Starkbier in Flaschen kaufen. Mum und Dad sind Abstinenzler, der einzige Alkohol im Haus – ein Weihnachtskirschlikör und *Harvey's Bristol Cream*-Sherry auf der Anrichte – ist für Gäste gedacht, die nie erscheinen.

Mum und Dad lesen nicht, außer Dudleys Lokalzeitung, die *Western Morning News*. Es gibt nur eine knappe Handvoll alter Bücher im Haus. Die Oma ist etwas übellaunig, und ich mag den Geruch von ihr und ihrem Bier nicht, aber mich faszinieren ihr Alter, ihre triste Kleidung, ihr dünner, faltiger Mund und die Vorstellung, dass sie dem Tod so nah ist. Also sitzen wir an Sommernachmittagen hinter zugezogenen Vorhängen im Halbdunkel, und ich lese ihr *Heidi* vor. Sie ist 84, kommt tief aus dem 19. Jahrhundert, genau wie meine viktorianischen Briefmarken und Münzen, und ist viel zu fern, als dass ein kleiner Junge es begreifen könnte. Sie stirbt eines Nachts, während wir schlafen.

Sehen können wir sie nicht, dürfen auch nicht mit zur Beerdigung, sind aber zum Tee mit Lilians gutem Geschirr zugelassen. Christopher wird ziemlich rasch wieder in sein Zimmer geschickt.

1964. Mum schneidet uns die Haare mit der Schere: alte Schule, mit der Hand, ruppig. Sie verletzt uns immer im Nacken. Noch schlechter kann sie Ponys schneiden. Ich glaube, sie ist nervös. Und wir sind es auch. Christopher schreit, als würde er geschlachtet. Er prüft, ob er blutet. Er kann überhaupt nicht stillsitzen. Ich glaube, wir sind alle erleichtert, als die Meckifrisuren in Mode kommen und wir zum Friseur nach Kingsbridge dürfen. Dort habe ich die Gelegenheit, einen kurzen Blick in die *Parade* und auf Fotos von barbusigen Mädchen zu werfen. Sie haben dort auch *Health and Efficiency* liegen – nackte Pingpongspieler in einer Nudistenzeitschrift mit Seiten, die weniger sexy und kleiner sind. Beim Verlassen des Salons fühle ich mich, vollgesprüht mit Haarspray, fast wie ein Teenager.

23. Juli. Natürlich mache ich mir während dieser Hitzewelle Sorgen um die Minikürbisse und die Zucchini. Es ist jetzt schon seit Tagen brütend heiß, also sitze ich heute wieder zusammen mit übernächtigten Postangestellten im ersten Bus. Es ist ein strahlender Tag, und es können womöglich 30 Grad werden, aber in der frühen Morgenluft liegt eine gewisse Kühle, ein erster geisterhafter Anflug von Herbst. Die Parzelle wird Wasser brauchen, und ich kann noch vor dem Frühstück wieder zu Hause sein. Bei meiner Ankunft treffe ich auf Bill, der im Gespräch mit seinem Schrebergarten ist und auf den Tag wartet. Wir plaudern ein wenig darüber, ob es besser ist, die Samen zu Hause vorzuziehen. Es gebe ihnen einen Vorsprung, meint er.

Eine Welle kräftigen Erbsengeruchs schlägt mir entgegen, als ich um die Ecke der Parzelle biege. Eine Taube schwelgt gierig im Holunderbusch am Ende des Geländes, flattert dabei mit den Flügeln, um die Balance zu halten. Die Beeren beginnen sich zu verfärben. Der Herbst lässt nicht mehr lange auf sich warten. Marys Stangenbohnen-Wigwam ist mit Blüten gesprenkelt, und die Buschbohnen kommen. Mehr Sorgen bereiten mir die Beetränder. Die Ackerwinde schleicht sich langsam ins Erdbeerbeet, sie nagelt den Liebstöckel wie Gulliver am Boden fest und glänzt mit ihren parasitären Blüten. Ich pflücke eine Handvoll Bohnen. Ich bin wieder gestochen worden und fange an, mich zu kratzen. Ich wässere das Kürbisbeet kräftig und schenke den jungen Pflänzchen ein Lächeln. Das Gießen ist die Tätigkeit, die für das größte Wohlgefühl beim Gärtnern sorgt. Gegen 7 Uhr sitze ich wieder im Bus, erfrischt. Ich brauche ein Frühstück und ein Bad.

SOMMER 1964. Ich habe eine Verabredung zur Prügelstrafe. Es ist meine Entscheidung. Dudley hatte dem Nachbarbauern das Feld als Kuhweide verpachtet, und jetzt sind einige ausgebrochen. Es ist unsere Schuld. Christopher und ich haben beim Spielen eine Höhle in der Hecke gebaut, als Versteck für die Gesetzlosen nach einem Überfall auf eine Postkutsche oder einen Zug. Und durch diese Lücke sind die Kühe entwischt. Eine ist im Flussschlamm stecken geblieben. Ich weiß noch, wie sie das ganze Tal zusammenbrüllte, als man sie mit dem Traktor herausziehen wollte. Die Kuh kommt schließlich frei, ertrinkt nicht, aber der Bauer hätte fast ein Tier verloren, und Dad schäumt vor Wut. Er beschließt, dass wir uns unsere Strafe aussuchen können: entweder Prügel mit dem Stock oder eine Woche Fernsehverbot, was, wie ich finde, kein großer Verlust ist. Wir können

BBC sowieso nur bis 7 Uhr abends empfangen, außerdem noch *Dixon of Dock Green* am Samstag und vielleicht *Doctor Who*. Der einzige Mensch, der hier Privatfernsehen (ITV) kriegt, ist der örtliche Leichenbeschauer, der die Erlaubnis für einen gigantischen Antennenmast im Garten bekommen hat, vielleicht, weil er seine Tage mit den Toten verbringt.

Christopher entscheidet sich fürs Fernsehverbot, ich mich für die Prügel. Kurz vorm Zubettgehen marschiere ich in meinem Morgenmantel nach unten. Ich habe Angst, aber ich möchte, dass Dudleys Zorn ein Ende hat. Christopher wartet, der Gedanke an (weitere) Prügel ist unerträglich. Mum und Dad sitzen im Wohnzimmer vor dem anthrazitfarbenen Kamin. Neben Dad ein Stock aus dem Garten, ein paar Cracker und Käse sowie ein blauer Becher mit Ovomaltine. Fast hat es den Anschein, als glaube er, sich erst noch stärken zu müssen. Er legt mich übers Knie, schiebt meinen Morgenmantel beiseite. Ich glaube, ich weine. Ich werde einmal geschlagen, vielleicht zweimal, aber mehr bringt er nicht übers Herz. Nach einer halben Stunde *Z-Cars* gehe ich wieder nach oben, tränenverschmiert, aber triumphierend. Christopher ist wütend, weil ich fast ganz davonkommen bin. Und am nächsten Tag tobe ich, als seine Strafe aufgehoben wird. Es gibt keine Gerechtigkeit.

27. JULI. Gestern musste ich den Schrebergarten verlassen; es war zu heiß. Ich habe mich damit zufriedengegeben, ein paar Sonnenblumen und Zucchini umzusetzen. Sonnenblumen habe ich schon länger keine mehr gepflanzt; die letzten haben sich selbst ausgesät. Sie wuchsen wie im Märchen von Hans und der Bohnenstange und schufen ein drei Meter hohes Schattendach. Aber dann entdeckte ich ein paar Samen tief unten in meiner Tasche und konnte mich nicht beherrschen.

Ich pflücke ein paar Radieschen. Sie sind groß, rund und rot wie Kinderlollies, beim Essen jedoch knackig und herzhaft wie Äpfel. Ich schneide Salat für heute Mittag und Mangold für die nächsten Abendessen in der Woche und sammele schließlich noch ein paar Händevoll bunte Bohnen. Es ist zu heiß zum Arbeiten: Hundstage.

Sonntagmorgen in aller Frühe bin ich wieder zurück. Es ist jetzt kühler, also grabe ich die letzten Ringelblumen aus und hänge eine sehr schöne Gelbe zum Trocknen der Samen an den Wigwam. Ich befreie die Gemüsebeete vom Unkraut und binde die Gartenerbsen hoch. Hauptsächlich bin ich an diesem Morgen aber mit Gießen beschäftigt. Da ich vielleicht in den nächsten Tagen nicht kommen kann, wässere ich alles sehr ausgiebig. Der Schrebergarten wirkt insgesamt ein wenig verlassen. Ich vermisse Mary.

1964. Die Teilnahme am Kirchenchor ist für einen Dorfbuben in Aveton Gifford Pflicht. Nur ganz vornehme und «Problem»-Familien sind ausgenommen. Eine unfehlbare Unterscheidungshilfe. Jede Woche ziehen wir Talar und Chorhemd über unsere Sonntagskleidung. Wir sind noch nicht im Stimmbruch und bereichern mit unseren hellen Stimmen den Gottesdienst. Einmal werde ich im Sommer von der unerträglich stickigen Luft ohnmächtig und komme wieder zu mir, höre meine Füße gegen das erhöhte Holzpodest schlagen. Mittwochabend ist immer Chorprobe. Manchmal findet samstags eine Hochzeit statt. Dudley geht nie in die Kirche, Lilian zweimal im Jahr: Ostern und am Muttertag, wenn in der Kirche die Primelsträuße verteilt werden, die wir während der Woche gepflückt haben. Mein Lieblingsgottesdienst ist das Erntedankfest. Mit Liedern, die vom Pflügen der Äcker handeln, mit Abendmahlsbrot in der

Form von Kornähren und einem Tisch, beladen mit Obst, Gemüse und Blumen und dazwischen ein paar versprengte Suppendosen.

Den Pfarrer mag ich nicht besonders und er mich auch nicht. Ich treibe keinen Sport, spiele weder Kricket noch Fußball auf dem Sportplatz der Pfarrgemeinde wie die anderen Jungen, während Christopher in beidem ein Ass ist. Ich bin lieber für mich allein, was dem Pfarrer nicht geheuer ist. Als ich eines Mittwochabends auf den Beginn der Probe warte, beschließe ich spontan, draußen in der Sonne zu bleiben. Christophers Plan, mich damit zu erpressen, wird zwei Tage später durch ein Klopfen an der Haustür durchkreuzt. Dahinter stehen der Pfarrer und der Dorfpolizist (den Dorfkirchenchor zu schwänzen scheint in den Sechzigern fast ein Verbrechen zu sein). Dad bittet sie nicht herein. Sie sagen, er solle Bescheid wissen, sagt der Pfarrer. Eine schlechte Herkunft lasse sich eben nicht verleugnen. Ein Priester und ein Bulle haben unser Haus aufgesucht. Ich habe Schande über uns gebracht. Ich kehre in die Kirche und den Chor zurück. Lektion gelernt. Ich singe wieder solo, mache wieder mit, wenn an Adventswochenenden alte Leute besucht werden; mit braun gefärbtem Gesicht, Bart und Krone bin ich der König in einem Weihnachtslied. Der Pfarrer hat wahrscheinlich recht, denke ich. Eine Rebellion hat begonnen.

Muhammad Ali ist unser erster Held; er heißt damals noch Cassius Clay, als wir im Radio (im Rundfunkempfänger, wie Dad immer sagt) seine Kämpfe verfolgen. Anfangs ist Christopher mehr für Sonny Liston, ihn beeindruckt dessen brutale Effizienz. Dudley mag beide nicht, verachtet aber geradezu Clays Großspurigkeit. Ich liebe seine große Schnauze. Andere gemeinsame Helden haben Christopher und ich nicht, außer Eusébio bei der Fußballweltmeisterschaft von 1966. Christopher ist für

die Pilzköpfe Paul und Ringo, ich bin für George und John. Wir mögen nur selten dieselbe Musik oder dieselben Personen, aber Ali strahlt eine Kraft aus, die uns vereint. Christopher bewundert ihn als Boxer; ich liebe ihn jenseits des Rings.

1965. Dudley hat ein Faible für seltsame Projekte und Einfälle. Da sind die Weihnachtsbäume oder die armen Chinchillas, die er im Käfig in einem Schuppen hält. Dann wird die Scheune für Batteriehühner umgebaut, die wie auf Supermarktregalen hoch gestapelt sind. Es gibt zwei Sorten von Licht, weißes und rotes. Wenn die Tiere Blut von einem zerschmetterten oder verletzten Vogel sehen, bricht Panik in der Batterie aus, aber knipst man dann das rote Licht an, wird das Blut braun, und die Vögel beruhigen sich. Ich fühle mich immer unwohl, wenn ich in der Scheune Eier sammle und tote Körper sichte. Die jungen Hähnchen, die fälschlicherweise nicht aussortiert wurden, sind als Erstes dran. Schreit nicht so laut und so stolz, möchte ich sie warnen, wenn sie ihr Krähen vorführen. Mein Dad wird euch zur Strecke bringen.

Eines Tages tauchen auf einmal zwei weiße Ziegen auf. Dad hat *Farmer's Weekly* gelesen. Wir fahren kilometerweit, um sie decken zu lassen, der erste Schritt zur Milchproduktion. Mir ist noch nie etwas untergekommen, das so stinkt wie ein Zuchtgeißbock, und ich wundere mich, dass Lilian und ich bei der Begattung zuschauen dürfen. Muss wohl ein Bauernding sein, denke ich. Trotzdem beginne ich die Ziegen auf dem Feld hinter dem Haus zu mögen und beobachte fasziniert, wie ihre Bäuche anschwellen. Ich stelle mir vor, dass ihre Babys wie Lämmchen sein werden (Christopher kommt ständig mit Geschichten von verstoßenen Lämmern nach Hause, die dann in einem Schubfach unten im Herd gehalten werden). Schließlich kommt der

große Tag. Ich renne von der Schule nach Hause. Aber es gibt keine süßen Babyzicklein, die auf der Wiese umhertollen oder die Milch ihrer Mutter nuckeln. Ich bin verwirrt. Es waren alles Männchen, da habe ich sie weggemacht, erklärt Dudley mir sachlich. Als ich frage, wo ihre Gräber sind, zeigt er zur Jauchegrube. Ich glaube, an dem Tag hasse ich ihn ein bisschen.

Das Hauptproblem mit den Ziegen ist, dass niemand ihre Milch mag. Wir schütten sie in den Tee, auf Cornflakes und in unseren Haferbrei. Die Milch pur zu trinken bleibt uns zum Glück erspart. Dad schwenkt als Erster wieder um. Ich hole bald schon wieder Milch für ihn vom Hof nebenan. Wir Kinder müssen noch eine Weile bei der Ziegenmilch bleiben: Sie sei gut für Jungen, die noch wachsen, habe er gelesen. Doch eines Tages sind die Ziegen verschwunden, als hätte es sie nie gegeben. Ich verstehe nicht, wieso wir ihnen nicht auf Wiedersehen sagen dürfen. Um Ziegenkäse mache ich zwanzig Jahre lang einen großen Bogen.

Es gibt ein Foto von mir aus dem letzten Grundschuljahr. Ich sitze aufrecht in der Bank, das blonde Haar ordentlich gekämmt, und blicke mit überlegenem Lächeln in die Kamera. Ein makelloser Kuckuckskind-Junge wie aus dem gleichnamigen Buch, ein makelloser Peter Drabble. Die Rettungsaktion scheint vollendet. Genau wie unser Cottage am Fluss bin auch ich zu etwas Schickerem umgebaut worden. Verschwunden sind fürs Erste die fragenden Augen, ersetzt durch übertriebene Selbstgewissheit. Ich bin Schulsprecher in meiner kleinen anglikanischen Schule, werde außerdem mit schwärmerischen Valentinskarten überschüttet und bestehe die Abschlussprüfung. Als Nächstes kommt die Oberschule. Es gibt allerdings auch eine Verunsicherung im letzten Jahr der Grundschule. Ein Mädchen aus der Siedlung wird im Unterricht gedemütigt. Sie malt den Som-

merhimmel gelb, das Weizenfeld blau. Mir gefällt die Kühnheit ihres Bilds, dessen Originalität, aber der Lehrer macht sich über sie lustig, spielt mit ihr wie eine Katze, die ihren Kleinen zeigt, wie man Mäuse quält. Uns wird mehr beigebracht als nur Englisch und Mathe. Es ist eine Lektion in Klassenunterschieden, es geht darum, wer die Eltern des Mädchens sind.

Christopher wird allmählich brutaler. Der Gejagte mausert sich zum Jäger, ist nun mehr Missbraucher als der Missbrauchte. Sie ist einfach, die Psychologie dahinter. Die Drabbles haben ihm ihre Gunst entzogen. Sein Schmerz muss umgelenkt werden. Er fängt an, wahllos auf Vögel und Kaninchen zu schießen; bricht Flügel, bricht Beine. Er quält Hunde. Er geht auf Mum und Dad los, knurrt seine Wut hinaus. Er geht auf mich los. Ich fühle mich anderen mehr verbunden, bin blind, zu jung und zu dumm, um zu begreifen, was geschieht. Inzwischen prügelt er sich gern, mein Bruder; er hat jetzt Macht in der Schule (manchmal muss ich ihm dafür dankbar sein). Ironischerweise holt Dudley ihn, als er später ein Boxkämpfer in der Armee ist, in den Schoß der Familie zurück. Zu dem Zeitpunkt werde dann ich ausgestoßen.

Christopher ist schon in der Oberschule in Kingsbridge, dem nächstgelegenen Marktflecken; er lernt das Fluchen und wirft mit schlimmen Wörtern wie Möse, Fotze und ficken um sich. Er ist ein Jenkins, hängt mit einer rauen Truppe aus der Stadt herum; ich bin ein Drabble, immer noch mit meiner Dorfschule verbunden. Als ich dann nach Kingsbridge komme, sind Gymnasium und Oberschule schon zur neuen Gesamtschule mit unterschiedlichen Leistungsgruppen zusammengelegt worden. Ich bin in 1.1, erstes Jahr, oberste Stufe, Christopher ist in 2.5. Unser Auseinanderdriften ist jetzt amtlich, als wären wir keine Brüder mehr. Was wir einander einst waren, ist fast unsichtbar.

Erst in der Oberschule merke ich, wie alt meine Mum und mein Dad tatsächlich sind. Es ist das Jahr von Bob Dylan, den Beatles, den Rolling Stones und Sandie Shaw. Die Nachrichtensprecher der BBC tragen längere Haare, größere Kragen, breitere und buntere Krawatten. Dad sieht im Fernsehen die Supremes und gibt bedauerliche Kommentare ab. Andere Kinder haben Poster in ihrem Zimmer, und ihre Väter lassen sich die Haare wachsen. Lilian und Dudley sind zwanzig bis dreißig Jahre älter als die Eltern anderer Kinder in meiner Klasse, ihr Leben ist auf ewig vom Krieg bestimmt. Selbst ihre Namen erzählen von einem anderen Jahrhundert.

Mitte der Sechziger vergrößert jedes weitere Jahr den Abstand zwischen uns um ein halbes Jahrzehnt. Sie haben mich dazu erzogen, Fragen zu stellen, doch das wird jetzt schwieriger. Was ist mit der Apartheid, was ist mit Vietnam, will ich wissen, aber ihre politischen Ansichten bleiben eisern. Mode wird zum Problem. Wir dürfen keine Jeans tragen. Ich verzehre mich nach einer Levi's. Ich trage Zeitungen aus und fange an, Schallplatten zu kaufen, obwohl wir nur ein Radio für Dudleys klassische Konzerte besitzen. Die Person, die ich sein möchte, wird als Gegenentwurf zu Mums und Dads Plänen neu definiert. Für die beiden bin ich ein ständiger Anlass zur Sorge.

Im Alter zwischen fünf bis dreizehn habe ich mein Dorfleben, unseren Hund und unseren Esel geliebt, doch jetzt sehne ich mich nach einem Leben, das weniger durch das bestimmt wird, was meine Eltern sind. Lilian verzweifelt, immer öfter droht sie, «uns zurückzuschicken», ihre Liebe ist nicht mehr bedingungslos. Dudley wird immer zorniger, und ich werde immer aufsässiger. Christopher schmollt und bleibt noch länger von zu Hause weg.

Doch noch ist es nicht hoffnungslos. In der Schule bin ich

gut, und Christopher rückt jedes Jahr weiter vor: von 2.5 zu 3.4 und 4.3 – in eine obere Leistungsgruppe, aber wir wissen nicht, dass unsere Kindheit vorüber ist und eine kühler Teenagerwinter vor uns liegt. Ein Krisenplan für Pflegekinder ist kurz davor, in die Tat umgesetzt zu werden. Wir werden nie mehr dieselben sein. Dummerweise habe ich die Lektion vergessen, die besagt, dass man sich Liebe stets verdienen muss.

August

3. AUGUST. Parzelle 29. Habe zwei Tage mit Hacken, Graben, Harken verbracht, Marys Beet von Unkraut befreit. Ihre Saubohnen sind längst überfällig, fette, reife, schwere Schoten warten auf sie. Das Zwiebelbeet ist zugewuchert. Die gierige Ringelblume hat die Herrschaft übernommen, unterstützt von Ahornsämlingen. Ganze Schubkarrenladungen von Ackerwinden haben sich eingeschlichen und ersticken andere Pflanzen. Marys Frühbeet ist eine Heimstatt für Unkraut. Angriff ist die beste Verteidigung.

Ackerwinden in die Mülltonne, Ringelblumen auf den Kompost, mickriger Mangold ebenfalls. Ich säubere das Frühbeet und richte ein Beet für Zwiebeln und Schalotten her. Es ist schweißtreibende Arbeit bei schwülem Wetter, aber wir brauchen freie Beete für neue Saaten. In vier Wochen ist schon September, die Sonne beginnt tiefer zu stehen, der Saft steigt langsamer.

Ich habe mich gerade zur Sonntagsteestunde hingesetzt, die Hände ein bisschen zerkratzt, das Hemd ein bisschen klebrig, als ich hinter mir meinen Namen höre. Mary steht da, ein wenig müde. Ich zeige ihr die Beete wie ein Schuljunge, der stolz seine Hausaufgaben präsentiert. Sie lächelt. Wir plaudern über ihre Fruchtfolge. Sie habe zu Hause einen Plan, den sie mir schicken werde, sagt sie. Wir bewundern die Stangenbohnen und die Gartenerbsen, die ich gerade erst fertig aufgebunden habe (die duftintensivste Arbeit). Das Kürbisbeet gedeiht prächtig. Ihre Zucchini blühen, und alles andere ist kurz davor. Sie erntet Kräuter, Rucola und Bohnen. Ich dränge sie, auch etwas von unserem Mangold und dem Salat mit dem roten Herzen mitzunehmen. Howard ist mit seiner Familie im Urlaub, und ich

bin etwas überfordert, weil alles so üppig gedeiht. Mary gibt mir Samen zum Säen. In ein, zwei Tagen werde ich wieder hier sein.

1968. Es wird beschlossen, dass ich auf ein Internat soll. Das Jugendamt in Plymouth wird zahlen, außerdem gibt es ein Stipendium. In Kingsbridge mache ich hauptsächlich Unsinn, bekomme aber in Prüfungen lauter Einsen oder Fast-Einsen. Der Französischlehrer hasst mich deswegen. Meine Schrift ist schlampig, eine Schande, findet Dad, der eine makellose, gestochene Handschrift hat. Der Lehrer lässt mich mein Französisch-Übungsheft über Nacht neu schreiben. Ich fange ordentlich an, bis ich merke, dass das zu lange dauert. Am nächsten Tag schlägt er mich. Das Strafmaß sind entweder drei oder sechs Schläge auf die nicht schreibende Hand. Womit, entscheidet der Lehrer (er bevorzugt Turnschuhe). Das Übungsheft bringt sechs Schläge. Der kleine Mann springt fast beim Zuschlagen. Als er fertig ist, grinse ich ihn verächtlich an. Nun muss ich ihm meine rechte Hand für sechs weitere hinhalten. Mit wütenden Tränen gehe ich an meinen Platz zurück, Mädchen werfen mir traurige Blicke zu.

Es geht nicht nur um Schule. Mums und Dads Sorge ist auch Sex, es beunruhigt sie sehr, dass ich mit Mädchen in ihren Zimmern herumhänge und Jimi Hendrix höre. Dad hasst Hendrix wegen seiner «schwarzen Sexualität». Zu den Mädchen zieht es mich fast ebenso sehr wegen der weichen Farben und Materialien ihrer mit Popstarpostern geschmückten Zimmer (meines ist karg, fast militärisch) wie auch wegen der Vorstellung, dass ich die Hand in Unterwäsche schieben kann. Vor allem Mum scheint wie besessen von ihrer Sex-Phobie. Vielleicht ist es die Angst vor meiner animalischen anderen Mutter. Christopher

gibt sich unterdessen mit Fußball und Schlägereien zufrieden und hängt ansonsten in der Dorfkneipe ab.

Veränderungen deuten sich an, Entscheidungen sind gefallen. Ihre Drohungen, uns wieder zurück nach Plymouth zu schicken, werden immer unerbittlicher. Es ist vorbei. Wir sind abserviert. Im Internat und in der Armee sehen Mum und Dad die einzige Möglichkeit für unsere Zukunft. Zuerst gefällt mir die Idee. Sie klingt nach Abenteuer. Ich kann mich gut mit neuen Menschen und neuen Orten zurechtfinden. Ich habe Übung darin.

Christopher bittet darum, weiter zur Schule gehen zu dürfen und ans landwirtschaftliche College zu wechseln, seine Noten haben sich mit jedem Jahr verbessert. Ihm gefällt der Hof des Nachbarn und alles, was mit Landwirtschaft zu tun hat, und er ist tief mit dem Dorf verwurzelt. Er gehört hierher wie niemand sonst. Ich habe ein zu freches Mundwerk, bin zu fremd, zu hochnäsig für Lilian und Dudley. Aber Dudley bleibt hart. Christopher wird früh in die Armee abgeschoben. Das wird er ihnen nie vergessen und vergeben, und ich glaube, ich tue es auch nicht. Im Sommer 68, als der Rest der Welt sich aufmacht, die Dinge umzukrempeln, zerbricht unsere Familie. Sie ist sehr plötzlich und brutal, diese Veränderung.

5. AUGUST, 7.30 UHR. Ein Frühbesuch im Schrebergarten an einem Werktag. Ich habe im Geräteschuppen extra ein Hemd zum Gießen oder Unkrautzupfen liegen, für den Fall, dass mein erster Termin eine Besprechung ist und ich nicht dreckverschmiert im Büro erscheinen will. Ich möchte säen, was in der Morgenluft einfacher ist. Ich hacke das Beet noch einmal durch und schneide Stöcke und Schnur zurecht. Es wird kurze Reihen geben, ein paar mit Marys Samen und ein paar mit toskanischem

Palmkohl, Salat, rotem Blattsenf und Rucola. Eine Amsel liefert die Tonspur, und ein Rotkehlchen leistet mir Gesellschaft. Ganz in der Nähe hängen Tauben im kahlen Baumskelett wie Geier, die darauf warten, dass etwas stirbt. Nach einer guten Stunde ist das Säen erledigt. Ich gieße die Samen an. Der Wetterbericht hat Regen angekündigt, aber ich kann nicht widerstehen und wässere auch den Rest der Parzelle. Die Bohnen und Kürbisse sind gierig, und das Gießen entspannt mich, bevor ich den Bus zur Arbeit nehme (keine Zeit mehr, zu Fuß zu laufen). Mary wird ihre Herbstsalate bekommen. Ich wandere umher, mag noch nicht gehen. Der Mais sieht aus, als ließen die Kolben sich schon essen, sie sind fett, müssen aber warten, bis Howard zurück ist. Eine junge schwarze Katze ohne Halsband läuft scheu an mir vorbei.

1968. Battisborough House liegt, nicht weit von Plymouth, etwas zurückgesetzt auf einer Klippe. Es ist eine Kurt-Hahn-Schule, gegründet von dem Erlebnispädagogen, dessen berühmteste Schule Gordonstoun ist, wo Prince Charles gerade erst Schulsprecher war. Es geht dort in erster Linie um Charakterformung. Niemand geht nach Battisborough wegen des exzellenten Bildungsprogramms, auch wenn es dort eins gibt, in den kleinen Klassen mit den passionierten Lehrern. Diese Schulen verbinden ein deutsches pädagogisches Ideal mit dem Ethos englischer Public Schools. Der Schwerpunkt liegt auf körperlicher Betätigung an der frischen Luft. Wir tragen zwei Uniformen: eine marineblaue am Morgen und eine graue nach dem Tee. Keine Krawatten, keine Blazer, stattdessen Hemden mit offenem Kragen und Pullover und Shorts aus Kord (hart für einen wie mich, der dachte, Shorts seien für den Sommer oder für Grundschulen), lange Flanellhosen für den Gottesdienst. Es gibt keine Mädchen,

außer zwei Lehrertöchtern, die auf dem Gelände wohnen. Ich wüsste gern, ob sie in ihrem späteren Leben jemals wieder so umschwärmt wurden. Mit der einen, so alt wie ich, habe ich kurz etwas. Wir küssen uns. Ich reibe an ihrem Rock und ihrem Hemd herum. Es darf nicht geschlagen werden, eine Vorgabe des Direktors David Byatt, der mit gutem Beispiel vorangeht. Ich werde diesen Beschluss auf die Probe stellen. Die Jungen, die gut mit dem Internat zurechtkommen, sind solche, die schon mit sieben dort angefangen haben (es gibt natürlich Ausfälle), gefolgt von denen, die mit elf Jahren beginnen. Schlecht sieht es aus für Jungen, die erst mit vierzehn ins Internat kommen, weil das Leben zu Hause unerträglich für sie ist, sie sich aber trotzdem noch als Teil einer Familie verstehen.

Ich bin begeistert von meinem ersten Jahr in der Schule, wenngleich mir in Battisborough mein Devon-Akzent bewusst wird – ein Schock, als das Tonband mein rollendes R wiedergibt, ein nicht ganz so großer Schock, als andere Jungen es nachahmen. Es können maximal 60 Schüler aufgenommen werden, doch in meinem Jahrgang sind wir nur 36, eine Klasse in Kingsbridge war fast ebenso groß. Ich sauge alles auf wie ein Schwamm, besonders den Englischunterricht, wo wir nur etwa zu acht sind mit einem Lehrer, der sich für seinen Beruf interessiert. «Wenn ihr Hermann Hesse mögt, dann versucht es mal mit Günter Grass.» Es unterrichten auch Lehrer-Ehefrauen. Ich bin beeinflussbar, eifrig, möchte fast verzweifelt gern lernen. Es sieht so aus, als könne es funktionieren. In Englisch, Mathematik und Französisch (keine psychopathischen Schläge mehr, ein weniger unordentliches Übungsheft) überspringe ich ein Jahr. Jeden Nachmittag ist Sport, worauf ich allerdings nicht so scharf bin. Ich hasse Rugby im Winter. Es gibt auch andere körperliche Betätigungsmöglichkeiten – Tennis auf dem Platz des

hiesigen Grundbesitzers oder Gartenarbeit. Ich kümmere mich um Pflanzen und Bäume und verstecke mich hinter den Rhododendronbüschen, um Player's No 6 zu rauchen, die bevorzugte Marke für Schuljungen. Doch am besten gefallen mir die Nachmittage, an denen wir querfeldein laufen, wie von der Leine gelassene Hunde, die über Klippen und Strände und durch mein geliebtes Mündungsgebiet in Süd-Devon toben, endlich so etwas wie frei. In Battisborough lerne ich auch die subtilen Klassenunterschiede kennen, begreife, dass Herkunft und Autos zählen. Anspruchslosigkeit kann verdächtig sein. Am Ende des Trimesters fährt eine Prozession von Fahrzeugen vor, um uns abzuholen, breite Mercedes-Limousinen, fette amerikanische Cabrios und Dudleys luftgekühlter, stotternder kleiner Fiat 500, der damals noch nicht das Kultauto ist, das er eines Tages werden wird. Doch insgesamt bin ich glücklich, ich weiß, ich kann mich anpassen. Ich habe mich darin schon bewiesen.

8. AUGUST. Ein herrlicher Tag. Purpurner Himmel. Mit jedem Tag rückt der Herbst merklich näher. Ein guter Zeitplan ist wichtig. Was zum Winter geerntet werden soll, muss jetzt ausgebracht werden, ehe Licht und Wärme zu stark abnehmen und die Energie abfällt. Herbst- und Wintersalatmischungen müssen in die Erde, ebenso wie späte Radieschen und winterharte Kräuter. Soweit vorhanden, präzisiere ich die Pläne im Kopf. In diesem Jahr denke ich an Gründüngung: Klee, Physalis, Wicken. Die Frage ist nur, wie viel von der Parzelle wir dafür nehmen und was Mary sich wünscht. Es wird viel zu jäten sein, ein Krieg gegen das Unkraut.

1968. Dad flucht eigentlich nicht, gelegentlich rutscht ihm ein «Verdammt» raus, wenn Mum nicht in der Nähe ist. Weshalb

ich es verwunderlich finde, als Christopher mich in die Welt der schlimmen Wörter einführt. Mit Dad erlebe ich es nur ein Mal im Auto, als er den Gang falsch reinwürgt. Wir sind allein. Ich bin vierzehn. Alt genug, um ihn Scheiße sagen zu hören.

Überall Veränderung. Wir können deine Mutter nicht finden, aber wir haben deine Schwester Lesley und deinen Vater gefunden, erklärt mir der Pflegemitarbeiter (diese Verwendung von «Pflege» im Zusammenhang mit «Pflegeeltern» ist eine verdammte Lüge). Zu Hause gerät alles auf bedrohliche Weise ins Wanken. Christopher ist unglücklich beim Militär. Ich bin im Internat. Dad hat Herons Reach an Lilians Neffen verkauft. Der lebt in Kuwait und wünscht sich einen Schlupfwinkel in England. Fort ist der Fluss, fort sind die Felder, dahin das Gefühl von Sicherheit. Dudley macht klar Schiff.

Ich möchte mehr über Alan Jenkins erfahren. Mum und Dad nehmen mir dies wahrscheinlich übel, auch wenn sie es nie direkt geäußert haben. Es wird so getan, als handele es sich um so etwas wie Undankbarkeit oder schlechte Manieren und nicht um die Frage nach der eigenen Identität. Nachfragen werden amtlicherseits behindert. Das «Recht zu wissen» ist falsch. Ich mache mich auf die Suche nach einem Fluchtplan. Wenn sich eine Tür schließt, kann sich doch vielleicht eine andere öffnen. Aber wenn Lilian und Dudley uns nicht wollen, wieso sollte es dann jemand anderes?

An die Schule werden Fotos von einem glatzköpfigen Mädchen geschickt, das in die Kamera grinst. Sie sind für mich, und ich studiere sie gründlich. Kann ich eine Ähnlichkeit entdecken? Das wäre neu für mich (Christopher und ich ähneln uns weder im Aussehen noch im Temperament, obwohl wir zusammenkleben wie Maiskörner). Die meisten Familien verbinden

die gleichen Augen, das gleiche Lächeln, der gleiche Mund. Sie schwimmen in einem Meer der Wiedererkennbarkeit, wissen, wohin sie gehören. Ich glaube, ich habe mich immer nach einem Gesicht gesehnt, das sich mit meinem in Verbindung bringen lässt.

Meine Schwester und ich schreiben uns aufgeregte Briefe. Lesley berichtet von ihrem Leben in Basildon, einer neuen Stadt in Essex, mit ihrem – «unserem» – Dad. Ich gebe mit meiner vornehmen Schule in Devon an.

Zu Hause kann ich nicht darüber sprechen – das würde nicht gut ausgehen. Aber ich verzehre mich nach Lesleys Briefen wie ein verknallter Teenager.

Ich wünsche mir schon seit langem eine Schwester, jemanden Zärtliches. Vielleicht ist es nicht so wichtig, einen Vater zu finden, weil Dudley diese Lücke gefüllt hat. Eine Mutter ist etwas anderes, das ist wie eine archaische Sehnsucht. Schuld daran ist niemand, es ist einfach so. Vielleicht beweint Lilian, als wir mit den Jahren älter und männlicher werden, ja immer noch das kleine Mädchen, das sie nie haben konnte.

Mich quält die Frage, warum sie nicht zärtlicher ist. Küsse oder eine rasche Umarmung gibt es nur, wenn ich krank bin. Zuerst hatte ich es mir damit erklärt, dass sie zu dünn war, dass in ihren Brüsten nicht genug Platz für Liebeshormone war. Die Mütter anderer Jungen haben mehr Kurven, sind körperlicher, laden einen ein, verpflegen einen, sitzen auf demselben Sofa wie ihre Söhne. Ich beneide Freunde, die umarmt werden. Es ist schon so lange her. Ich brauche jemanden, der mich bemuttert.

Eine Mutter sei jedoch nicht aufzufinden, sagt der Pflegemitarbeiter. Fürs Erste müssen eine Schwester und ein Vater reichen. Briefe aus unseren ähnlich seltsamen Welten werden aus-

getauscht. Lesleys Schrift ist adrett und schnörkelig, manchmal nimmt sie grüne Tinte.

Zum ersten Mal bedeutet das Ende des Sommertrimesters für mich eine Zugfahrt ganz allein nach London und nicht nur die kurze Strecke nach Devon. Im Bahnhof Paddington wird mein Name über Lautsprecher ausgerufen. Ich möge mich bitte im Büro des Bahnhofsvorstehers einfinden. Mir ist schlecht, und ich habe ein bisschen Angst. Heutzutage bekäme man psychologischen Beistand bei einer derartigen seismischen Verschiebung im Leben. Der Sog von Blutsverwandtschaft und Zugehörigkeit.

Plötzlich sind wir im selben Raum, eine Familie, die vor zehn Jahren getrennt wurde. Lesley in ihrem Rock mit Glencheckmuster, den langen grünen Fingernägeln, ihrem Essex-Akzent und Essex-Lächeln. Mit meinem Dad Ray ist es anders, irgendetwas stimmt nicht, allerdings liegt das nicht an ihm. Er ist einfach nicht der Mann, den ich mir vorgestellt habe, der Mann, auf den ich gewartet habe. Später versuche ich es mir zu erklären: Wie hätte irgendjemand die Hoffnung, die Sehnsucht, die ich mit mir herumtrug, erfüllen können? Ich hatte einen Hollywood-Moment im Kopf: den strahlenden Seemann, der endlich heimkehrt, den weißen Gartenzaun mit Mum und mir, die ihn erwarten. Ray nimmt mich mit zu sich nach Hause, mehr hätte ich mir doch kaum wünschen können, oder?

Basildon ist ein unmöglicher Ort. Eine Neugründung, eine Ostlondoner Auswucherung, umgeben von einem Ring aus Fabriken: Ford, Ski-Joghurt, Carreras-Zigaretten. Meine Schwester Lesley trägt Dads Namen: Leslie Ray. Ich bin ein Dorfbub aus Devon, der es einmal fast nach London geschafft hat, bei einem langen Tagesausflug nach Heathrow Airport mit der Sonntagsschule (damals machte man so etwas, warf einen Blick

in die Zukunft und auf den Rest des Planeten, vermittelt über Piloten und Flugzeuge). Im Übrigen ist meine Welt beschränkt auf eine Fahrt nach Plymouth zweimal im Jahr, einmal im Sommer, wenn ich neue Schuhe brauche, und dann noch einmal vor Weihnachten, wenn die norwegischen Pullover gekauft werden (meiner ist blau, Christophers rot), die wir immer als Geschenk bekommen. Mittags essen wir dann im Kaufhausrestaurant und sehen vielleicht einen Film, wenn etwas Geeignetes läuft.

Basildon ist verwirrend. Gleichförmige Grundstücke in einem gleichförmigen Straßenraster, aber ich bleibe über die Sommerferien, lungere in den Plattenläden herum und höre Musik in Kabinen oder gehe schwimmen in der Nähe von Rays und Lesleys Wohnung, falls ich mich nicht verirre (ich verirre mich dauernd). Lesley fasziniert mich, die Art, wie sie redet, die Art, wie sie sich kleidet, ihre Vorliebe für Ska und Reggae, ihre Freunde mit dem Irokesenhaarschnitt, die Seifenopern, die sie guckt. Mein Verhältnis zu Ray ist komplizierter. Er will nicht über meine Mutter sprechen, mir keine Fotos zeigen, mir nicht einmal ihren Namen nennen. Er weigert sich, über seine Hochzeit oder sein Leben mit ihr zu sprechen. «Du darfst mich nie fragen, es ist besser, wenn du nichts weißt!» Es ist seltsam, schon so schnell gegen eine Wand zu rennen.

Ray ist Koch, aber auch ein Prediger in der evangelikalen Pfingstkirche, der jeden Samstag im Zentrum von Basildon den Namen des Herrn verkündigt. Es ist, als lebte ich in einer Nachmittagsserie, die ich nicht kenne, die Lesley jedoch dauernd guckt, *Crossroads* oder *Coronation Street*. Die Verbindung zu der Vergangenheit, nach der ich mich verzehrt habe, scheint immer noch in weiter Ferne. Dafür habe ich endlich Sex, mit einem Mädchen aus dem Schwimmbad, auf einer Brache außerhalb der Stadt. Sie ist älter, hat mehr Körperbehaarung, aber leider ist es

ein bisschen langweilig. Eine weitere Enttäuschung, eine weitere Sehnsucht, die unerfüllt bleibt.

1987. Für einen neuen Pass brauche ich eine Geburtsurkunde, aber wie es scheint, gibt es mich nicht. Ein Alan Jenkins mit meinem Geburtsdatum lässt sich nicht finden. Ich bin verwirrt, erkundige mich also noch einmal am Schalter für Nachfragen. Sieh im Adoptionsregister nach, sagt der Mann, wenn du da nicht stehst, stimmt dein Geburtsdatum nicht. Die meiste Zeit meines Lebens habe ich die Vorstellung mit mir herumgetragen, dass die Drabbles zwar meinen Namen geändert und unsere Eltern gespielt haben, uns aber nicht adoptiert hatten. Ich wusste nicht, wieso es nicht dazu gekommen war. Ich war zwar stolz auf die Besonderheit, ein Pflegekind zu sein, aber eine Adoption bedeutet einen anderen Grad der Zugehörigkeit, man muss dann fast keine Angst mehr haben, dass man zurückgeschickt wird, dass man nur geduldet ist. Man hat eine Familie, die einem gehört. Einen Ort zum Bleiben.

Ich durchforste das Adoptionsregister. Und sofort steht es da, schwarz auf weiß. All die Jahre hat meine Geschichte hier in diesem Londoner Amtszimmer vor sich hin gemodert, geschwelt. Alan Jenkins' Urkunde. Mit zwölf Monaten adoptiert von Leslie Ray Jenkins, heißt es da. Ich bin völlig durcheinander. Ich hatte einen Pass gewollt, für eine Fernreise in den Ferien, und stattdessen wird mir in der Mittagspause eben mal schnell mitgeteilt, wer ich eigentlich bin.

Die fehlende Nähe, die ich empfand, als ich ihm mit vierzehn zum ersten Mal im Bahnhof Paddington begegnete, war also keine Einbildung; es stimmte tatsächlich etwas nicht mit Ray. Aber wieso eine Adoption und keine eidesstattliche Erklärung? Er muss meine Mutter geheiratet haben. Ich blättere in

Bescheinigungen, suche in Heiratsregistern, gehe zu den Seiten zurück, die vor meinem Adoptionsdatum liegen. Und natürlich, da ist sie: Leslie Raymond Jenkins heiratet Sheila Irene Beale. Kellnerin in einem Café. Meine Mutter. Endlich ihr Name, wie ein vergilbtes Foto. Radioaktive Information. Identitäts-Uran.

Der nächste Schritt ist logisch, aber ich weiß nicht, ob ich dazu bereit bin. Sollte ich in Begleitung von jemandem wiederkommen?

Zurück zum Geburtsregister. Hier ist Allan Peter Beale, geboren am 15. 1. 1954, mit dem Zusatz: «siehe Adoptionsregister». Da bin ich. Als Baby. Nur ein hingemalter Gedankenstrich auf der Seite, wo der Name des Vaters stehen sollte. Unbekannt. Ich wusste, dass ich Alan Jenkins, Peter Jenkins, Peter Drabble gewesen war und dann wieder von vorne. Zurück zum Ausgangspunkt. Jedenfalls hatte ich es so aufgefasst. Aber jetzt gibt es einen weiteren Avatar. Den Baby-Bastard Allan mit zwei L. Geborener Beale. Ich ordne die Urkunden, gehe zurück ins Büro, verwirrt, beschwingt, wütend. Womöglich auch erleichtert. Die Spannleinen, die mich geerdet hatten, beginnen sich wieder zu lockern.

10. AUGUST. Die letzten Ausläufer von Hurrikan Bertha aus der Karibik werden für morgen erwartet. Es scheint, als bekämen wir im Hochsommer jetzt immer einen Minimonsun. Heute stehen hauptsächlich Unkrautzupfen und Bohnenpflücken an. Es sind zu viele zum Selberessen, deshalb werde ich sie mit Familie und Freunden teilen. Ich bräuchte jetzt dringend Howard und seine hungrigen Kinder. Das Gewicht der Blauhilde-Bohnenranken hat schon einen Wigwam umgelegt. Ich stecke einen Metallstab in die Erde und versuche, die Stangen wiederaufzurichten; es kommt mir so vor, als müsste ich mit einem Segelboot gegen

schweren Wind kreuzen. Der Mangold sieht wie Riesenrhabarber aus. Ein Blatt mit Stiel dürfte für eine Mahlzeit zu zweit reichen. Ich dünne die Chioggia-Rote-Bete aus. Ich pflücke jede Menge Salat. Die Parzelle liefert eine fast bedrängende Ernte, produziert mehr, als wir essen können. Ich bin schon dazu übergegangen, auf der Arbeit wie ein Rotkreuzhelfer Lebensmittelpäckchen zu verteilen; bald werden die Kollegen anfangen, sich vor mir zu verstecken. Zu Hause leben wir fast ausschließlich von Grüngemüse, Bohnen und Reis, gedämpft in Tamarisoße und Sesamöl. Es macht mich eigenartig glücklich und erinnert mich an Anglesey.

1973. Ich bin neunzehn und mit einer kleinen Gruppe aus der Stadt geflohen; wir leben in einer etwas unglücklichen ökologischen Landkommune. Wir sind jung, voller Energie und Optimismus und brennen darauf, am Rande der Irischen See biologisches Gemüse anzubauen. Darauf ist man in Anglesey nicht so scharf. Es ist die Ära der Brandstiftungen, walisische Nationalisten stecken Zweitwohnsitze von Engländern an. Das Anglesey der Siebziger ist auf Engländer nicht besonders gut zu sprechen. Die Einheimischen haben speziell etwas gegen lange Haare, gegen Asiaten und Schwarze. Und wir sind eine Großstadtmischung aus alldem, und deshalb mögen sie uns und unser Biogemüse ebenfalls nicht besonders. Es besteht eine Kluft zwischen der Küstenregion und dem, was die Menschen essen. Der Supermarkt ist uneingeschränkter Herrscher, man kauft nach Preis. Es ist die Frühzeit der Ausbeutungs- und Verdrängungslandwirtschaft – drei Hähnchen für weniger als einen Fünfer, kleine Einzelhandelsgeschäfte müssen schließen angesichts der Konkurrenz endloser Reihen mit abgepackten Lebensmitteln. Unser Dorfkrämer wechselt von Englisch in

empört geflüstertes Walisisch, wenn wir, in Samtmänteln und nach Sandelholzöl und wildem Sex riechend, den Laden betreten. Meine gemischtrassige Freundin wird auf der Straße bespuckt. Angela kommt aus Cardiff und ist in Wales geboren, aber ich bin es leid, Rudel gelangweilter rassistischer junger Männer an der Bushaltestelle niederzustarren. Es sieht so aus, als ob unsere ländliche Idylle sich mehr als Mississippi entpuppt und nicht als heilige Druideninsel, auf die wir naiverweise gehofft haben. Der Traum ist gestorben. Angela ist einsam und schwanger. Sie liebt einen anderen. Sie haut ab. Ich folge ihr nach London wie ein liebeskrankes Hündchen. Wenige Jahre später schneiden sich die Freunde, die geblieben sind, ihre Haare ab, tauschen die afghanischen Mäntel gegen Lederjacken und werden die Ruts, eine Punkband, die mit «Babylon's Burning» einen Hit landet. Sie meinen damit nicht die abgefackelten Ferienwohnungen in Anglesey.

1968. Ich weiß immer noch nicht genau, was der Auslöser für meine frühe Rebellion war: dass ich plötzlich meine Schwester fand; Dudleys Verkauf von Herons Reach mit den entsprechenden Folgen; Lilians immer häufigere Drohungen, sie werde uns zurückschicken; die Welt außerhalb der Internatswände. Jedenfalls platzt der Pubertätskokon, und der geschlüpfte Schmetterling testet seine noch feuchten Flügel. Es mögen auch die Pariser Unruhen gewesen sein oder Vietnam, die Apartheid und Mao, das Bedürfnis, Anschluss an die Welt von Prag bis Peking und Chicago zu finden. Am Ende sind es aber die Haare. Ich bin es leid, mich wie ein abgewiesener Asylsuchender zu fühlen. Es ist, als hätte man mir eine Tüte über den Kopf gestülpt und ich stünde auf einem wackeligen Stuhl mit einem Seil in der Hand. Ich habe Ärger in der Schule, weil ich Briefe an die kubanische

und die chinesische Botschaft schreibe. Ich wollte ein Poster von Che Guevara und ein Exemplar von Maos kleinem roten Buch haben. In meinen Marvel-Comics sind sie immer die albernen Feinde, aber sie kommen mir nicht wie meine Feinde vor. Die Musik, die ich höre, ist reflektierter geworden – Dylan, The Doors –, meine Lektüre ebenfalls. Der Ärger beginnt unauffällig, mit einer Debatte über Frisuren. Es sind nur noch zwei Wochen bis zu den Osterferien, und die Schule hat einen Friseur kommen lassen. Die Jungen verlassen den Raum mit einem militärischen Kurzhaarschnitt, hinten und an den Seiten geschoren, wie Elvis in der Armee. Mit einer kleinen Gruppe starten wir einen Streik. Ein Junge rasiert sich als Protest einen Irokesen. Er sieht sehr merkwürdig aus in seinen Shorts. Wir sind schnell zwölf in unserer Gruppe, ein Drittel der Gesamtschülerschaft. Es ist wie eine Szene aus Lindsay Andersons *If*: ein Kampf um Einfluss zwischen uns, den Lehrern und den großen Jungen, die in Wahrheit die eigentlichen Anführer der Schule sind.

Zuerst aber ein paar Worte zur Disziplin: Anstatt von Schlägen gibt es in Battisborough ein System, das sich «Buße» nennt und in Zeiteinheiten je nach Vergehen bemessen wird. Sie kann von den Jungen selbst ausgeteilt werden: bis zu 15 Minuten durch Aufsichtsschüler; bis zu einer Stunde durch die Gruppe der Großen oder Lehrer. Rennen in der Schule kann einen beispielsweise 15 Minuten kosten; darüber anfangen zu diskutieren eine Stunde. Die Zeiten werden freitags beim Mittagessen zusammengerechnet und beim Tee vorgelesen. Die ersten 15 Minuten sind frei. Bei bis zu einer Stunde muss man am Samstagmorgen früh aufstehen und in Unterhemd und Shorts die Zeit ablaufen. Wenn die Buße mehr als eine Stunde beträgt, muss man am Samstagabend aus der *Encyclopædia Britannica* ab-

schreiben, bis man seine Zeitstrafe abgedient hat. Außerschulische Wochenenden haben dann zu warten. Sie nennen es Charakterbildung.

Der Frisurenstreik kann nicht gut ausgehen, aber damals scheint er uns lebensnotwendig zu sein – wir werden nicht wie ein Soldat mit fast kahl rasiertem Schädel nach Hause fahren, wo die Haare der Freunde lockig über den Kragen fallen. Also weigern wir uns. Die Aufsichtsschüler drohen mit Strafe. Der freundliche Direktor schubst einen Jungen quer durch den Raum. Wir bleiben hartnäckig. Zu viert borgen wir uns Geld und hauen ab. Ein Freund wohnt in Plymouth, also errichten wir unser Lager in seiner Wohnung. Es gibt dort viel schulterlanges Haar, Hippiemädchen und den schweren Geruch nach Gras. Wir rauchen unsere ersten Joints. Jemand hat einen LSD-Trip übrig, also würfeln wir. Der Irokesenjunge gewinnt. Nach etwa zwei Stunden erscheint die Frau des stellvertretenden Direktors. Sie wussten, wo wir waren. Wir waren nicht besonders vorsichtig. Sie ist geschickt worden, um mit uns zu verhandeln. Die Schule kann nicht vier Schüler rauswerfen – was sollten sie deren Eltern erzählen? Also sagt sie, wir könnten über Ostern zu unserem eigenen Friseur gehen, wenn wir jetzt sofort mit ihr zurückkehrten. Der Irokesenjunge ist in keiner guten Verfassung, aber der Rest von uns ist einverstanden. Der Irokese wird morgen nachkommen. Kein Haareschneiden. Keine Schuldzuweisungen. Wir kehren, wie wir glauben, im Triumph zurück, essen spätabends Brote mit Schinkenspeck im Haus des Englischlehrers. Aber unterdessen haben die ältesten Schüler – geschoren wie Schafe – den Direktor bearbeitet. Der Irokese wird am nächsten Morgen der Schule verwiesen und danach nie mehr gesehen. Unserer Ansicht nach hat die Schule sich nicht an die Abmachung gehalten; trotzdem fahren wir alle an jenem Osterwochenende mit

schaurigen Geschichten von Rebellion, Haschisch und LSD im Gepäck nach Hause.

Von nun an bin ich eine Zielscheibe, all meine Bewegungen werden überwacht. Die älteren Schüler sind unversöhnlich, die Erinnerung an ihre demütigenden Frisuren ist noch frisch. Der Bauerntrampel, der eigentlich dankbar sein müsste, hat endlich gezeigt, aus welchem Stall er kommt. In gewisser Weise haben sie natürlich recht. Aber schulisch bin ich ein Überflieger. Die Prüfungsgremien sind interessanter, die Lehrer dort engagierter. Ich mache die mittlere Reife ein Jahr früher. Ich bin auf dem Weg nach Oxford oder Cambridge, einer der besten Schüler der Schule (der andere war der Irokesenjunge, aber der ist jetzt Geschichte). Es gibt bereits Pläne, dass ich in die Anwaltskanzlei meines Onkels eintreten soll. Meine Mittelschichtsmetamorphose ist komplett.

Ich sehe Christopher in den Schulferien. Es ist nicht einfach. Unsere Leben driften immer stärker auseinander. Nach einem schwierigen Start fasst er in der Armee langsam Fuß. Man hatte ihn im Trainingslager in einen Boxring gestellt, und er besiegte den anderen jungen Mann. Da wurden die Offiziere aufmerksam. Der Kampf war Teil eines Sommerturniers gewesen, das er zum Erstaunen aller gewann. Dieser Junge will kämpfen. Das ist etwas, worin er sich auszeichnen kann, etwas, das die Armee versteht. Bald wird er für sein Regiment und später für die Armee boxen. Er hat seinen Platz gefunden, sie schätzen ihn, demnächst wird er ins Winterlager fahren und ist dort von den Putzpflichten befreit.

Schon damals, wenn Christopher sich als Kind mit jemandem prügelte, war der andere Junge (meist ich) schlicht nur ein Hindernis, das er aus seinem Weg räumte. Er war erbarmungslos, wenn er auf einen losging. Er wollte oder konnte dann nicht

aufhören. Er hatte schon sehr früh im Kinderheim gelernt, ein Junge zu sein. Und inzwischen beherrscht er all die männlichen Tugenden. Er hat sich in männlicher Gesellschaft schon immer wohler gefühlt. Wir sind im Begriff, unser erwachsenes Profil zu entwickeln, und passen nicht mehr zueinander. Christopher ist stolz auf seine Armeeuniform, wienert seine Schuhe, bis man sich darin spiegeln kann, bevor er mit klackenden Schuhspitzen und lässig sitzendem Barett zur Kneipe loszieht. Er sieht ein wenig aus wie Dudley.

Als ich zehn war, gab er mir die erste Lehrstunde im Fluchen. Jetzt ist seine Sprache rauer, sind seine Gewissheiten zementierter. Die Armee hat ihm ein neues Lexikon des Hasses überreicht. «Schwule, Nigger, Katholiken»: alles, was anders ist, muss gefürchtet und gehasst werden. Und so geht es bei den Unruhen in Nordirland nicht um Bürgerrechte und Gleichheit; es geht um wir und sie, den Feind. Ich kann mit ihm nicht darüber reden, ohne einen Kinnhaken fürchten zu müssen, und Mum und Dad sind auf seiner Seite. «Hier unten bei uns haben wir solche nicht», sagt Dudley bedrohlich. Wir werden uns bei Mum und Dad nicht mehr wiedersehen. Unsere Verbindung ist gekappt, in unser beider Leben gibt es ab jetzt kaum noch Berührungspunkte.

1968. Zeit für Mädchen, die Zeit sexbesessener Teenager. Einige der Battisborough-Jungs haben auf der Rückfahrt von London im Zug eine Schar schnatternder Klosterschülerinnen kennengelernt. Es gab Geknutsche und Gefummel und den aufgeregten Austausch von Adressen. Das Internat der Mädchen ist in der Nähe von Newton Abbott, nicht weit weg von uns. Der köstliche Samen der Zerstörung ist gelegt.

In diesem Trimester dreht sich alles um die mittlere Reife

und um Briefe. Ich schreibe auf blassblauem Papier der Firma *Basildon Bond* Briefe an meine Schwester Lesley und an ein Mädchen in der Schule, beides Eintrittskarten in eine fremde Welt.

Es wird beschlossen, dass wir die Schule der Mädchen besuchen, unsere Botschaften werden dringlicher. Wir sind die gleiche kleine Gruppe, inzwischen drei plus einer: ein rothaariger Kanadier, der für Alkohol und Taxis zahlen wird. Unser privates Geld wird im Sekretariat aufbewahrt und steht unter scharfer Beobachtung, also borgen wir uns kleine Summen zusammen. Ein Alibi wird gebastelt. Pläne werden geschmiedet, Taxis bestellt, und unser Rendezvous findet schließlich unter einer Brücke an einem See auf dem Klostergelände statt. Wir knutschen. Wir trinken Wodka. Internatsjungen und Internatsmädchen lernen, miteinander umzugehen. Es ist beinahe unschuldig. Unsere klebefingrige Schwärmerei wird durch eine ängstliche Freundin abrupt beendet. Man hat die leeren Betten entdeckt. Das ganze Kloster wusste, dass wir kommen würden. Noch ein paar Küsse, und wir fliehen wie in einem Sechziger-Jahre-Film mit einem beklommenen Soundtrack.

Nach einer ungemütlichen Nacht außerhalb von Newton Abbott kehren wir verkatert von Schlafmangel und Aufregung zurück nach Battisborough. Im Kloster hat man unsere Briefe gefunden. Unsere Schule wird angerufen. Allen bösen Jungs, die in den Briefen namentlich auftreten, wird Hausverbot erteilt. Als wir in Mr. Byatts Büro zitiert werden, leugnen wir einfach alles, erklären uns für unschuldig. Sie wissen, dass wir es sind, sie haben unsere Briefe gelesen, aber wir ermöglichen ihnen damit auch die Chance auf ein windiges Alibi. Niemand wünscht sich die Kernschmelze; der Fallout könnte für beide Schulen verheerend sein. Unser Vergehen und die Strafen sind zu entsetzlich, als dass man überhaupt darüber nachdenken könnte.

Zweiter Auftritt unseres rothaarigen Freundes. Am nächsten Tag werden wir noch einmal ins Büro zitiert, unsere Tat ist aufgedeckt. Der kanadische Junge habe mit seiner Schuld gerungen, wird uns mitgeteilt; die furchtbare Wahrheit liege nun offen. Der Direktor sagt, er sei stolz auf ihn.

Namen erscheinen auf der Anschlagtafel. Wir werden beurlaubt (alle beteiligten Mädchen werden sofort von der Schule verwiesen). Taxis kommen und bringen uns weg, wir verabschieden uns, versprechen einander lebenslange Verbundenheit. Ich werde keinen von ihnen je wiedersehen. Am Schluss bleibe nur ich übrig. Ich warte ängstlich auf Dad, auf das Tuckern seines luftgekühlten Motors. Er kommt nicht. Schließlich holt mich ein cooler Sozialarbeiter mit farbigem Hemd, langen Haaren und greller Krawatte ab. Ich würde zu viel Ärger machen, sie seien zu alt, es sei zu schmerzlich, zu hart für meine Mum und meinen Dad, sagt er. Das müsse ich verstehen. In ihrem Vertrag sei nicht von Problemen, Pubertät und unerlaubtem Sex die Rede gewesen. Sie haben mich wieder der städtischen Fürsorge übergeben. Nach zehn Jahren. Ich bin allein. Mein Traum von Peter Drabble ist vorbei. Auf der kurzen Fahrt nach Plymouth beginne ich, meinen Namen abzuwerfen.

16. AUGUST. Im Bus treffe ich zufällig Howard und Nancy. Ich bin auf dem Weg zur Parzelle. Sie wollen Nancy ihr erstes Handy kaufen. Sie ist jetzt elf, und nur noch zwei Wochen trennen sie von der Mittelschule. Sie war vier, als wir mit dem Schrebergarten anfingen, als wir zusammen Löcher gruben und mit ihrer jüngeren Schwester Rose Sauerampfer aßen. Sehr bald wird sie zu alt für Schrebergärten sein.

Die Parzelle präsentiert sich in üppigem Überfluss, wir hatten wochenlang abwechselnd Sonnenschein und Regen. Ich bin

stolz auf die reiche Ernte, auf das, was alles im Sommer gereift ist, aber jetzt wirkt die Parzelle ermattet, wie ein langhaariger Hund, der sich im Schlamm gewälzt hat. Die Gartenschere muss ran, ein sorgfältiges Auslichten ist dringend erforderlich.

In der nächsten Woche bin ich nicht da. Und dann ist auch schon der 31. August, der letzte Tag des Sommers. Der Herbst ist nur noch Tage entfernt (das ältere Wort «fall» im Englischen steht für den Niedergang des Jahres und das Fallen der Blätter). Der Weg zum Schuppen liegt voller Rosskastanien, ein Signal für den Beginn des Winterschultrimesters. Jeffreys Dahlien sind groß wie Essteller. Beim Kompost steht ein Busch mit fetten Brombeeren. Die Zeichen sind überall. Wahrscheinlich war ich einfach abgelenkt. Marys Stangenbohnen gehen bereits in die Samenproduktion über. Hoffentlich kommt sie überhaupt noch dazu, welche zu essen. Ich pflücke ein paar von unseren Bohnen und Blattsalat fürs sonntägliche Mittagessen und Kapuzinerkresse für die Vase auf dem Küchentisch. Als ich gerade aufbrechen will, kommen Howard und Nancy, also teilen wir uns ein paar Beeren, Bohnen und Erbsen. Es ist schön, dass sie wieder da sind.

17. August, Sonntagnachmittag. Howard ist im Schrebergarten, als ich ankomme, ein Brot mit Schinken und Käse in der Hand. Wir setzen uns für ein paar Minuten. Wir haben schon einen Monat oder länger nicht mehr zusammen in der Parzelle gearbeitet. Der Sommer ist fast vorüber. Wir reden nie viel über das, was jeweils zu tun ist, jeder macht sich in dem Bereich zu schaffen, von dem er denkt, dass er es am nötigsten hat. Howard beginnt mit Unkrautzupfen. Ich brauche eine freie Fläche, um die Zucchini zu verpflanzen. Es ist im Grunde zu spät, aber ich habe die Idee, ein oder zwei Pflanzen über den Weg kriechen,

sich frei ausbreiten zu lassen, falls die Sonne noch genügend Sommerkraft hat. Eigentlich hatte ich alle Kartoffeln ausgraben wollen, aber es würden dann schnell zu viele, wir würden sie in den nächsten Wochen kaum alle essen können. Ich muss neu darüber nachdenken. Erst einmal fahre ich das Unkraut und den ausgeschossenen Salat mit der Schubkarre weg. Howard sieht flott aus, mit dem Werkzeughalfter an der Hüfte und der Gartenschere in der Hand. Pflanzen werden rausgezogen und rasch beiseitegeworfen – ein Hundeherrchen, das einen Knochen wirft. Alles, was Samen verstreut, wird entfernt, außer Wilder Rauke und Garten-Amaranth. Letzterer ist einfach zu prächtig, um beseitigt zu werden: über einen Meter hoch, bischofsrote Blätter wie Tücher, die ein Sakrament umhüllen. Er hat zu blühen begonnen, trägt Dolden, geformt wie der Rüssel eines Babyelefanten und in der Farbe eines Papstgewands.

Drei schnell vergangene Stunden später hören wir auf. Es ist Platz geschaffen worden, jetzt kommt Luft zwischen die Pflanzen, und die Sonne kann die Erde wärmen. Mit etwas Glück und ein, zwei Wochen halbwegs anständigen Wetters werden wir einen späten Schub erleben. Zu müde, um noch zu säen, beschließen wir, in der folgenden Woche für die Herbstsaaten wiederzukommen. Um unsere letzte noch ausstehende Aufgabe haben wir uns den ganzen Sommer gedrückt. Zwei Fässer mit Beinwellsud haben zu lange gegoren. Man braucht Mut, um sie zu öffnen und nicht bei dem Verwesungsgestank zurückzuschrecken. Die erste Brühe ist dickflüssig und eklig, sieht aus und riecht wie Jauche. Wir schwemmen den Schlick am Boden des Fasses aus, und ich verteile ihn über die umgepflanzten Zucchini. Das zweite Fass ist rein und klar wie eine heilende Misosuppe. Die geht auf die Bohnen. Ich zupfe einen Armvoll Beinwellblätter und fülle das Fass von neuem. Zur Tagundnachtgleiche wird die

Brühe fertig sein, eine Ladung Energie für den Herbst. Reich beschenkt ziehen wir ab.

1970. Christopher liebt Ray, seit er zum ersten Mal mit mir nach Basildon fuhr. Seine Beziehung zu Lesley ist schwierig, was auf Gegenseitigkeit beruht. Es ist, als habe er sein Leben lang auf Ray gewartet. Er hat sich an seinen Jenkins-Namen geklammert wie ein Findelkind an ein Erinnerungsstück. Er hat sich nie wie ein Drabble gefühlt, und vielleicht beruhte auch das auf Gegenseitigkeit. Ray war Stabsbootsmann in der Royal Navy, Christopher ist ein Stabsunteroffizier in der Armee. Sie haben das Unteroffizierswertesystem verinnerlicht, das Produkt eines hermetischen Lebens. Im Laufe der Jahre haben sie sich die gleichen Vorurteile angeeignet, bei beiden lichten sich die Haare mit der Zeit auf dieselbe Weise. Wir reden darüber, teilen uns unsere Eltern wie Süßigkeiten auf. Einer für dich und einer für mich.

Er ist mein Dad, nicht deiner, hat Christopher von Anfang an verkündet, und das war ziemlich einleuchtend. Sie sehen inzwischen gleich aus. Denken gleich. Sie haben Angst vor denselben Dingen. Christopher hat an ihm festgehalten. Dann entdecke ich 1987 die Geburtsurkunden, die zu beweisen scheinen, dass Ray am Ende doch nicht unser Vater ist.

Du musst ihn besuchen, sage ich. Er hat uns adoptiert, nachdem er unsere Mum geheiratet hat. Was immer da steht, er ist trotzdem mein Dad, entgegnet Christopher. Anders als ich hat er immer Kontakt zu ihm gehalten. Sie hatten von Anfang an und viele Jahre lang eine enge Bindung. Christopher ist loyal geblieben. Als ein Jenkins hat er sich Rays Glaubensrichtung angeschlossen und Rays Pfingstkirchen-Gewissheiten übernommen.

Also fährt er zu ihm und fragt ihn nach den Adoptionen. Ray

sagt, er habe uns immer als seine Söhne betrachtet. Trotzdem hat er uns in ein Kinderheim gesteckt, Lesley zu sich genommen, nach Leslie Ray benannt, und ist gegangen. Als Christopher und ich Teenager waren, wollte er uns nicht erklären, warum er nicht da gewesen war. Ihr dürft mich das nie wieder fragen, sagte er, und das tun wir auch nicht, bis zu jener Nacht. Jetzt blickt die verkümmerte Wahrheit blinzelnd ins Licht. Christopher wird Ray nie verzeihen, dass er nicht sein Vater ist. Sie werden nie mehr miteinander sprechen.

1992. Ich habe nie mitbekommen, ob Christopher eine Freundin hatte. Als Junge war er nicht an Mädchen interessiert und als Mann nicht besonders an Frauen. Sie interessieren sich auch nicht für ihn. So ist es einfach. Er findet Trost in der Gesellschaft von Männern, was mir verwehrt ist. Während ich auf der Suche nach Sanftheit und Sex bin, verzehrt er sich nach spartanischen Gewissheiten, nach einer Reinheit der vorsiebziger Jahre. Seine erste Frau war Schaffnerin in dem Bus, den er fuhr. Sue, seine zweite, ist es ebenfalls. Er ist beflissen und nachdenklich. Wie sie miteinander reden und beieinandersitzen, ist fast kindlich. Sie turteln wie Kinder.

Christopher und Sue haben uns eingeladen. Es ist eine Premiere. Sonst kommen sie immer zu uns zum Mittagessen, oder wir trinken Tee zum Kuchen und machen einen Spaziergang über die Heide, wobei Sues Absätze in der weichen Erde versinken. Er wohnt in Thamesmead, gleich um die Ecke von seinen Kindern. Es ist eine sehr große Siedlung, vorwiegend weiß, wie Basildon. Er fühlt sich zu Hause. Er öffnet uns die Tür und hält einen riesigen Dobermann zurück, der eine Kette um den Hals trägt, die glatt ein Motorrad sichern könnte. Das Tier folgt uns zu dem niedrigen Sofa, auf dem wir uns niederlassen, die Knie

auf Höhe unserer Ohren, die Köpfe tiefer als der Hundekopf. Er steht Wache, knurrt, fletscht die Zähne. Christopher lacht. Er habe den Hund von einem Nachbarn, sagt er. Die hätten ihn gekauft, damit er sie beschützt, merkten dann aber, dass sie alle Angst vor ihm hatten. Christopher hat ihn mit einem Pitbull auf einem Feld hinterm Haus kämpfen lassen. Der Dobermann gewann, er riss dem anderen ein Ohr ab. Christopher ist stolz. Er ist glücklich. Der Hund spürt meine Angst. Ich versuche aufzustehen, was schwierig ist, weil er mir seinen Riesenschädel in den Schoß drückt. Er folgt mir dicht auf den Fersen in die Küche, knurrt dabei die ganze Zeit. Wir bleiben nicht lange. Wir kommen nicht wieder.

2000. Ich telefoniere mit Christopher. Er hat seinen Job als Fahrdienstleiter verloren. Die Arbeit hatte ihm gefallen. Er war verlässlich, beflissen, zur Uniform gehörte eine Mütze, die er so aufsetzte, dass der Schirm flach anlag. Er trägt einen militärischen Feldwebelschnurrbart.

Seine Chefs hätten ihm eine Menge Geld zur Abfindung angeboten, sagt er. Unser Gespräch läuft gut. Er ist glücklich. Er hat sich ein neues Auto und zwei Videorecorder gekauft, einen für unten und einen für oben, damit er auch im Bett Filme gucken kann. Dann vermassele ich es.

Christopher hat drei Kinder, die in derselben Siedlung leben. Zwei Jungen und ein Mädchen mit einem Herzleiden. Er ist sehr schlecht darin, sich Geburtstage zu merken. Vor kurzem hat er seinem ältesten Sohn einige Wochen zu spät eine Karte geschickt. Chris, sage ich vorsichtig, du solltest deine Kinder verwöhnen, solange du die Möglichkeit dazu hast. Fahr mit ihnen in die Stadt, kauf ihnen Spielzeug oder Anziehsachen in der Regent Street. Du wirst nie wieder so viel Geld haben. Du und

ich, wir wissen doch, wie viel so etwas bedeutet. Und außerdem, kein Mensch braucht einen zweiten Videorecorder.

Ich bin zu weit gegangen. Es ist erstaunlich lange gut gelaufen zwischen uns. Ich höre das dröhnende Schweigen. Sie hat einen Freund, sagt er schließlich über seine erste Frau. Sie leben gut von der Stütze. Seine Stimme klingt jetzt angespannt vor Wut. Sue empört sich im Hintergrund. Wage es nicht noch einmal, mir zu sagen, was ich mit meinem Geld zu tun habe, erklärt er. Er bricht unser Telefonat ab.

Am nächsten Tag kaufe ich eine Postkarte. Wie immer bin ich der Versöhner. Es tut mir leid, Chris, schreibe ich und versuche, den Riss zu flicken. Ich will Frieden schließen. Und unerklärlicherweise füge ich einen fatalen letzten Satz hinzu. Aber diesmal, schreibe ich, hast du unrecht. Und ich verliere ihn. Natürlich finde ich es im Nachhinein schrecklich dumm von mir. Er hört auf, mit mir zu reden. Er verschwindet. Es ist, als glaube er, wir seien hinter seinem Geld her. Wie der Geizhals aus dem Märchen wird er zum Einsiedler.

Ich lasse ihn gehen. Wir machen alle weiter mit unserem Leben.

2008. Am Ende halte ich das Schweigen natürlich nicht aus. Ich fürchte, ihm könnte etwas zustoßen und ich würde es nicht erfahren. Ich beauftrage jemanden damit, ihn aufzuspüren, einen Spezialisten, der Leute findet, die nicht gefunden werden wollen. Es dauert nicht lange. Christopher lebt ganz in der Nähe seiner alten Wohnung, nur eine Ecke weiter. Ich schicke ihm eine Karte mit Grüßen und meiner Telefonnummer, die noch immer dieselbe ist. Ich bitte ihn, mich anzurufen, schreibe, ich müsse wissen, ob bei ihm alles in Ordnung sei. Er ruft nicht an, schickt mir aber seine Nummer.

Ich rufe an und erwische ihn beim Autowaschen. Er habe keine Zeit zum Reden, erklärt er. Ich sage, es sei zu lange her, dass wir miteinander geredet hätten. Er sagt, es seien nur zwei Jahre gewesen. Er sagt, er sei glücklich mit Sylvia, die offenbar auf der Bildfläche erschien, als Sue ihn endgültig verließ. (Wenn sie sich mit anderen Männern herumtrieb, plünderte sie zuvor das Bankkonto und rief dann an. Manchmal ließ sie auch die Männer anrufen. Wenn das Geld alle war, kam sie zurück. Er nahm sie immer wieder auf. Der verlassene Junge.)

Frauen machten ihn erst heiß und dann unglücklich, diesen starken Mann mit den riesigen Händen (meine sahen daneben wie Kinderhände aus: das Einzige, worum ich ihn beneidete). Er klammerte. Klammerte sich an Sue und dann an Sylvia, hielt immerzu Händchen. Finger so groß wie Bananen, die ihre umfassten.

Also, sagt er, er müsse jetzt los. Müsse was erledigen. Er rufe mich demnächst an. Werde von sich hören lassen. Er tut es natürlich nie.

2011. Ein kalter Morgen Ende Januar. Der Anruf erreicht mich im Büro. Ich suche einen Allan Jenkins, sagt die Stimme, ich bin von der Informationsabteilung von Scotland Yard. Es geht um Ihren Bruder Christopher.

Ich atme ein. Langsam. In diesem Moment weiß ich, dass ich ihn verlieren werde.

Er liegt im Krankenhaus in Devon, sagt er. Es geht ihm sehr schlecht. Er dachte, Sie wohnten in der Southampton Row [es ist die Southampton Road], aber unter der Adresse sind Sie unbekannt. Normalerweise, fährt der Beamte fort, hätten wir es dabei belassen, aber mein Vater ist Weihnachten an Krebs gestorben, deshalb habe ich beschlossen, Sie zu finden. Er sagte, Sie seien

ein Journalist beim *Guardian*, und da sind Sie ja nun auch. Christopher liegt im Krankenhaus in Torbay. Sie sollten sehr bald hin und ihn besuchen.

Ich nehme einen Zug am nächsten Tag, wie immer ist es der verhängnisvolle Paddington-Bahnhof. Er liegt auf der Schlaganfall-Station mit anderen geschrumpelten kranken Männern. Sylvia ist da mit ihrer Schwester. Christopher liegt im Bett. Er wird bei lebendigem Leib aufgezehrt, es ist nicht mehr viel von ihm übrig. Er sieht aus wie sein eigenes Gespenst.

Er habe sich schon seit einem Jahr ein bisschen unwohl gefühlt, sagt er langsam. Wegen seines Hustens sei er ein paarmal beim Arzt gewesen. Sie hätten ihm Hustensaft gegeben und wieder weggeschickt. Er habe sich nicht weiter darum gekümmert, aber seine Beine seien Weihnachten auf der Fahrt nach Devon angeschwollen. Sylvias Schwester habe darauf bestanden, dass er ins Krankenhaus geht. Man habe eine Kernspintomographie gemacht und eine Thrombose und Klumpen in der Brust gefunden. Lungenkrebs, wie bei Dudley. Es sei zu spät zum Operieren.

Ich halte seine Hände, wie wir es als Kinder machten. Sie sind der einzige Teil von ihm, der nicht geschrumpft ist. Ich versuche, nicht zu weinen. Wenigstens bist du wieder zu Hause in Devon, sage ich. Tränen lösen sich aus seinen Augen und laufen ihm übers Gesicht. Los, Kopf hoch, sagt Sylvia. Ich sage, dass ich es in Ordnung finde zu weinen. Wenn nicht jetzt, wann dann?

Ich glaube, Christopher hat sich nie ganz von den Verletzungen seiner frühen Kindheit erholt. Dieser große Mann mit seiner Babysprache. Es ist, als sterbe er seit jeher langsam vor sich hin. Sterbe am Nicht-geliebt-Werden, am Unglücklichsein. Nun ist es voll zum Ausbruch gekommen, der Tod meldet sich. Sein Leben und sein Unglück sind aufgebraucht.

Als Sylvia und ihre Schwester gehen, frage ich die Kranken-

schwestern, ob ich bleiben darf. Wir brauchen mehr Zeit zum Reden. Zum Allein-Zusammensein. Wir sagen nicht viel. Wir sitzen schweigend da, zwei vor 50 Jahren zerbrochene Jungen. Wir sprechen ein bisschen über Devon, über den Fluss, den Bauernhof, unsere Beinah-Mum und unseren Beinah-Dad, darüber, dass wir Pflegekinder, eine Familie sind.

Er gleitet immer wieder weg. Nickt ein. Er ist ruhig. Das Morphin aus dem Tropf wirkt. Ich halte die Luft an und halte Wache. Ich sehe zu, wie er dahinschwindet. Er rappelt sich mühsam hoch, als ich aufbreche, Zeit für den letzten Zug. Zum letzten Mal. Ich halte und stütze ihn, damit wir uns umarmen können. Er reicht mir inzwischen bis kaum an die Schulter, mein tapferer, ein Meter achtzig großer Soldatenbruder, mein Boxerbruder. Ich drücke ihn fest. Ich flüstere, wie sehr ich ihn liebe. Du bist mein Bruder, ist das Letzte, was er sagt.

Wenige Tage später erleidet Christopher während der Strahlentherapie einen Schlaganfall. Er kämpft zwei Tage, bevor er endgültig fortsegelt. Lesley fragt, ob sie zur Trauerfeier kommen darf, aber Sylvia sagt nein. Er hätte sie nicht dabeihaben wollen, überhaupt niemanden von allen, außer mir, bekräftigt sie. Sie fragt, ob ich die Beerdigung bezahlen kann. Ich bitte um ein paar Tage Zeit, um zu sehen, was ich zusammenbekomme. Als ich, durch das Schweigen beunruhigt, am Wochenende anrufe, erklärt sie mir, sie habe «ihn gestern verbrannt».

Ich frage mich, wo seine Asche ist.

Ich glaube, ich habe die meiste Zeit meines Lebens mit der Überlebensschuld gekämpft. Seit ich mich im Kinderheim um Christopher, meinen nervösen älteren Babybruder, gekümmert habe, der offenbar auf eine nur für mich wahrnehmbare Weise zerbrochen war. Ich konnte seine Zerbrechlichkeit spüren, wusste, dass er mich brauchte. Auch wenn er sich dazu nie äußerte.

Ich bedaure, dass wir auseinanderdrifteten. Dass wir miteinander kämpften. Dass ich vorankam, während er es kaum schaffte, am Leben zu bleiben. Dass ich mehr gewollt war als er. Dass ich die Verletzungen leichter abschüttelte. Dass ich irgendwann zumachte, erschöpft von der Wut, von dem Mühlstein um meinen Hals.

Ich kappte das Band, weil ich mir nicht sicher war, ob wir es gemeinsam ans Ufer schaffen würden. Ich frage mich heute, warum ich mich nicht stärker bemüht habe. Er wollte doch einfach geliebt und umsorgt werden. Wieso war das so schwer zu verstehen? Ich war versessen darauf, der Person, die ich war, zu entkommen, mich neu zu erfinden, aber Christopher blieb vor lauter sturer Integrität stecken.

Als er nicht loslassen wollte, ließ ich ihn los. Und ließ ihn treiben. Ließ ihn ertrinken. Ließ ihn sterben. Jetzt gibt es keine Möglichkeit mehr, es wiedergutzumachen. Also pflanze ich Kapuzinerkresse und Studentenblumen, so wie bei unserer Ankunft in Herons Reach. Ich war fünfeinhalb und er sechseinhalb. Eine orangefarbene Erinnerung daran, dass wir dort gewesen waren.

22. AUGUST, FREITAG. Um 5.30 Uhr ein rascher Sprung zur Parzelle, um ihr mitzuteilen, dass ich übers Wochenende weg sein werde, und um nach den umgepflanzten Zucchini zu schauen. Sie haben begonnen, sich zu verzweigen, der Chicorée in seinem neuen Zuhause ebenfalls. Ich habe die Herbst- und Wintersamen auseinandersortiert und für Howard einzeln verpackt, aber hauptsächlich bin ich hier, um mich zu zeigen. Zum ersten Mal seit Monaten gibt es kahle Flächen, und alles wächst langsamer. Die Zeit wird knapp. Ich pflücke ein paar Erbsen und sehe gerade noch den Fuchs die Böschung hinaufpirschen, wie ein

Teenager, der sich beim ersten Morgenlicht ins Haus schleicht. Ich schneide ein paar Zweige fürs Haus, wenn ich fort bin. Ich sehe, dass Mary die Zwiebeln geerntet hat. Das sieht nach einem guten Omen aus. Ich hoffe, sie erfreut sich an den Stangenbohnen. Ein letzter Blick, ein kurzes auf Wiedersehen, und um 7 Uhr bin ich wieder zu Hause. Es ist Arbeit zu erledigen, und noch vor Mittag muss ich im Flugzeug sitzen.

29. AUGUST. Das Päckchen aus Plymouth ist angekommen. Vor einigen Wochen habe ich, gemäß dem Recht auf Informationsfreiheit, meine Unterlagen angefordert – zehn Jahre in städtischer Fürsorge. Ich brauche mehr Fakten, um die Realität von unsicheren Erinnerungen unterscheiden zu können. Ich grabe mich jetzt mit jedem Tag tiefer in die Zeit in Devon, spüre aber immer noch, wie Christopher sich mir entzieht. Ich kann mich nicht erinnern, wo er war. Ich kann mich kaum noch erinnern, wann wir glücklich waren: ein oder zwei Schnappschussfotos, aber das Erinnerungsalbum ist leer. Es gibt niemanden mehr, der meinem Gedächtnis auf die Sprünge helfen könnte.

Ich habe mich monatelang vorbereitet, jedenfalls dachte ich das. Christophers Tod drängt Dudley an den Rand, mein Tagebuch ist jetzt weniger eine Hommage an meinen Vater als vielmehr die Suche nach meinem Bruder. Ich muss tiefer graben als bis zu den Studentenblumen, und hier ist es. Eine schlichte Pappschachtel in einem schlichten Päckchen, meine abgestempelte Vergangenheit. Sieht harmlos aus. Unschuldig, obwohl es ein Gefahrenwarnband tragen sollte. Achtung! Enthält Erinnerungs-Nitroglyzerin. Anfangs verschlinge ich meine fotokopierte Geschichte, die Erzählung von «zwei lebhaften kleinen Kerlchen, beide stolz drauf, dass sie Brüder sind».

Es sind Hunderte einzeilig bedruckter Seiten. Aus einer

360-Grad-Rundumperspektive: Berichte vom Sozialamt, von Pflegemitarbeitern, Lehrern und Ärzten, außerdem Berichte und Briefe, die ich lieber nicht gelesen hätte, verfasst von Dudley, meinem Pflegevater.

Es heißt hier, die Kinderfürsorge sei auf mich aufmerksam geworden, als ich vier Jahre alt war. Meine Familie sei «ihnen gut bekannt». Ein Krankenhaus hatte mir eine Mandeloperation verweigert, weil ich Herpes und Krätze hatte. Sie hatten Bedenken wegen Ansteckungsgefahr. So sieht es also aus. Ich hatte von der Rachitis und dem Verdacht auf Tuberkulose gewusst, aber hier liegt stapelweise Dreck vor mir, als wühlte man in den letzten Habseligkeiten eines Toten herum, der jahrelang still in der Erde geruht hatte.

Krätze, Herpes, Rachitis. TBC. Lauter Glückstreffer. Der Jackpot bei der Verlosung unter den Ungeliebten.

Christopher sei von Portsmouth hergebracht worden, heißt es weiter, um mit uns in dem Haushalt zu leben, den Ray zusammen mit «Mrs. F.» geführt habe; sie sei es gewesen, die sich um uns gekümmert habe, nachdem meine Mutter uns verließ. Christopher muss also bei meiner Mutter gewesen sein, obwohl uns erklärt worden war, sie habe sich auf Nimmerwiedersehen davongemacht. Es gibt auch einen Brief von Sheila. Sie hat von dem TBC-Test gehört, sie ist besorgt und erkundigt sich nach mir. Sie habe wieder geheiratet, sagt sie.

Christopher musste wegen eines Leistenbruchs (einer Hernie) operiert werden. Er sei nervös, verschlossen gewesen, heißt es in den Berichten. Und sehr klein für sein Alter.

Die Berichte klingen romanhaft, irreal, sie sind kaum zu ertragen. Der erste Pflegemitarbeiter berichtet, wir hätten «keine tiefe Zuneigung zu irgendjemandem. Es war nie etwas von ‹Heimweh› oder dergleichen von den Jungen zu hören». Ich

kann nicht umhin mich zu fragen, wieso. Auf einer anderen Seite explodiert die nächste Granate: «Es gibt gewisse Zweifel, ob Mr. Jenkins tatsächlich der Vater von Christopher ist, doch es besteht eine erstaunliche Ähnlichkeit». Das wäre grausam, wenn es stimmte. Christopher hat sich nie von seinem Gespräch mit Ray über unsere Geburtsurkunden erholt.

Ich kann nicht aufhören, meine Geschichte zu lesen. Sie ist ein Märchen aus einer anderen Welt zu einer anderen Zeit, die einem anderen Kind widerfahren ist. Wer sind diese Jungen? Bin ich das wirklich, dieser Allan / Alan / Peter? Wie hat Christopher bloß überleben können?

Alles ist neu für mich. Das Lesen ist wie eine Droge, es macht mich süchtig. Ist unwiderstehlich wie Kaffee. Bis ich plötzlich eine Überdosis befürchte. Erschöpft gehe ich endlich ins Bett. Es ist spät. Meine Frau sieht beunruhigt aus.

Vor 6 Uhr früh bin ich im Schrebergarten. Ich brauche Ruhe, etwas Positives; muss an etwas anderes denken. Einer der Wigwams ist zusammengebrochen, hat fast den ganzen Mais platt gemacht. Selbst hier halten die Konstruktionen nicht. Der schwere Metallstab ist aus dem Boden gerissen, ist ebenso verbogen wie ich. Ich versuche, den Wigwam wiederaufzurichten. Er ist zu schwer, eine Zwei-Mann-Aufgabe. Ich spaziere durch die taugesättigte Parzelle, scheuche zwei unbekümmerte Frösche auf. Eine Maus rennt über den Weg. Es sind die sommerlichen Hundstage. Meine Last wird leichter, mein Atem tiefer. Ich frühstücke Brombeeren, bin nun besser gewappnet fürs Büro.

31. August, Samstag, 7 Uhr früh. Ich werde Emli treffen, eine Fotografin, die gerne Bilder von der Parzelle machen möchte. Sie ist eine Freundin, die ich aus den sozialen Netz-

werken kenne. Wir haben uns noch nie gesehen, ich weiß aber, dass sie dänisch ist und von einer koreanischen Familie adoptiert wurde. Das ist unsere Verbindung. Bill ist in seinem Schrebergarten, als ich durchs Tor komme, wartet darauf, dass Costa Coffee aufmacht. Ich bin völlig auf meine Aufräumarbeiten konzentriert, als Emli erscheint; ich führe sie herum, erzähle ihr die Geschichte der Parzelle. Ich prahle mit den *Trail of Tears*, die jetzt voller Schoten hängen, die Bohnen selbst sind von einem glänzenden Grau. Ich gebe ihr Blätter und Kräuter zu kosten: Kerbel, Apfelminze, Chicorée, Sauerampfer, dänischen Salat. Wir unterhalten uns darüber, wie es ist, als Außenseiter auf dem Land aufzuwachsen, und dass man diesen Geruch nie loswird. Sie habe sich vor kurzem von ihrem Partner getrennt, sagt sie. Damit habe sie ihr Zuhause und ihren Garten verloren. Ich pflücke Bohnen zum Mitnehmen für sie, wir reden darüber, wie Farben die Struktur und den Geschmack beeinflussen. Die Däumlings-Kapuzinerkresse ist jetzt perfekt, also überreiche ich ihr einige Blüten. Während ich sie zur U-Bahn bringe, sage ich, sie sei herzlich willkommen bei uns, wenn sie das nächste Mal das Bedürfnis nach einem Garten habe.

Am Nachmittag bin ich wieder da, kehre zurück wie ein verwundetes Tier, das seine Höhle aufsucht. Unglückliche Gedanken und Gefühle geraten mir außer Kontrolle. Meine Brust ist ein Kraftwerk der Schmerzen, ich zerfließe in Ängsten, versuche, kindliche Tränen zu unterdrücken, gegen die ich wehrlos bin.

Ich habe beschlossen, den Wigwam abzubauen. Wir brauchen den Platz nun eher für herbstliche Blattsalate als für noch mehr Bohnen. Ich pflücke alle Schoten ab und sortiere sie: die dünnen zum Essen, die dicken zum Säen. Ich karre die Ranken und das Unkraut weg, zwei hoch beladene Schubkarren voll,

die eine Spur hinterlassen. Ich sammele das Herausgefallene auf. Ich packe die Stangen weg fürs nächste Jahr und räume um Marys Beet herum auf. Es gibt keinen Hinweis darauf, dass sie hier gewesen ist, die Stangenbohnen hängen lang und einsam herunter. Ich hacke das frei gemachte Beet gründlich durch und harke es. Jetzt ist es bereit für die Herbstaussaat. Morgen ist September.

September

1. September. Der erste Herbsttag, wahrscheinlich der letzte Tag für die Tomaten. Das Ende des Sommers. Während der vergangenen Monate haben zehn ungebärdige Pflanzen in Plastikkübeln oben auf der Dachterrasse kampiert wie Zigeuner in einem Dorf in den Cotswolds. Sie sind dort nur geduldet. Für sie gibt es keine edlen Töpfe, die ein Dauerbleiberecht versprechen. Sie sind Eindringlinge aus dem Schrebergarten, gezogen aus den Samen von *Brown Envelope*. Größtenteils sind es althergebrachte knollige *Brandywine*-Tomaten, genau die Sorte, die man begeistert kaufen würde, wenn man sie zufällig in einem Laden in Griechenland auftriebe. Sie sind in diesem Sommer prächtig gediehen, und der trockene, heiße Juli hat zwei satte Ernten möglich gemacht (im Kühlschrank liegt, während ich schreibe, eine große Tüte). Jetzt sind sie durch, nur ein paar kleine, grünliche Früchte reifen, wenn auch zu langsam, noch zwischen den gekräuselten Blättern. Es kann jetzt jederzeit so weit sein, dass die letzte gepflückt und in die Sonne auf die Fensterbank gelegt wird. Die Plastiktöpfe verschwinden bis zum nächsten Frühjahr, wenn ich meine Frau erneut mit eindringlichem Blick darum bitten werde, dass ich meine bunte Karawane wieder zwischen ihrem edlen Grün parken darf. Es bleibt dabei, eine in der Sonne gepflückte Tomate und dazu Salz in der Tasche beweisen, dass du ein echter Gärtner bist.

1987. Ungefähr eine Woche nachdem Ray bestätigt hat, dass er nicht unser Vater ist, bitte ich meine Schwester Lesley, herauszufinden, ob es jemanden gibt, der vielleicht etwas über unsere Mutter weiß und womöglich sogar ein Foto besitzt. Darüber hin-

aus erwarte ich nichts von Ray, Schwamm drüber, wie man so sagt, aber ich finde, das schuldet er uns. Lesley besorgt mir die Adresse von Rays Schwester. Es scheint, dass Sheila und sie in Kontakt geblieben sind und sich gelegentlich auch treffen. Viele Jahre zu spät vielleicht, aber die Möglichkeit, meine Mutter zu finden, ist ein Stück näher gerückt.

Ich schicke Rays Schwester einen Brief, entschuldige mich für den Überfall, drücke meine Hoffnung aus, dass sie sich an uns erinnert. Ob es irgendetwas gebe, das sie uns über unsere Mutter erzählen könne. Ich schreibe, dass wir sie wohl eher nicht treffen wollen, uns aber über Nachrichten darüber, wie es ihr geht und wie sie aussieht, freuen würden. Ob sie ein Foto habe, vielleicht von der Hochzeit.

Ich warte auf ihre Antwort. Wochen vergehen, die Hoffnung schwindet. Sie antwortet nie.

Ein Sprung, sieben Monate später: ein Samstagmorgen um 7 Uhr. Ich schlafe noch, als das Telefon klingelt. Ein Anruf von einer gewissen Susan. Ich würde sie nicht kennen, sagt sie, aber sie sei Sheilas Tochter. Ihre Mutter habe sie beiseitegenommen und ihr von ihrem alten Leben erzählt, über Kinder, die sie zurückgelassen habe. Der Anruf ergibt keinen Sinn, ich verstehe nicht. Es ist zu früh. Ich kenne keine Frau, die Sheila heißt. Dann sagt Susan, sie sei meine Schwester. Dass ihre Mum sie gebeten habe, mich anzurufen. Sheila hoffe, dass wir sie nicht hassen, sagt sie.

Ich erkläre ihr, ich würde sie abends gegen sieben anrufen. Ich brauche Christopher. Das ist der Anruf, auf den wir gewartet haben. Solange ich denken kann, sehne ich mich danach, von meiner Mutter in den Arm genommen zu werden. Vielleicht hatte ich etwas verloren, als ich Ray fand, die Hoffnung nämlich, dass es funktionieren und das Kind in mir besänftigen würde.

Christopher kommt vorbei. Wir rufen abends an, hören nach 30 Jahren zum ersten Mal die Stimme unserer Mutter. Ich weine natürlich. Ich bin fix und fertig, schluchze nur noch. Verloren und wiedergefunden, wie es so schön heißt. Jahre des Sehnens und des Zorns finden Erlösung. Ich verströme Erleichterung wie ein dampfendes Pferd. So real, so überwältigend wird es nie wieder sein.

14. JANUAR 1954. (Auch wenn ich das erst nach 35 Jahren erfahren werde, lange nachdem ich meine Mutter gefunden habe.) «Ich werde in diesem Haus keinen weiteren Bastard dulden!», brüllt mein Großvater Billy die Treppe hinunter. Es ist die Nacht vor meiner Geburt. Mein Onkel Mike war es, der mir diese Geschichte viel zu oft erzählt hat. Mikes Aussagen darüber, wann und ob überhaupt wir als Kinder zusammen waren, mögen verschwommen sein, aber darauf besteht er. Billy kam von der Arbeit in der Kneipe zurück, und ihm missfiel die Vorstellung, dass seine Tochter noch ein Kind ins Haus schleppen würde. Christopher war ein Jahr alt. Geboren in einer Einrichtung der Heilsarmee in Exeter, sollte er eigentlich zur Adoption freigegeben werden, aber Sheila hatte sich anders entschieden. Sie brachte ihn mit nach Hause. Und jetzt war da also noch ein Kind, und schon der Gedanke daran ist mehr, als Billy und seine Frau Doris ertragen können.

Es sind die 1950er Jahre in Plymouth, Süd-Devon, wo anständige Familien nicht zwei uneheliche Kinder im Haus haben und die Frauen nicht mit Matrosen in Rotlichtbars rumhängen oder sich in den Hafendocks herumtreiben. Mike hat noch weitere Geschichten: wie meine Mutter aus dem Fenster ihres Schlafzimmers klettert und zur Union Street geht; wie Doris sie nach Hause schleift. Und später: wie ihr eifersüchtiger Mann

bei ihnen hereinplatzt, als er seine verschwundene Frau sucht; wie meine Mutter mit zwei Matrosen und ihrer Freundin im Bett liegt, während der zwölfjährige Mike zu schlafen versucht. Wenn es jedoch darum geht, wo genau die Kinder sind, setzt seine Erinnerung aus. Waren wir denn wenigstens zusammen?, frage ich ihn und meine Tante Joyce, aber der Nebel der Scham hat ihr Gedächtnis verdunkelt. Immerhin sagt Joyce, die Älteste, sie sei es gewesen, die auf mich aufpassen musste, bis meine Mutter sich umentschied.

3. September. Mein vierter Besuch im Garten in fünf Tagen, was für diese Jahreszeit ungewöhnlich häufig ist, aber ich bin auch nicht da, um zu gießen, sondern eher, um die Verbindung aufrechtzuerhalten. Ich bin völlig aufgelöst, seit ich die Fallberichte gelesen habe. Ich habe, wie ein überzeugter Sowjet in der Stalinära, die Geschichte umgeschrieben, vielleicht mein ganzes Leben, und meinen Pflegevater zu einem Weihnachtsmann gemacht, und jetzt stellen die Pflegeprotokolle dieses Narrativ in Zweifel.

Hier bin ich also, am Dienstagmorgen. Ein weiterer früher Besuch vor der Arbeit, aber etwas spät für die Aussaat von Wintersalat. Ich komme wieder mit dem Geisterbus, besetzt mit den Halblebendigen in der Halbhelligkeit. Bepackt mit einer Tasche voller Samen und Hoffnung.

Ich habe nicht viel Zeit, und es müssen viele Reihen gesät werden. Ich hacke das Bohnenbeet, harke es so lange, bis ich mit der Bodenbeschaffenheit zufrieden bin. Ich schneide Stöcke und Schnur zurecht, ziehe kurze Saatfurchen. Ich lege neben jede Reihe ein Samentütchen. Ich säe für Herbst und Winter – Kerbel, drei Sorten Mangold; es gibt Pak Choi, Chicorée, Braunen Senf und Japanischen Senf. Howard kommt. Er ist wieder da, jetzt

wo der Sommer vorbei ist. Es ist der erste Tag des Trimesters. Rose hat einen neuen Lehrer, Nancy eine neue Schule. Ich zupfe ein wenig Unkraut, während er gießt. Wir quetschen kürzere Reihen zwischen die ausgeschossenen Sommersalate. Er pflückt Salat. Ich pflücke Bohnen. Gegen neun sind wir bereit zu gehen. Der Samen ist in der Erde, nun ist es an der tiefer stehenden Sonne und unserem Boden, was daraus wird. Ich werde bald wiederkommen, um nachzusehen. Es muss sich gekümmert werden.

16. 3. 59. Parklands-Pflegeheim. Bericht über Alan Jenkins von Mrs. D. Russell, Plymouth:

«Ein sehr liebenswerter kleiner Junge und sehr tapfer, wenn er eine Enttäuschung erlebt oder in irgendeiner Weise zurechtgewiesen wird. Zudem hat er seinen Bruder Christopher sehr gern und benimmt sich ihm gegenüber wie ein älterer statt wie ein jüngerer Bruder, berät ihn und ist darum bemüht, ihm alle Steine aus dem Weg zu räumen. Er leidet, wenn sein Bruder verletzt wird. Sein persönliches Verhalten ist hervorragend. Er ist überglücklich, wenn er denen, die ihn betreuen, ein Geschenk machen kann. (Meistens Wildblumen.) Alan achtet sehr auf sein Äußeres, und man kann ihn immer wieder dabei beobachten, wie er sich die Hände wäscht. Schulisch macht er gute Fortschritte, und er mag seine Lehrerin sehr gern. Sein Appetit ist gut, aber er ist keineswegs gierig. Alan wird sehr vermisst werden, wenn er Parklands irgendwann doch verlässt.»

16. 3. 59. Parklands-Pflegeheim, Bericht über Alan Jenkins, von Miss G. Fredrik, Plymouth:

«Alan hat eine sehr angenehme Art, und er gibt nur selten Anlass zu Ärger. Er ist sehr anhänglich. Leider wurde er gestern bei einer Lüge ertappt, aber es ist das erste Vorkommnis dieser Art, und ich hoffe, er macht es sich nicht zur Gewohnheit. Er ist sehr großzügig, teilt seine Sachen mit anderen. Leider weint er ziemlich schnell.

Ich schenke noch heute gerne Blumen und weine auch heute noch ziemlich schnell. Ich wünschte, ich hätte immer noch die Möglichkeit, Christopher zu beraten und auf ihn aufzupassen, aber es scheint, als hätte ich vergessen, wie es geht.

Fallbesprechung, 17. 3. 59. Plymouth:

«Wir bekommen diese Kinder immer wieder herein. Mr. Jenkins heiratete Mrs. Jenkins, und sie hatte schon verschiedene uneheliche Kinder, die er adoptiert hat.

Christopher ist der Älteste
Alan – geboren 1954
Lesley – geboren 1955
Caron – geboren 1956

Wir mussten die Kinder in die Säuglingsabteilung aufnehmen. Christopher war vorher noch nicht in Pflege gewesen; er lebte bei Verwandten seiner Mutter.»

Ich weiß immer noch nicht genau, wieso die Lektüre der Berichte mich so aufwühlt; außer dass ich keine Ahnung hatte, dass ich so viele Male im Heim war und dass Christopher nicht mit mir zusammen war. Ich glaube nicht, dass meine Mutter Ver-

wandte in Portsmouth hatte. Sie ist nicht deshalb dorthin gegangen.

Manchmal glaube ich, es gibt einen Grund dafür, dass Erinnerungen sich eingraben und verbergen und nicht gefunden werden wollen. Deshalb habe ich auch mit der Therapie aufgehört. Ich fing damit an, als ich fünfzig wurde, ein langwieriger Versuch, mein «Innenleben» zu verstehen, aber irgendwann war ich es leid, die Wände, hinter denen der verängstigte Junge sich verbarg, niederzureißen, nur um sie dann am Ende der Stunde wiederaufzubauen. Der Übergang war häufig zu abrupt. So als habe man zu wenig Zeit für die Dekompression nach einem Tauchgang in die Abgründe: Man kann nicht auf dem 15-minütigen Weg von der Psychoanalytikercouch zum Redaktionsbüro mal kurz ein halbes Jahrhundert überspringen.

7. SEPTEMBER. Erntefest mit gemeinsamem Essen. Wir feiern den Abschied vom Sommer. Gemüse aus dem Garten – Zucchini, Bohnen, Mangold, Kartoffeln, Kräuter, an Ort und Stelle zubereitet. Von Mary keine Spur, kein Zeichen, dass sie hier gewesen ist. Die Sonne steht immer noch hoch am Himmel, die großen Pflanzen werfen verstreute Schatten in der Parzelle, der Fenchel bildet ein filigranes Muster; ich baue den letzten großen Wigwam ab und fühle mich schuldig, weil er immer noch mit alarmierendem Tempo goldene und blaue Bohnen anschwellen lässt, aber wir kommen (wie immer) nicht hinterher. Es wird Zeit, loszulassen. Ich ziehe die Stangen heraus und sammle die Schoten ab, während ein Bachstelzenpaar in raffiniertem Flug vorbeitanzt. Ein Roter Admiral taumelt vorüber. Gerade als ich die Abfälle wegkarre, kommt Howard. Er hat einen Kochtopf dabei. Ich habe Tomaten mitgebracht. Ich zerkleinere zwei von unseren Zucchini: italienische, gerippt und robust, aus Samen

von Franchi. Zusammen mit dem Mais und den Sonnenblumen verkörpern sie ein schönes letztes Aufbäumen des Sommers. Howard macht ein Holzkohlenfeuer, schneidet Mangold und gräbt ein paar Kartoffeln aus. Ich schneide Bohnen und Kräuter in meiner Hand, auf dieselbe Hippie-Zigeunerart wie mit siebzehn Jahren, als ich in einem Wohnwagen außerhalb von Glastonbury lebte und in einer Konservenbüchse auf offenem Feuer kochte. Während es im Topf hübsch vor sich hin blubbert, fügen wir unsere eigenen Chilis und Oregano hinzu. Die Bohnen werden weich, die Kartoffeln ebenfalls, mediterrane Farben. Nur Kastanien, die auf das Blechdach knallen, und der Ruf des Grünspechts unterbrechen die Stille. Howards Frau Polly, ebenfalls eine hervorragende Fotografin, erscheint mit Nancy und Rose. Es ist schön, sie alle zusammen zu sehen. Ich hacke das Bohnenbeet, und Polly schneidet Schnur zurecht fürs Ziehen neuer Saatrillen. Die Mädchen arrangieren kunstvollen Blumenschmuck und sortieren getrockneten Knoblauch und Bohnen zu getrennten Häufchen. Polly und ich wechseln uns ab beim Säen von Roter Bete, Radieschen und Chioggia-Roter-Bete. Ich sammle Kapuzinerkressesamen. Wir essen die sommerliche Gemüsesuppe aus Pappbechern, während der Specht im nahen Baum ratatatattert. Wir grillen unsere letzten Maiskolben über der Holzkohle. Hier, zwischen Blumen und Freunden, bin ich glücklicher. Nach sechs Stunden in der Parzelle breche ich auf, satt und ein wenig geheilt. Nancy umarmt mich zum Abschied.

8. SEPTEMBER. Wieder ein schlechter Traum, wieder Folter, wieder Schnittverletzungen. Ich habe diese Albträume, solange ich denken kann. Immer sind da Messer, immer sind da Männer, die mich jagen. Ich sterbe nicht jedes Mal. Dieser war die Wiederholung eines vorhergehenden: Die Person, die zerschnitten,

die getötet werden sollte, war nicht ich, sondern eine Freundin. Ich wusste, was passieren würde. Sie würde durch jemanden, den ich kannte, mit einem angespitzten Löffel ermordet werden. Der Traum endet mit ihrem Tod. Also liege ich mal wieder hellwach im Dunkeln. Mit klopfendem Herzen und Übelkeit vor lauter Adrenalin. Meinen ersten wiederkehrenden Albtraum hatte ich, als ich vielleicht acht gewesen sein mag: Der Teufel stritt sich darin mit meinen Eltern um meine Seele. Eine Woche lang hatte ich jede Nacht Angst vorm Einschlafen. Ich konnte es niemandem erzählen. Wie soll man jemandem erklären, dass Satan eine neunzig Zentimeter große, dreibeinige siamesische Katze ist, die schlau ist wie Shir Khan aus dem *Dschungelbuch*, aussieht wie eine ägyptische Gottheit und mit BBC-Akzent spricht? Nacht um Nacht ging es hin und her, und die Katze hatte mich immer schon fast, bis ich schließlich aufwachte. Letztendlich gewannen Mum und Dad die Oberhand. Der Traum kam nicht wieder. Diese Art von Verfolgungstraum begleitet mich durch mein ganzes Erwachsenenleben, durchschnittliche Wiederkehr einmal im Monat. Sie kriegen mich immer, und ich werde oft geschnitten. Stets sind da Klingen. Vielleicht geht es um die Nähe von Gefahr. Die Träume haben meistens nichts mit dem jeweiligen Tag zu tun, scheinen nicht durch Stress ausgelöst zu sein (gestern war zum Beispiel ein guter Tag), aber sie kehren immer wieder.

1960. Plymouth und Portsmouth, Zwillingsstädte der Verzweiflung, Drehkreuze des Elends, Matrosenversorger. Leuchttürme der Hässlichkeit, der Hoffnungslosigkeit und der offenen Wunden. Als ich mich fragte, was mit meiner Mutter passiert war, wo sie war, wo sie sein könnte, als ich in der Hoffnung, auf eine Spur von ihr zu stoßen, die Straßen von Plymouth durchkämm-

te, hätte ich Portsmouth wiedererkennen müssen, dieselbe Atmosphäre, dieselben Laster. In meinen Pflegeprotokollen wird der Grad von Christophers Zufriedenheit daran gemessen, wie häufig er über das spricht, was in Portsmouth vorgefallen ist, bis das Dunkel sich lichtete. Er brauchte ein Jahr oder mehr, bis er seine Angst verlor, doch wie ein Virus schlummerte sie in ihm weiter. Ich weiß nicht, warum ich vergessen habe, dass er von dort kam. Ich war vier damals im Kinderheim, aber ich konnte sehen, dass er verletzt war, dass er wie gefesselt wirkte, sich ein bisschen seltsam benahm. Er war markiert, wie präpariertes Lösegeld. Nur Experten im Lesen von Schmerzen sahen es. Aus dem Paradies vertrieben, um seine Kindheitshoffnung gebracht. Ein krebserzeugendes Trauma, das sich zu tief eingebrannt hatte, um für mich erreichbar zu sein.

10. SEPTEMBER. Dänemark. Zurück im Sommerhaus, pünktlich zum Aufbruch der Zugvögel und der anderen Touristen. In den Hecken wimmelt es von schwatzenden Staren, und in fließenden Wolkenhaufen taumeln sie über der Bucht; Gänse kreuzen in Schwadronen am Himmel, ihre ängstlichen Rufe verkünden, es sei Zeit zu gehen; das in der Nähe gelegene Feld des Bauern ist nun vorübergehende Heimat einer großen Gruppe von Kranichen, die hochbeinig und regungslos wie Statuen von Anthony Gormley dastehen und auf Nachzügler warten. Sie spreizen ihre Flügel wie alte Leute, wenn sie ihre Mäntel anziehen. Wir radeln nah heran und beobachten sie mit Ferngläsern, die Kinder ebenso gebannt wie wir.

Es ist Pilzsaison, und sie sind explodiert wie Löwenzahn: Unheimliche scharlachrote Fliegenpilze stehen überall auf dem Grundstück, als wären wir in Alice' Wunderland. Andere sind amethystfarben, violett, schmutzigrosa. Wieder andere sehen

aus wie herumliegende Blätter. Wir gehen nicht zu den uns bekannten Fundstellen, sondern füllen lässig einen Korb mit Steinpilzen und anderen Röhrenpilzen in der Schonung beim Strand. Sie ergeben ein Abendessen mit Nudeln, Petersilie und Knoblauch. Der gute Nachbar hat seine Aalreuse geleert und darin einige Dutzend Krebse gefunden. Wir töten sie rasch und lassen sie langsam in Wein und Wasser köcheln; die Brühe ergibt die Basis für eine Suppe. Einer unserer Apfelbäume hängt noch voller Früchte, Wespen tun sich gütlich an dem unverhofften Geschenk. Die Birnen sind mysteriöserweise verschwunden. Die Brombeerhecken am Strand sind voller reifer Früchte, aus denen herbstliche Torten mit Äpfeln und Brombeeren werden.

Es gibt eine Menge zu tun, doch das meiste kann warten, und so radeln wir durch die ufernahen Wälder. Ein warmer Altweibersommer ist plötzlich ausgebrochen, und wir faulenzen in der Septembersonne. Einige Bäume brauchen Pflege, ein paar verlieren Äste und sehen etwas vernachlässigt aus, aber Bo, der Baumdoktor mit dem fehlenden Finger und dem Wikingerbart, kostet mehr, als wir uns so einfach leisten können. Ein paar der Bäume werden wir darum selbst beschneiden und ihm nur die größten überlassen und jene, die Expertenpflege benötigen. Unterdessen bestellen wir zwei Kubikmeter Eschenholz für Weihnachten. Die Bäume, die wir diesen Winter fällen, werden uns im nächsten wärmen.

Die Felder flüstern immer noch vom Sommer, sind mit Adonisröschen, Kornblumen und Mohn wild gesprenkelt wie ein Pollock-Gemälde. Wir füllen mehrere Vasen. In einem Monat werden wir wiederkommen und Beeren sowie essbare Mittagsblumen pflücken, die am Strand wachsen. Der erste Gang führt uns jeden Morgen durch den Garten, wir bewundern die Spinnweben, die wie Fischernetze übers Gras geworfen sind, die Röh-

renpilze und die Schlüsselblumenblätter, die sich schon für den Frühling rüsten. Der nordische Winter wird mit Sicherheit noch kommen, aber genau wie in Devon, wenn der letzte Eiswagen am Ende des Sommers den Strand verlassen hat und wir den Hund auf dem leeren Strand ausführen, vertieft sich das Gefühl, ein bisschen hierher zu gehören, wenn wir, warm und trocken eingemummelt, Kälte, Wind und Regen trotzen.

Das Erste, was ich aus der freien Natur aß, waren natürlich Brombeeren, die am Schulweg wuchsen. Später dann die mit Mum in Milchkannen gesammelten. Ich kann mich nicht erinnern, dass Christopher dabei war, also muss er entwischt sein. Mum war dagegen, dass wir die Beeren aßen, bevor sie gründlich gewaschen worden waren. Sauberkeit gehörte neben der Gottesfurcht zu ihren wichtigsten Glaubensinhalten. Ich konnte nie abwarten und die verräterische violette Schande nie verbergen. Haselnüsse waren eine weitere Köstlichkeit, die am Wegesrand lag; draufbeißen und gucken, was zuerst brechen würde, die Schale oder die Zähne. Manchmal waren die Nüsse leer, meistens waren sie süß. Christopher interessierten sie überhaupt nicht, aber ich füllte mir damit die Taschen meines Blazers voll.

Es gab Wiesenchampignons hinter dem Haus, seit Dudley dort Milchkühe hielt. Vor dem Samstagsfrühstück ging ich sie immer zwischen den grünsten Grasbüscheln suchen. Niemand sonst wollte sie essen. Dad war gegen alles, was umsonst zu haben war. Pilze waren auf unklare Weise verdächtig. Der ländlichen Natur war (genauso wie Christopher und mir) nur im gebändigten Zustand zu trauen; Felder mussten bearbeitet, mit Obstbäumen und Rotkiefern bepflanzt oder zur Tierhaltung verpachtet werden. Ich fühlte mich eher in der Wildnis wohl, Christopher sich eher auf dem Bauernhof.

15. SEPTEMBER. Die Tomaten auf der Dachterrasse werden noch immer rot. Es sieht so aus, als könnten sie alle noch reif werden. Ich werde sie am Wochenende pflücken. Die Blätter der Magnolie haben sich verfärbt und eingerollt, die abgefallenen bilden kleine Haufen um die Töpfe. Wir müssen demnächst dringend fegen. Die Blüten des roten Sonnenhuts sind rostfarben und ausgefranst wie zerschmetterte Falter. Die Geranien halten sich kräftig und tapfer, ebenso wie die Studentenblumen, orangefarben wie die Limonade von Sunny D. Die Dahlien verlieren dagegen den Kampf gegen Mehltau, was jede Blüte umso kostbarer macht. Die spontan gekaufte Chrysantheme ist ein Glitzerball, eine Discokugel in Violett (wie würde Dad das verabscheuen). Der rosafarbene Spaltgriffel (Schizostylis) hat seine Arme weit geöffnet und fordert Bewunderung ein. Hoffentlich bringt der Herbst die Vögel wieder an den momentan verlassenen Futterspender. Ich werde von Samen auf Nüsse umschwenken und schauen, ob ich sie damit ködern kann.

Pflegebericht, Plymouth

Datum und Zeitpunkt für vorgeschlagene Annahme von Kind: Freitag, 19. Sept. 1958

10. SEPTEMBER, SAMSTAGMORGEN, 5.30 UHR. Ich habe mich mit Howard für 6 Uhr zum Säen verabredet, aber es schüttet und blitzt. Die erste Nachricht kommt um 5.40. Howard: «Esse Bagel, hoffe, Regen hört auf.» Ziemlich regnerisch, antworte ich. «Könnte vielleicht zu nass für die Samen sein, kann sie vorbeibringen, wenn du möchtest», erwidert er. Wir simsen noch eine Viertelstunde hin und her, dann blasen wir die Sache ab. Der Boden wird völlig durchgeweicht sein. Der Regen hört nicht auf.

Nachmittags gegen 3 Uhr kreuze ich schließlich auf. Ich bin seit vierzehn Tagen nicht mehr in der Parzelle gewesen, seit unserer frühherbstlichen Aussaat und dem gemeinsamen Essen. Alles fällt herab – Äpfel, ungepflückte Tomaten, das Sommerlicht. Es scheint, als wären wir in zwei Wochen um einen Monat vorgerückt: Regendunst liegt über dem Boden wie tief hängende Wolken, die den Boden küssen. In der Parzelle warten zwei von Marys Säcken mit Unkraut geduldig darauf, geleert zu werden. Mary hat das Beet neben den Bohnen frei gemacht. Zumindest hoffe ich, dass sie es war. Ich werde morgen wiederkommen und weiter Unkraut jäten, heute geht es nur um schnelles Aufräumen, um die Gelegenheit, kurz hallo zu sagen. Die erste Sonnenblume präsentiert sich, ein stummer Aufruhr spiralförmig angeordneter Samen. Die Zucchini nehmen allmählich kürbisartige Formen an. Fast wie in den Siebzigern. Ich werde auf Howard warten und auf Inspiration. Ich entscheide mich für das Einfachste und ernte drei kleine Früchte für ein samstägliches Ratatouille. Schnecken laben sich an Kürbissen und Mangold. Ich töte ein paar Nacktschnecken und werfe die mit Gehäuse über die Mauer (ist es nur ihr Haus, das sie mir etwas sympathischer macht?). Einige Amaranthpflanzen hat der Regen umgeknickt; ich schneide einen Strauß langstieliger mit violetter Dolde für daheim. Die Beete aus dem Spätsommer, die ich mit Polly angelegt habe, sehen vielversprechend aus, die Radieschen zeigen schon vertrauenerweckendes Grün. Morgen werde ich sie durchhacken und ein Sträußchen Kapuzinerkresse pflücken, auf der die Regentropfen wie Diamanten funkeln. Wie immer weckt die Kresse Erinnerungen – ebenso verlässlich wie die Ruhe, die mir das Gärtnern schenkt.

21. SEPTEMBER. Howard holt mich um 7 Uhr ab. Nur noch ein Tag bis zur Herbst-Tagundnachtgleiche, was auch nicht mehr zu übersehen ist. Die Parzelle erlahmt, die Energie zieht sich in die Erde zurück, aber noch haben wir die Kürbisse. Howard malt sich eine Mahlzeit mit Lamm im griechischen Stil aus; ich denke eher an etwas Provenzalisches. Meine Frau wird angesichts eines weiteren Sacks mit ungewaschenem Gemüse, das einen Platz braucht, die Augen verdrehen. Der Morgen ist klar und frisch von starkem Tau. Sommermücken sind kaum noch zu sehen. Die Kapuzinerkresse erinnert an Seerosenblätter, nur der Froschkönig fehlt. Als das Licht die Baumwipfel erreicht, sehe ich etwas Rotes aufblitzen, ein unverkennbares Profil, mein erster hier gesichteter Specht, der in der Sonne badet. Wir beobachten ihn, bis er in Richtung Hampstead Heath davonfliegt. Ein Eichhörnchen springt wie Tarzan von Baum zu Baum und löst dadurch einen Kastanienregen aus, indem es weitere Früchte mit sich reißt. Während Howard fotografiert und sich nur unterbricht, um mir zu zeigen, was gelungen ist (es ist schön, ihn wieder mit der Kamera zu erleben), hacke ich mit der Hand das neue «Blätterbeet» durch, wo die eingestürzten Bohnen standen. Es ist eine sehr gründliche Arbeit und ausgesprochen befriedigend, weil man etwas gegen das Unkraut und andere Hindernisse unternimmt. Die Tauben machen sich schon über den süß schmeckenden jungen Grünkohl und die Wintersalate her. Wir pflücken letzte Salatblätter und nehmen jeder zwei Kürbisse mit (ich koche meine mit Tomaten, Zwiebeln, Knoblauch, Ingwer und Kurkuma zu einem indischen Curry). Der Specht ruft auf Wiedersehen.

Als ich am Nachmittag wiederkomme, treffe ich auf Mary, frisch bekopftucht. Sie wirkt schmal, aber stark. Sie hat umgegraben. Ihre Operation sei erfolgreich gewesen. Jetzt ist sie da-

bei, den Boden aufzulockern und Unkraut zu zupfen, und redet davon, sich neue Anziehsachen zu kaufen, vielleicht ein Kleid. Sie findet, sie habe jetzt mehr Auswahl, weil sie Gewicht verloren hat. Es liegt etwas Kraftvolles in ihrem Gang, in ihrer Redeweise, in der Art, wie sie das Unkraut rupft. Wir sprechen über ihre Behandlung, über die Pläne für den Winter und die Vorzüge früher Zwiebeln. Ich freue mich sehr darüber, sie wiederzusehen. Sie erntet Mangold und Stangenbohnen. Ich biete an, ihre Kartoffeln auszugraben. Es ist noch zu anstrengend für sie. Ich buddele großenteils erfolglos in der schweren Erde herum, grabe immer tiefer, wie ein aufgeregter Pirat mit einer unzuverlässigen Karte. Nach vielleicht einer Stunde und nach sechs geernteten Kartoffeln stoppt Mary mich. Wir müssen unseren Furchenplan wohl überarbeiten. Wahrscheinlich muss Howard uns dabei helfen.

28. September. Keine gute Tat bleibt ungestraft. Ich werde von Schmerzen und schlechtem Gewissen gequält, während Mary das Umgraben erledigt. Die Schubkarre ist bis obenhin voll mit Unkraut. Und ich kann nicht mal gerade stehen. Drei Tage lang war ich ans Bett gefesselt wie ein aufgespießter Schmetterling an einem Brett. Ich schlucke Entzündungshemmer. War es nur das Kartoffelausgraben, das mich niedergestreckt hat, waren es meine Pflegeprotokolle oder vielleicht eine unheilvolle Kombination aus beidem? Was immer der Grund sein mag, ich bin zusammengeklappt, und jetzt ist es Mary, die ihr Stück Land wiederbelebt und bearbeitet, während ich lahm danebenhocke und zuschaue. Die Sonne scheint durch das sich lichtende Laub, das neugierige Rotkehlchen wartet schon aufgeregt und hoffnungsvoll auf die Beute aus Marys aufgebrochenem Boden. Im Sitzen schneide ich Kräuter und bewundere die ausladenden

Sonnenblumen, dekoriert mit schläfrigen Bienen. Meine Pläne sind aufgeschoben. Wie es scheint, muss ich mich ausruhen. Stillsitzen. Alles einsickern lassen.

29. SEPTEMBER. «Wenn ich meiner Mum begegnet wäre, hätte ich sie – entschuldige meine Ausdrucksweise – gefragt: ‹Wieso bist du so eine Fotze gewesen?›» So erklärt mir meine sanftmütige, heilige Schwester Lesley, warum sie sich geweigert hat, Sheila zu sehen, nachdem ich sie gefunden hatte. Lesley ist Krankenschwester auf einer geriatrischen Station. Sie weiß, was ein hoffnungsloser Fall ist. Zwanzig Jahre ihres Lebens hat sie ganz und gar ihren beiden Söhnen Russell und Justin gewidmet. Dann wurde Justin im vergangenen Jahr von einem Auto überfahren und starb. Lesley und Justin hatten sich das Haar im selben Ton gefärbt (auch wenn Justin mir einmal erklärte, seins sei schwarz und rot, das seiner Mutter hingegen rot und schwarz). Lesley ist immer noch verbittert darüber, dass Sheila sie im Stich gelassen hat. Sie ist selbst eine Mutter. Sie kann es ihr nicht verzeihen.

Ich habe horrorfilmähnliche Erinnerungen daran, wie ich als kleines Kind mit Gurten festgebunden wurde. Ich war noch sehr jung. Es war nach der Zeit bei Sheila. Es gab eine andere Frau, an die ich mich kaum erinnere, auch wenn ich noch weiß, dass das Zimmer, in dem man mich eingesperrt hatte, dunkel war. Familienerinnerungen werden immer wieder von neuem ausgegraben und ausgetauscht, sie sind Bausteine deiner Geschichte, formen das, was du bist. Aber was, wenn die Erinnerungen, die du mit dir herumträgst, ausgefranst und dünn sind? Du hast sie dir immer wieder vorgenommen und studiert wie einen alten Zeitungsausschnitt, aber wie verlässlich sind sie? Ich habe ihnen so lange geglaubt, bis meine Schwester Lesley

an jenem Morgen in Camden plötzlich von Krusten zu reden begann. Als Ray und eine Frau, mit der er zusammengelebt hatte, sich eines Tages trennten, habe man beim Ausräumen Reste von altem Brot gefunden, sagte sie. Lesley hatte sie als Kind unter dem Teppich versteckt, um etwas zu essen zu haben, wenn sie in den Schrank gesperrt wurde.

Was war bloß los mit Ray? War der Pfingstkirchenprediger süchtig nach problematischen Beziehungen? Vom Regen in die Traufe. Und alles unter dem Namen Jenkins, den ich trage. Dem Namen, den ich erst abservierte, um ihn dann wieder zu beanspruchen – meine Pfandhaus-Identität. Jetzt ist er «eingelöst» und wird mit Liebe von denen getragen, die mich lieben. Zumindest hiermit habe ich Christopher vielleicht endlich eine Ehre erwiesen.

30. SEPTEMBER. Ich bin wieder auf dem Stuhl in einer Therapeutenpraxis gelandet, der Plastikwecker ist weggedreht, die Schachtel mit Papiertaschentüchern griffbereit. Das Durcharbeiten der Pflegeberichte hat mich aufgewühlt. Sie lassen sich nicht ausradieren, sie sind unerträglich wahr, und es fehlt ihnen das durchs wiederholte Erzählen beruhigend Glattgeschliffene einer selektiven Erinnerung. Der Karton mit den Berichten über die zwei kleinen Jungen und ihr Schicksal quält mich – die darin benutzte Sprache, Dudleys Verwandlung vom Weihnachtsmann in einen feilschenden Krämer. Das Gesicht mir gegenüber ist teilnahmsvoll; wir sitzen beide in niedrigen Bugholzstühlen. Es gibt Kissen auf dem Boden, einen kleinen Sandkasten auf der Kommode, mit dessen Hilfe Kinder ihre Ängste im Spiel ausdrücken können. Sieben Jahre sind vergangen, seit ich zuletzt in einem Zimmer wie diesem saß. Ich hatte gedacht, ich würde nie zurückkehren, aber die Angst kommt immer wieder wie

Übelkeit. Bruchstücke entstellter Erinnerungen und mein toter Bruder suchen mich heim.

Die Therapeutin ist Spezialistin für kindliche Traumata und geübt darin, tränenerсticktem Sprechen zuzuhören, und ich versuche wirklich, nicht zu weinen, aber allzu oft überwältigen mich die Worte, die Gedanken und die Gefühle. Ich halte mir die Augen und den Mund zu, greife nach den Taschentüchern. Und wieder entfaltet sich meine grelle Geschichte in verblasstem Technicolor: die Schlampe ohne Herz, die Schlägertypen, die zwei Buben. Sie spricht nur, um sich Klarheit zu verschaffen: Wer ist tot? Wer lebt noch? Ich schluchze, ich rede. Wir kommen überein, in der nächsten Woche mit unserer Zusammenarbeit zu beginnen. Nach einer Stunde breche ich auf und gehe zur Arbeit. Die Traurigkeit verlässt mich nicht.

Oktober

1. OKTOBER. Dudleys Geburtstag. Er wäre heute 105 geworden. Er ist ein Koloss in meinem Leben, dieser alte Mann. Ein Therapeut fragte mich einmal, wieso ich nie darüber spräche, dass ich keinen Vater habe bzw. ihn nicht kenne; wieso es immer nur um meine Mutter gehe. Die Frage ließ mich nicht los. Dass ich auf der Suche nach Akzeptanz bin, ist mir bewusst, doch eine Antwort hatte ich nicht. Natürlich hatte es Ray gegeben. Und dass er mich aufnahm, verwirrte mich für eine Weile; trotzdem habe ich, glaube ich, immer gewusst, dass er nicht «er» war, es nicht sein konnte. Meine einzige Antwort ist Dudley, meine Vaterfigur. Mein Dad. Mit ihm gab es zumindest etwas, jemanden, dem ich nacheifern konnte. Seine Liebe zu seiner Frau, sein Stück Land, die Tatsache, dass er aus dem Nichts etwas erschaffen hat: ein Haus, einen Garten und mich. Er hat in meinem Leben immer eine größere Rolle gespielt als seine Frau Lilian; war ein wenig zugänglicher. Er zog mich aus dem tiefen Loch, bot mir einen Unterschlupf, ein Leben, eine Heimat, einen Namen (meine Schwester Lesley nennt mich immer noch Peter; sie ist inzwischen die Einzige). Von der Herkunft her sei ich «schlechtes Material», schrieb er in einer unsentimentalen Notiz an die Fürsorge. Das sagte ein Mann, der große Reden gegen die unkultivierten Massen schwang, der Städte ebenso wie die Vermischung der Rassen hasste. In den Berichten steht, er sei von Christopher «enttäuscht» gewesen. Noch mehr schlechtes Material vielleicht; jemand, der unfähig war, seine Herkunft und seine Vergangenheit abzuschütteln. Ist es möglich, dass ich einen Menschen liebe und ihn gleichzeitig dafür verachte, dass er Christophers Hoffnungen zunichtegemacht hat? In den

Unterlagen steht, dass unsere Adoption nach unserer Ankunft ein Jahr lang auf Eis lag, und zur selben Zeit wurden die Forderungen an Plymouth nach mehr Geld immer dringlicher. Es ist im Nachhinein schwer, mit Dudleys Knauserigkeit, seiner extremen Pingeligkeit im Umgang mit Geld zurechtzukommen. Warum sollte ich mich aufregen über seine ungeduldigen Versuche, 18 Shilling zurückzubekommen, wenn nicht aus dem einfachen Grund, dass es weh tut, dass Dudley Drabble verlangte, jemand anders solle gefälligst die Geschenke für Peter Drabble bezahlen? Wenn ich aber an jene Geistergestalt denke, die mich zeugte, und an den christlichen Prediger, der nie verzeihen konnte, dann nehme ich doch lieber Dudley und trage seine Farben, wenn auch nicht mehr seinen Namen. Manchmal muss man einfach akzeptieren. Manchmal muss das Suchen ein Ende haben.

4. OKTOBER. Unaufhörlicher Regen und Melancholie haben mich ins Haus getrieben. Der Herbst ist gekommen, die Temperaturen sind gefallen, die Zwiebelmischungen, die ich fast ohne nachzudenken bestellt hatte, sind eingetroffen. Jedes Jahr überlege ich, keine Mischungen mehr auszusäen, keinen Knoblauch, keine frühen Saubohnen; sie nicht vor Frost, Räubern und feuchten Wintern schützen zu müssen. Aber wenn dann all die Samenkataloge kommen und mir Frühling und grüne Schösslinge versprechen, schwindet meine Zurückhaltung, und ich bin bereit, es doch wieder zu tun. Mein Rücken ist wackelig, mein Herz schwer, aber das Gärtnern ist meine Medizin, ein Mittel gegen alles, was mir Kummer bereitet. Eine Freundin schreibt mir von ihrer «seelentiefen Traurigkeit, einem schwarzen Loch in meinen Gedanken». Sie hat ihre Pflegeprotokolle kurz vor mir angefordert, und so teilen wir diese seltene Krank-

heit. Wir leiden beide an einer Überdosis plötzlicher Informationsfülle, aber jetzt ist es zu spät. Die Traurigkeit hat sich in mir festgesetzt; manchmal schläft sie, meistens meldet sie sich aber und schlägt in letzter Zeit allzu oft rastlos mit den Flügeln. Ein Wissen, so beharrlich wie Winterregen, destilliert zu Kummer. Das Letzte, heißt es, was aus Pandoras Büchse freikam, sei die Hoffnung gewesen. Also werde ich die Kinder, die wir einst waren, beweinen und Chicorée säen, seiner Bitterkeit wegen. Ich werde Frühlingsbohnen und Lauch pflanzen. Ich werde mich um sie kümmern.

5. Oktober. Es ist ein ruhiger, sonniger Sonntag, die Herbstluft ist reglos, als hielte sie den Atem an. Mary ist da und hat schon die ganze Woche die Böschung und die unteren Beete von Unkraut befreit. Säcke voller Brennnesseln sind übereinandergestapelt. Wir plaudern eine Weile, und ich karre ihr Unkraut weg. Ich kann zwar wieder aufrecht stehen, will aber eigentlich nicht graben, sondern möchte mich lieber mit den freien Flächen für die letzten Aussaaten beschäftigen, mir Gedanken über den Garten im Winter machen. Howard stößt zu uns. Es ist vielleicht das erste Mal seit dem Frühling, dass wir alle drei zusammen im Garten sind. Die späten, zwei bis drei Meter hohen Sonnenblumen stehen in dichten Büscheln. Stiele orangefarbener Blütenteller beugen sich wie Hydraköpfe in stillem Gespräch zueinander. Insekten schweben in der Luft, fliegen langsam und tief, als ginge ihnen der Brennstoff aus. Von hinten beleuchtet, ist der Amaranth samten und flauschig wie ein Morgenmantel. Ich stopfe mir die Jackentaschen voll mit Bohnen aus der letzten spät gepflanzten Serie, ernte ein paar kleine Zucchini mitsamt Blüten, die ich später in die Suppe schneiden will. Ich teile meine Ausbeute mit Howard. Das Säen und Planen können warten.

Für heute möchte ich nur die späte Herbstsonne und das Gefühl der Zugehörigkeit genießen. Parzelle 29 hat mich in ihren liebevollen Zauber gehüllt.

1987. Sheila ist ein Schock. Christopher und ich haben den Zug bestiegen, vielleicht zum allerersten Mal gemeinsam. Wir sind beide Anfang dreißig, haben aber das Gefühl, als trügen wir Shorts, wir sind wie evakuierte Kriegskinder mit Namensschildern um den Hals. Fast greife ich nach seiner Hand. Es ist so weit. Endlich sind wir wieder da, wo wir begonnen haben. Susan wartet am Bahnhof, sie ähnelt Lesley – sie wirkt freundlich, empathisch, leicht verwirrt. Das Haus ist gleich um die Ecke, Paulsgrove-Siedlung, Portsmouth.

Dann ist sie da, unsere Mutter. Sie steht vor ihrer Tür mit einem Stock. Klein, fleischig, das Haar rabenschwarz gefärbt, beängstigend dick. Sie sitzt in ihrem Wohnzimmer wie eine fette, mit Gold behängte Spinne und zieht mich in ihr Netz. Sie ist nicht das, was ich mir erhofft hatte, und doch kann ich einen hartnäckigen Sog spüren, der innerlich an mir zerrt, die ungelöste Beziehung zu meiner Mutter. Christopher strahlt, ist gesprächig und aufgedreht. Mich packt ein erster Angstschub, dann bricht sich eine lebenslange Sehnsucht Bahn. Der Süchtige hat die Apotheke gefunden, wo an die Verlorenen und zu wenig Geliebten Rauschgift verteilt wird. Wir essen belegte Brote und Würstchen im Schlafrock. Sie erzählt ihre Geschichten; sie klingen hohl und auswendig gelernt. Mein Vater sei Schotte gewesen, ein Matrose, sagt sie; es sei eine lange Liebesgeschichte gewesen. Aber ich habe mir selbst schon Märchen erzählt und weiß, wann etwas gelogen ist. Doch das kann warten, bis wir einander besser kennen. Sie ist meine Mum. Ich werde nicht aufstehen und gehen. Sie habe Ray verlassen müssen, sagt sie,

und das Baby, meine Schwester Caron, die nach Rays Schiff benannt sei, mitgenommen. Er habe gedroht, ihre Hand ins Feuer zu halten, sagt sie. So würde sich die Hölle für die Verdammten und Reuelosen anfühlen. Dieses Mal wird es keine Tränen geben. Es scheint, dass ich mich nach unserem ersten Telefonat leer geweint habe. Nach ein paar Stunden ist es vorbei. Mein Bruder Michael, derjenige, der mir ähnlich sieht, wartet in einem Wagen etwas weiter weg in der Straße. Er will nicht hereinkommen, ist auf der Hut, weiß nicht, was das alles zu bedeuten hat. Auf der Rückfahrt strahlt Christopher immer noch, er ist vollkommen überdreht. Auch ich bin aufgedreht und zugleich völlig erledigt, spüre, dass etwas nicht stimmt, und doch werde ich sie fortan jeden Samstagabend anrufen, ihr brav vergeben.

1992. Ich bin zur diamantenen Hochzeit meiner Großeltern eingeladen. Billy und Doris feiern 60 gemeinsame Jahre. Meine Familie hat mich aufgenommen, mich «adoptiert». Von Scham befreit. Sie haben die Hand ausgestreckt, es ist eine Einladung, Teil jener Familie zu werden, die ich vielleicht gehabt hätte, wenn das Leben nicht dazwischengekommen wäre. Jede Menge Onkel sind anwesend, Tantchen Joyce, Cousins und Cousinen; der Beale-Clan, deren Freunde. Ein großes Zimmer voller Fremder, hin und wieder ein Gesicht mit vertrauten Augen. Menschen kommen auf mich zu. Umringen mich. Anscheinend habe ich eine Zeitlang bei einigen von ihnen gelebt, jetzt mustern sie mich mit klebriger Neugier und einer gewissen Sorge in der Stimme. Sie wollen erkannt werden. Ihre Erinnerungen überstürzen sich. Meine bleiben weggesperrt. Wir hatten dich einmal zu Weihnachten bei uns, sagt einer, aber ohne zu erklären, wieso und wo meine Mutter war. Eine andere hat mich für «einige Monate» zu sich genommen, aber es ist jetzt weder die Zeit noch der Ort für

Fragen. Man feiert, dass man zusammengehalten hat. Plötzlich verstummt der Raum. Etwas stimmt nicht. Ich blicke zum Zentrum der Verstörung. Meine Mutter ist eingetreten, läuft langsam ein an ihren Stöcken. Uneingeladen und unwillkommen. Meine Schwester Susan und ihr Mann Jimmy begleiten sie. Niemand rührt sich, niemand weiß, wie er sich verhalten soll, als sie sich auf einen Tisch zubewegt. Die Feierstimmung ist dahin. Vergiftet. Sie hat ihr im Handumdrehen das Leben ausgesogen. Das unzähmbare Gespenst im Raum. Das hässliche, versteckt gehaltene Geheimnis. Gehorsam gehe ich zu ihr an den Tisch. Was soll ich sonst tun? Sie ist meine Mutter.

Sheila ist ein Rätsel, völlig undurchschaubar. Ich habe über ihren Fotos gebrütet, die Berichte über sie gelesen. In meinen Erinnerungen geforscht. Sie entzieht sich mir. Ein scheues, linkisches Kind auf einer frühen Familienhochzeit; triumphierend, derb, sexy. Auf ihrer eigenen ist sie erst zwanzig Jahre alt. Sie und ihr Ehemann passen nicht zusammen, sehen nach Unglück aus, Sex wird gegen Erlösung getauscht. Und da ist Ray in seiner Marineuniform, hält grinsend Christopher im Arm. Selbst hier beim Fest ist sie schwer zu begreifen, unmöglich zu deuten. Ich könnte mir genauso gut die Karten legen. War es der Krieg, der sie so hat werden lassen? Ein Trümmerkind aus Plymouth, die Mutter, die einen Nervenzusammenbruch hat, der Vater in einem japanischen Gefangenenlager. Was ist so schiefgelaufen? Unmöglich, herauszukriegen, wann es begann, schiefzulaufen. Sie besaß etwas, das Männer anzog, nicht nur Verfügbarkeit, sondern etwas Selteneres. Was immer es war, es ging verloren. Als wir einander kennenlernten, war sie nur noch eine Hülle. Von etwas Dunklem bewohnt. Man konnte förmlich sehen, wie es da im Schatten lauerte, faul, bequem, gefährlich.

MÄRZ 1995. SONNTAG. Ich gucke Fußball im Fernsehen, als der Anruf kommt. Es ist meine Schwester Susan, die mir berichtet, meine Mutter sei an einem Leistenbruch gestorben, während sie im Krankenhaus lag. Die Nachricht kommt unerwartet. Sie ist erst 60, aber der eigentliche Schock für mich ist, dass ich keinen Schock spüre. Ich möchte mehr fühlen, möchte sie beweinen, aber meine Augen bleiben trocken, meine Tränen bleiben hartnäckig fern. Ich schaue mir weiter die Hotspurs auf Sky an. Am nächsten Morgen kippe ich auf dem Weg zur Arbeit um. Beim Aussteigen aus dem Bus muss ich ohnmächtig geworden sein, liege ausgestreckt auf dem Bürgersteig wie ein auf den Rücken gedrehter Käfer. Völlig benommen. Ich sage im Büro Bescheid, ich käme erst einmal nicht. Ich brauche Zeit, sage ich, meine Mutter ist gestorben.

Ich habe sie kaum gekannt. Habe kaum auch nur an der Oberfläche gekratzt. Am Telefon haben wir hauptsächlich übers Essen gesprochen, darüber, was wir gerade auf dem Teller hatten, was sie gerade kochte. Geschickt hat sie mich von den Geheimnissen weggelenkt. Die Chance, noch zu erfahren, was geschehen war und wann – und vor allem wieso –, ist mit ihr gestorben. Es ist eine große Beerdigung: Nachbarn, Familie und Freunde. Sie war eine feste Größe in der Paulsgrove-Gemeinschaft, eine Art Stammesälteste. Ade, ein weiterer Bruder von mir, singt. (Als ich Sheila kennenlernte, glaubte ich, sie habe das Loch, das wir in ihrem Leben hinterlassen hatten, dadurch heilen wollen, dass sie Ade und seine Schwester Tina adoptierte, aber es hatte natürlich alles viel pragmatischere Gründe, als ich dachte.) Das Lied ist wunderschön und geht zu Herzen, es handelt von der vollkommenen Liebe einer vollkommenen Mutter. Ade unterrichtet Gesang. Er hat eine schöne Stimme. Ich habe den Eindruck, dass alle weinen außer Christopher und mir. Ich sehe, wie

verletzt er ist, spüre seinen Verlust. Wir sind die Eindringlinge im Familienclan. Onkel Mike ist in seinem Mercedes mit den personalisierten Nummernschildern aus Schweden gekommen. Er filmt all die Blumen, hält die Ehrungen fest, bis mein Bruder Michael mich bittet, ihn davon abzuhalten. Michael ist auf der Beerdigung aufgetaucht wie eine Figur aus den *Sopranos*, in einer Gruppe schwerer Männer in schweren Limousinen. Sie seien gekommen, um ihren Respekt zu zollen, sagen sie, weil Menschen auch zu ihnen kämen und ihren Respekt zeigten. Ich habe Christopher lange nicht gesehen. Er stellt mir Sylvia vor. Sie sieht aus wie Sheila. Er sieht aus wie Ray. Das nächste Familientreffen wird unsere Hochzeit sein, sagt er. Sein Ton ist merkwürdig. Es wird nie stattfinden. Die Wände, die uns trennen, sind zu hoch. Unsere Leitern zu kurz und zu wackelig.

10. Oktober, Frühmorgens. Ebeltoft. Das Mondlicht hat mich geweckt. Wie ein Polizist, der eine Parkbank mit der Taschenlampe anleuchtet. Aber jetzt flackert ein gemütliches Kaminfeuer im Haus. Ich bin wieder im dänischen Sommerhaus und trinke englischen Earl Grey. Wir sind hier, um Tulpenzwiebeln einzupflanzen. Ungewöhnlicherweise hat es noch keinen Frost gegeben, aber der Herbst ist vorangeschritten: Blätter schmücken den Rasen wie Edelsteine – in Kupfer, Altgold, Rubin und Rost. Auf der Wiese stehen Pilze, hier und da ein zäher Löwenzahn, ein Storchenschnabel, eine Kuckuckslichtnelke. Träger Räucherqualm schlängelt sich zwischen die dunstverschleierten Bäume. Die Luft riecht beinah süß wie Heidehonig. Auf der Terrasse sammelt sich der Tau zu Pfützen wie nach einem Monsunregen. Eine Seemöwe fliegt vorüber, golden angestrahlt von der frühen Sonne. Empörte Kühe bekunden laut ihre Unzufriedenheit. Heckenvögel sammeln sich

am Futterspender und werden von einem Häher vertrieben, der auf einem dünnen Zweig wie ein vorsichtiger Seiltänzer zu den Samenbällchen hinüberbalanciert. Spinnweben bilden sich in jeder Türöffnung, als sollte das Haus allmählich wie eine Fliege eingewickelt werden. Es ist die Zeit der verlassenen Nester. Die Amsel hat den Holzschuppen freigemacht; in der Kletterrose ist jetzt der Eingang eines Zaunkönignests zu sehen, das bis dahin verborgen war. Wir bestaunen das Kunstwerk und überlegen, ob wir dem winzigen Vogel ein Fertighaus anbieten sollen. Ein Wintergoldhähnchen, klein wie ein Mäusebaby, kracht in ein Fenster. Erschrocken beobachten wir, wie es eine halbe Stunde lang benommen auf dem Boden liegt; sein ängstlicher Partner weicht gerade noch rechtzeitig einer anderen Fensterscheibe aus. Der gestürzte Vogel erholt sich und fliegt fort.

Andere Vögel versammeln sich, um in wirbelnden Pulks aufzubrechen. Gänse und Enten kreuzen am Himmel hin und her. Ein einsamer Reiher fliegt vorüber: eine Erinnerung an Dudley und an Devon. Hin und wieder unterbricht ein krachender Schuss die Stille; hoffentlich bringen sich die Hasen in Sicherheit. Die Sonne steigt zwischen den Ästen der Bäume auf, die ich gepflanzt habe und die nach Glück aussehen. Wir beobachten, wie die Sonne über dem Meer untergeht. Das Haus ist mit Vasen voller Kamille und Gänseblümchen verziert und erhellt; wir haben sie bergeweise auf den gelbbraunen Feldern gepflückt, wo sie in großen Mengen stehen, bei Wind ein wogendes Meer aus Weiß und Grün. Wir frühstücken draußen, rekeln uns in der Oktobersonne. Später schneiden wir das alles erstickende Efeu zurück, das in die Wiese vordringt. Wir schaffen Platz für Tulpen, die sich dort später frei weiter ausbreiten sollen. Womöglich wird das drei Jahre dauern, aber es geht uns auch nicht um den schnellen Erfolg. Blätter segeln in der leichten Brise wie Gleit-

schirmflieger, die zur Landung ansetzen, und fangen das Licht ein wie buntes Glas. Wir kaufen Sonnenblumensamen für die Heckenvögel und hängen überall Futterbällchen wie Laternen in die Äste. Zwei Mäuse starren uns aus dem Schuppen heraus an. Sie bereiten sich auf die Kälte vor, indem sie unsere Gartenhandschuhe zerlegen. Sie werden einen Angriff auf das Haus starten, aber der Baummarder wird ihnen zuvorkommen. Am letzten Tag steigt Nebel auf; die dänischen Flaggen in der Stadt hängen schlaff herunter. Der Regen will nicht weichen, setzt sich über den alten Schonungen fest. Die Äste tropfen, die Temperaturen sinken. Die letzte blasse Gartenrose des Jahres hält bis zu unserem Aufbruchsmorgen durch, Blütenblätter mischen sich unter die Kirschbaumblätter. Der Winter naht.

18. Oktober: Ich bin seit zwei Wochen nicht mehr im Schrebergarten gewesen, und das sieht man. Die letzten Bohnenstangen sind (natürlich) umgekippt und haben den Chicorée zerquetscht, der jetzt schleimig braun aussieht. Gehäuse- und Nacktschnecken sitzen wie Spähtrupps überall zwischen den Blättern. Die Parzelle macht insgesamt den Eindruck von Vernachlässigung, von Moder und Verfall, als würden das Kranke, das Tote und das Sterbende in die Erde hineingezogen. Die Zucchinistiele sind inzwischen durchsichtig, die Blätter erschöpft. Tauben haben späte Schösslinge niedergemacht, und die Sonnenblumen stehen gebückt herum wie alte Männer. Ich muss mich anstrengen, um überhaupt Spuren tapferen Lebens zu entdecken, aber es ist noch da, nur scheuer, weniger sichtbar. Ich beseitige den samtigen Flaum auf den Blütentellern der umgefallenen Sonnenblumen und bestaune das Muster der Kerne. Ich lasse die Köpfe für die Vögel auf dem Tisch liegen. Alles, was hoffnungslos aussieht, reiße ich aus und bringe es

auf den Kompost; im Frühling wird es zur Erde zurückkehren. Ich pflücke Kapuzinerkresse, die immer noch wächst und rankt und sich ausbreitet (ihr rostiges und orangefarbenes Rot in der Vase wird, während ich dies hier schreibe, vom Bildschirm beleuchtet). Ich entdecke einen letzten übersehenen Maiskolben und entferne die Blätter, bis der seidige Bart und die erstaunlichen weinroten Kerne freiliegen; sie schmecken nach warmem Herbst und Nüssen. Den Rest werde ich als Samen aufbewahren, obwohl ich schon viel zu viele habe. Ich ernte Ochsenblut-Mangold, Mangold mit ockerfarbenen Stielen, Spargelchicorée, eine hübsche Mischung farbiger Blätter. Morgen werde ich auf jeden Fall wiederkommen, vielleicht zusammen mit Howard. Es wird Zeit, entschieden Hand anzulegen.

19. OKTOBER, SONNTAG. Der nächtliche Dauerregen hat endlich aufgehört, die Sonne hat sich durchgekämpft, und es ist für diese Jahreszeit ungewöhnlich warm und feucht, fast 19 Grad. Ruth und Annie schleppen Eimer, als ich komme. Einer der Tanks hat ein Leck, und das Wasser läuft in Ruths Parzelle. Ihr Plan, den Tank wegzuheben, wird verworfen, als ich darauf hinweise, dass er direkt an die Zuleitung angeschlossen ist und wir keinen Schraubenschlüssel haben. Also leeren sie den Tank und werkeln dann weiter auf ihren Parzellen. Ein großer Haufen Topinamburstängel liegt oben auf unserem Weg beim Kürbisbeet. Mary ist fleißig gewesen und hat eine Ecke frei gemacht. Sie ist wieder konzentriert bei der Sache. Mit neuer Kraft. Ich beginne, im ganzen Garten Ordnung zu schaffen, schneide umgefallene Sonnenblumen ab, dünne zwischen dem schwächelnden Kohl aus. Einige Rote-Bete-Pflanzen sind umgekippt, ihre süßen Früchte weggefressen. Mary kommt mit ihrem Neffen und beginnt aufzuräumen: türmt wucherndes Gestrüpp zu Haufen, die

er wegkarrt. Es ist ein guter Nachmittag; die drei Frauen sind wieder da, machen sich in dem bewirtschafteten Teil des Geländes zu schaffen. Und ich bin gern ein Mitglied ihrer Schwesternschaft, auch wenn sie mich fertigmachen würden, wenn sie wüssten, dass ich sie so nenne. Howard ist noch in der Stadt, muss für Rose einen Regenmantel kaufen, also ändere ich meine Pläne. Ich reiße die umgefallenen Bohnen heraus und sammle die Schoten ab. Die letzten Borlottis werden in eine Herbstsuppe wandern (ich kann es nicht lassen, ein paar zu palen und die gestreiften Früchte zu bestaunen, die aussehen wie Süßigkeiten). Drei Stunden sind wie im Flug vergangen. Es gibt wieder freie Flächen. Zwar ist immer noch viel zu tun, aber für heute habe ich dem Herbst die Stirn geboten, den Niedergang aufgehalten.

21. OKTOBER. Ich bin wieder bei der Therapeutin in dem Zimmer mit den Taschentüchern, der Sandkiste und den Tränen. Die Hälfte der vereinbarten Stunden ist vorbei, und ich bin keinen Schritt weiter, verstehe immer noch nicht, wieso ich heute, nach fünfzig Jahren, stärker leide als früher. Was will ich eigentlich herausfinden, wieso ist es so wichtig, was passiert ist und wann? Reicht es denn nicht, zu wissen, dass ich umso unzufriedener werde, je mehr ich weiß? Wieso kann die Notiz eines Kinderheims aus dem Jahre 1959 mich dermaßen aus der Bahn werfen? Ich sehe Christophers nervösen Tick vor mir, sein zuckendes, ängstliches Lächeln. Nicht, dass ich glauben würde, die Sache könnte repariert werden; nicht, dass ich nicht damit «zurechtkäme» – obwohl mir im Moment alles weh tut wie bei einer Grippe, ein hartnäckiger, bohrender Schmerz. Die Therapeutin hört geduldig zu, nimmt Anteil, gibt aufschlussreiche Kommentare. Aber warum muss ich trotzdem immer wieder aufwachen, als läge ich in einem nassgepissten Bett? Ich hatte

geglaubt, die Gartenarbeit hätte mich befreit. Und tatsächlich schenkt sie mir mehr heilenden Trost und Glück als Whisky, gutes Essen und manchmal sogar die Liebe. Ich bin besorgt; ich fürchte, dass meine Vergangenheit eine Bürde ist, die ich womöglich niemals loswerde.

23. Oktober. Für ein paar Stunden am Morgen vergesse ich alles. Der Amaranth ist umgesunken, seine tiefe Scharlachfarbe kontrastiert mit den bernsteingelben Kastanienblättern, dem lebhaft grünen Chicorée, der schokoladenkuchenbraunen Erde. Die späten französischen Radieschen sind knackig und rosa wie aus Plastik. Eine neugierige Elster gesellt sich zu mir, will Vogelfutter stehlen; eine Amsel huscht vorbei. Mir scheint, ich bin hier mehr zu Hause als irgendwo sonst. Vielleicht ist Parzelle 29 eher ein Gefühl als ein Ort. Hier gehöre ich hin, bin ganz für mich, mit der Hacke in der Hand. Sachte ändert sich meine Stimmung, Ruhe kehrt ein. Ich dachte immer, alles habe mit Dudley zu tun. Aber mir ist die Tatsache, dass ich hier mit den Kartoffeln auch Frieden säe, wichtiger als die Frage, ob Vererbung oder Sozialisation den Ausschlag gibt.

24. Oktober: Devon, Aveton-Gifford-Hügel. Jener Hang, den ich als Junge auf meinem Rennrad runtergerast bin, wobei ich nervöse Autofahrer überholte. Inzwischen haben sie die Straße verbreitert, und die Böschungen sind steiler, von oben kann ich das Haus nicht sehen. Wir überqueren die Brücke über den Avon, biegen in einer scharfen Kurve in den Wattweg ein, dann noch einmal um die Ecke, und da ist es, etwas vom Fluss zurückgesetzt und an den Hügel geschmiegt: North Efford, das wir als Herons Reach kannten. Seit ich nicht mehr hier wohne, bin ich schon einige Male langsam daran vorbeigefahren, habe aber

nie angehalten. Heute ist es anders. Ich verlasse die Straße und fahre durchs Tor, vorbei an der gedrungenen Schieferscheune und weiter auf dem inzwischen gepflasterten, nicht mehr gekiesten Weg zum Haus. Die Apfelbäume sind krumm und knorrig und mit Flechten bewachsen. Die Pflanzen sind herangereift, der Garten hat sich vergrößert – ein gefesselter Riese Gulliver, eingesperrt und hingestreckt wie ich. Ich gehe die vordere Treppe hinunter. Die Stufen kommen mir zu klein vor. Ich bin sie tausendmal hinauf- und hinuntergelaufen. Ich muss mich neu orientieren und meine Augen anpassen. Die Veranda ist jetzt verglast und zu einem kleinen Wintergarten umgebaut worden. Ich klopfe an die Tür, niemand öffnet. Ich klopfe noch einmal. Die Fenster stehen offen, im Schlafzimmer brennt Licht, aber alles ist still. Wir sind nah dran, aber wir erhalten immer noch keine Antwort. Ich merke, wie meine Vorfreude schwindet. Ich gehe hinunter zum Flussufer. Es fühlt sich komisch an, in dem Garten zu sein. Ein Silberreiher fliegt träge vorüber, genau wie einst die Fischreiher. Ich frage mich, woher er kommt. Das vertraute Gefühl beginnt zu flackern, wird brüchig. Ich stehe hier tief in meiner Kindheit – in T-Shirt und Shorts, für Jungen immer in Blau –, ein Fischernetz in der Hand.

Genau an dieser Stelle hatten wir unser Ruderboot liegen. Das Ufer war die Heimat von Nelson, dem einäugigen Schwan; da drüben hausten die eiligen, zischenden Gänse, die Josies Tor bewachten. Hinter der Biegung wartete ich am Ufer bei dem leisen Strudel immer auf den Eisvogel. Lange Stunden des Wartens, durch eine einzige schillernde Sekunde belohnt. Aber der Fluss ist nun geschrumpft. Es gibt neue, schlammige Ufer mit Schilf. Die wackeligen Trittsteine, auf denen wir ihn überquerten, wenn er nicht zu tief war, sind durch Planken auf robusten Pfählen ersetzt worden. Das zinnfarbene Haar frisch onduliert,

tastete Lilian sich nach dem Einkauf in der Stadt immer unsicher hinüber, während wir trittsicheren Buben wie Ziegen von Stein zu Stein sprangen und nur ganz selten ins Wasser fielen.

Ein melancholischer Nebel hat sich mittlerweile herabgesenkt, und ein hartnäckiger Sprühregen verwischt die Grenzen zwischen den Zeiten. Mir ist, als sei es ein ganzes Leben her, dass ich hier zuletzt gestanden habe, an diesem Ort, an dem ich lernte, was Familie war, und das animalische Glück der Freiheit entdeckte. Jemand kommt die Treppe herunter, spricht uns an. Eine Frau, die auf eine höfliche Weise besorgt wirkt. Ich erkläre ihr, ich hätte hier eine glückliche Kindheit verlebt, zeige auf die Bäume, die wir gepflanzt haben, und auf die Blumenbeete; Kapuzinerkresse gibt es allerdings nicht mehr. Sie sagt, sie wohne hier schon seit 30 Jahren. Sie bittet uns zum Tee herein. Ich trete zum ersten Mal nach mehr als 40 Jahren über die Schwelle, spüre das Nahen von Tränen – und Ängsten. Das drei Wochen alte Baby ihrer Tochter liegt im Elternschlafzimmer, ihre 90-jährige Mutter in meinem. Es gibt einen kleinen, in den Stein gehauenen Platz am Fenster in der Eingangshalle; dort habe ich Robert Louis Stevenson gelesen, zum Fluss geblickt, Ausschau nach meinem Kater Tuppence gehalten und beobachtet, wie die Schneeeulen gespensterhaft vorbeihuschten. Eine Stunde lang sitzen wir beieinander, mehr Erinnerungen drängen sich auf. Von Bauernbuben, die wie ich jetzt alte Männer sind. Ich höre James, der seinen Traktor über den Wattweg lenkt. Namen, von denen ich gar nicht wusste, dass ich sie noch kannte, steigen als Blasen auf aus dem Gedächtnismorast: Josie ist gerade gestorben, Frances hat einen Tory-Abgeordneten geheiratet, Tina lebt immer noch in Icy Park, Richard führt den Hof seines Vaters neben der Kirche. Beständigkeit ist auf dem Land einfacher zu finden, aber die Deckenbalken sind niedriger, als ich sie in Erinnerung

habe. Gebückt betrete ich das Wohnzimmer, wo ich BBC-Fernsehen schaute, wo ich Lilians Mum vorlas, wo Dudley es nicht über sich brachte, mich richtig zu verprügeln, nachdem ich das Loch in die Hecke gemacht hatte. Dies ist das Haus der Hoffnungen, der Weihnachtsfeste und Geburtstage, der endlosen Sommer, des Harkens und Säens, der Ort, an dem ich lernte, ein Junge zu sein. Stichlinge und Aale, krähende Junghähne, der Fuchsrüde, der unter dem Schlafzimmerfenster vorbeischnürte, der Esel, den ich nie dazu bewegen konnte, ganz bis zur Bigbury Bay zu laufen – all das geschah hier an diesem für mich sicheren Ort, dem Vorbild für Parzelle 29. Aber es lauern auch dunklere Erinnerungen hier – an den übergriffigen Nachbarn etwa und das Familienmitglied, das mich missbraucht hat. Ich wüsste gern, welche Hinweise von mir ausgingen (so wie für Jimmy Savile). Trug ich vielleicht ein Zeichen, das ihnen signalisierte, ich würde nichts verraten? Roch ich nach Pflegekind? Haben sie auch meinen Bruder sexuell missbraucht? Ist das immer noch wichtig, jetzt, wo auch sie tot sind oder zumindest alte Männer? Der Junge, den sie anfassten, vergibt ihnen vielleicht, kann aber nicht vergessen. Mein Tee ist kalt, es ist Zeit zu gehen.

Ich spüre einen vertrauten ziehenden Schmerz, als ich das Haus verlasse, über die Veranda laufe, wo Lilian Erbsen palte, dann die Auffahrt entlang, wo Dudley als verblassender Geist in seiner grasfleckigen Cordhose und dem Barett der Royal Air Force lächelt, vorbei an der kleinen Wiese, wo Christopher lachte und wir Kricket spielten. Alles vorbei. Ich werde nicht wiederkommen. Aber Herons Reach, das jetzt wieder seinen alten Namen North Efford trägt, hält immer noch glückliche Erinnerungen bereit, vielleicht auch für das Baby hinter dem Schlafzimmerfenster.

26. Oktober. Für Horswell konnte ich mich nie erwärmen. Das lag nicht am Haus, aber die Ansammlung eng zusammenliegender Cottages war ein harter Bruch nach der Einsamkeit am Fluss, und ich hatte dort nie das Gefühl, zu Hause zu sein. Dudleys Pläne, sich zu verkleinern, waren zu offensichtlich. Es gab zu viel Streit, die Drohungen, uns in die Stadt zurückzuschicken, wurden zu häufig und zu rasch geäußert. Der Zauber war verschwunden, die schützende Glocke zerborsten. Die Pubertät bedeutete für alle nur Enttäuschung, einen Krieg zwischen Lilians Zorn und unserer Wut über die veränderten Spielregeln. Alan Jenkins existierte nicht mehr, und Peter Drabble war verwirrt. Nach zehn gemeinsamen Jahren hatte ich vergessen, dass Liebe wie ein Monatslohn jeden Tag mühsam verdient werden musste. Begeisterte Dankbarkeit war die einzig gültige Währung. Meine Duldung musste täglich erneuert werden. Mein Namenswechsel konnte jederzeit widerrufen werden.

Das Beste an Horswell war der Strand. South Milton Sands lag 800 Meter entfernt am Ende eines schmalen Wegs. Im Sommer mochte ich das wimmelnde Leben dort, das Weltläufige, das die Urlauber in ihren Autos mitbrachten, ihre Bikinis; doch den Winter mochte ich am liebsten. Dort erlebte ich letzte Momente des ansonsten rasch versiegenden Familiengefühls, wenn wir mit Tessa zum verlassenen Strand gingen und sie laufen ließen und ihre Bobtail-Altdamenhaare im Seewind und im schwindenden Licht hinter ihr herflogen. Unser gemeinsames Leben war jetzt problematisch; das Internat hatte für mich nicht funktioniert, es war zu weit weg. Christopher war in der Armee. Ich fühlte mich allein, als triebe ich im Nebel auf einer Luftmatratze über das offene Meer.

Das letzte Mal war ich mit fünfzehn hier, ein Jahr nachdem man mich fortgeschickt hatte. Ich wollte nach Hause. Ich war

getrampt. Ich wollte meine Mum und meinen Dad. Ich passte nicht nach Basildon; meine Schule war voller harter Typen mit Doc-Martens-Stiefeln. Und ich trug zottelige Haare und halb zerfetzte Espadrilles. Ich kam nicht einmal bis durch die Haustür. Dudley sagte, ich müsse im Gewächshaus schlafen. Mum war im Garten, als ich aufwachte. Es war noch früh. Sie war gerade dabei, meine geflickten Jeans in einer Gartentonne zu verbrennen. Sie sagte, ihretwegen könne ich ein paar Tage bleiben, aber erst müsse ich mir die Haare schneiden lassen. Sie reichten mir inzwischen bis an die Schultern. Wir machten uns auf den Weg nach Kingsbridge, doch sie hielten drei Kilometer vorher an einer Einfahrt. So, wie ich aussähe, könne ich mich nicht zusammen mit meinem Vater sehen lassen, sagte meine Mum. Also ging ich das letzte Stück allein zu Fuß. Der erste Schnitt war nicht kurz genug. Ich wurde noch einmal zurückgeschickt. Danach ging Dad mit mir ins Bekleidungsgeschäft im Dorf, während Mum ihre Einkäufe erledigte. Er kaufte mir eine blaue Baumwollhose und ein farbiges Hemd. Ich dachte, damit sei es geschafft. Am nächsten Tag sprach ich von meiner Absicht, mich am Kunst-College in Plymouth einzuschreiben. Sie erklärten mir, ich könne nicht bei ihnen wohnen bleiben. Es war einfach zu viel verlangt. Es war vorbei. Nach Hause kommen konnte ich nicht mehr, es gab kein Zurück. Die neue Frisur und die neuen Kleider reichten nicht aus: Ich sah vielleicht noch so aus wie früher, aber irgendwie hatte ich mich verändert. Fast zwanzig Jahre lang weigerten sie sich, mich zu sehen. In meinen Pflegeunterlagen aus Plymouth befindet sich eine Beschwerde des verärgerten Dudley, in der er darauf drängt, dass ihm die Friseurrechnungen und der Kleiderkauf bitte rückerstattet werden sollten.

Ich kenne immer noch jede Kurve von jedem schmalen Pfad,

jede Steigung, jede Stelle, an der wir vorbeikommen, erinnere mich an jede Scheune und jedes Haus, noch bevor sie auftauchen. Wir fahren an der Cottage-Siedlung vorbei, in der wir wohnten; hier wartet nichts auf mich. Dann sind wir am Strand, wo der Thurlestone halb umgesunken im Meer steht. Ich sehe warm eingepackte Familien, Kinder mit Netzen und Eimern, Gezeitentümpel und Sand. Ich kann bis hinüber zur Insel Burgh Island und zur Bigbury Bay blicken, dem Mündungsgebiet des Avon. Ein voll besetztes Café bietet inzwischen Sonntags-Brunch an, es ist nicht mehr der hölzerne Verschlag, wo ich Windrädchen für Sandburgen und gestreifte Windschutzplanen verkaufte, während «Hey Jude» aus dem Transistorradio dröhnte. Ich laufe eine Weile umher, zusammen mit meinen Erinnerungen, sehe Kindern beim Krabbenfischen zu, sitze aber schon bald wieder im Zug nach Paddington, dem gleichen, mit dem ich damals nach London fuhr, um Lesley kennenzulernen, und das letzte, fadenscheinige Band kappte, das mich noch mit den Drabbles verknüpfte. Die Raupe Peter Drabble, die sich in Peter Jenkins verwandelte, eine bislang unbekannte Schmetterlingsart.

November

1. November, Samstagnachmittag. Es wird Zeit, die Blumenkästen anzugehen. Seit Wochen ist es eigenartig warm, an Halloween so warm wie noch nie. Die Geranien haben durchgehalten. Sie blühen, aber jetzt ist November. Die Treppe vor unserem Haus ist übersät mit getrockneten Ahornsamen – Hubschrauber haben wir sie als Kinder genannt. Die Dachterrasse braucht eine Auffrischung. Die Tomatenpflanzen haben sich eingerollt, als schliefen sie ein bisschen, ihre Blätter vertrocknet und dunkel. Wundersamerweise tragen sie immer noch Früchte. Die Sommertöpfe sind längst überfällig und müssen weggeräumt oder neu bepflanzt werden, die Einjährigen sind durch. Wir haben Tausendschönchen, Primeln und Hornveilchen, die an ihre Stelle sollen. Blätter müssen zusammengefegt werden, die Magnolie trägt Knospen. Später mache ich mich auf zum Schrebergarten. Ich bin seit vierzehn Tagen nicht mehr hier gewesen. Annie hat ihre Parzelle gegen eine mit mehr Sonne getauscht. Mary ist auch da. Der Bohnenwigwam ist abgebaut, und sie hat die Fläche für Gründüngung aufbereitet. Unsere Sonnenblumen sind erledigt, die Zucchini erschöpft; auch hier wird es Zeit, aufzuräumen. Es gibt noch Radieschen zum Naschen und Kapuzinerkresseblüten zum Pflücken. Die Kresse rankt immer noch in die Höhe und setzt überall leuchtende Farbkleckse; die Böschungen sind inzwischen voll davon. Die Kresse hat die Dahlien überlebt, aber auch ihre Tage sind gezählt. Bald wird es Frost geben.

2. November, Sonntag. Nach einer Nacht und einem Morgen mit starkem Regen muss ich mich auf die Suche nach den Gum-

mistiefeln machen. Ich arbeite momentan an zwei Fronten: als Hilfsarbeiter für die Dachterrasse, indem ich schwere Last die Treppen hinaufschleppe, und im Garten, wo ich so ziemlich das Gleiche tue.

Es ist Aufräumzeit. Ich werde die verblüffende Farbe der Amaranthblumen mit ihren exotischen Blüten vermissen, die wie verdrehte Rüssel aussehen. Gesät als Bestandteil einer Salatmischung, durften sie sich im Spätsommer richtig austoben.

Der Futterspender schwingt hin und her. Die junge Elster kreischt frech und vergnügt, während sie den Blaumeisen die Körner stiehlt. Ich reiße ausgeschossenen Chicorée aus, der sich gierig überallhin ausbreitet. Howard hackt. Eine bunte Schubkarrenladung nach der anderen rollt zum Kompost, Marys Unkrautsäcke wandern in den Müllcontainer. Es ist mild, die Luft hat etwas Tröstendes, Versöhnliches. Alles ist ruhig. Wir reden nicht viel. Nach einigen Stunden sieht der Schrebergarten aus wie nach einem Friseurbesuch, das Rebellische ist verschwunden. Ich bin rechtzeitig zu Hause, um nasse Säcke und Blumenkästen die Treppe hinunterzuschaffen. Auch die Dachterrasse ist jetzt ordentlich; die vom Wind verwehten Blätter, die einjährigen Pflanzen und die Tomaten sind weg. Die Winterhornveilchen und die rosafarbenen Tausendschönchen zwinkern mir zu.

4. November. Meine fünfte Therapiesitzung. Ich muss eine Entscheidung treffen. Eine Woche habe ich noch, danach müsste ich weitere Stunden beantragen. Die Pflegeprotokolle mobilisieren nicht mehr so viele Ängste, und es haben sich Unglücks-Antikörper gebildet, ein schwelendes Bedürfnis nach weiterer Aufklärung. Das Durcharbeiten der Berichte aus Plymouth wird Tränen bedeuten und Jahre des Verdauens. Ich weiß nicht, ob es

mir in irgendeiner Weise guttun wird, aber anscheinend will ich es angehen.

Es war stets Freundlichkeit, nicht Grausamkeit, die mich kleingekriegt hat. War das das Geheimnis, das die Missbraucher kannten? Offenbar geht es mir ums Akzeptiertwerden – und zwar nicht von meiner Mutter, sondern von mir selbst. Was sie betrifft, war da gar nichts, nur ein dunkles Loch, eine Leere. Ich hatte geglaubt, ich hätte Frieden gefunden. Ich habe mich der Kur unterzogen, habe mein Leben mit Liebe umgeben, mich darin eingehüllt, darin gebadet, sie so gut ich konnte weitergegeben. Ich habe auch eine neue Liebe gefunden, versteckt in der Parzelle, zwischen Grün und Blumen. Ich fördere sie zutage, wenn ich Unkraut zupfe, wenn ich säe und wenn ich pflanze. Vererbung und Sozialisation – Natur und Kultur – wohnen beide dort, und doch gibt es weiterhin ein heimliches Bedürfnis, darüber zu sprechen, in einem ruhigen Zimmer mit einem Wecker und einer Schachtel mit Papiertaschentüchern.

12.11.58. Telefongespräch mit Mrs. F. Rief an wg. Alan Jenkins, er ist sehr krank, kam ins Krankenhaus, weil ihm gestern Mandeln rausgenommen werden sollten, und Krankenhaus bat sie, ihn zurückzuholen, da er voller Scabies [anderes Wort hier durchgestrichen] sei, ob wir helfen könnten. Sagte ihr, wir könnten kein Kind mit Scabies aufnehmen, schlug vor, sie solle sich direkt an Dr. Nils wenden, der Alan sehr wahrscheinlich ins Hospital für ansteckende Krankheiten aufnehmen werde.

14.11.58. Antrag auf Aufnahme von Kindern in Kinderfürsorge. Mrs. F. kann die Kinder nicht unterbringen.

2001. Onkel Mike hat sich gemeldet: Mein Großvater Billy ist gestorben. Seine Frau Doris wünsche sich, dass ich zur Beerdigung komme. Der zähe alte Junge ist abberufen worden. Ich freue mich über die Einladung. Wiedergutmachung am Bastardkind. Billy hatte Sheila, meine Mutter, seine Tochter, überlebt. Sie ist jetzt schon sechs Jahre tot, also werde ich sie und meine Brüder und Schwestern vertreten.

Ich bin hinten in Billys Garten und warte auf das Beerdigungsauto: Onkel Terry hat Kampfstellung gegen Tante Joyce' Ehemann bezogen. Es hat wohl Streit gegeben. Zwei Männer, auf die Siebzig zugehend, mit erhobenen Fäusten und Stimmen. Hört auf, sage ich. Es ist Billys Beerdigung. Ich gehe wieder ins Haus, um mit Doris zu reden. Sie ist geschrumpft, vom Alter und vom Schock. Sie sagt, sie sei froh, dass ich gekommen bin.

In der Kirche wartet eine Abordnung von Kriegsveteranen: stolze alte Männer, die ihre Kriegsverletzungen und die Gefangenenlager überlebt haben. Es gibt eine militärische Ansprache, die Fahne wird eingeholt, die Ehrung eines der Ihren. Natürlich weine ich. Der Pfarrer erhebt sich, um uns zu begrüßen. Wir seien hier versammelt, sagt er, um an Billy zu erinnern, den stolzen Vater von fünf Kindern: Joyce, Terry, Tony, Colin, Michael … nur dass Billy sechs Kinder gezeugt hat: vier Söhne, zwei Töchter. Eine fehlt. Sheila wurde wegredigiert. Aber wenn sie nicht existiert, was habe ich dann hier zu suchen? Es ist die Beerdigung von Billy Beale, Mitglied einer Familie mit den gleichen Augen und Mündern wie ich; Schaukampfboxer mit mehr als tausend Auftritten und einem letzten Kampf. Ausgetragen auf dem Sterbebett. Mit tödlichem Ausgang. Für die Schande Sheila.

Während ich draußen auf dem Parkplatz stehe, kommen diverse Onkel auf mich zu, um zu trösten. Wir haben es ihr gesagt, erklären sie, nachdem sie die Anzeige in die Zeitung gesetzt hat,

in der deine Mutter nicht erwähnt wird. Mach das nicht bei der Beerdigung, haben wir gesagt, vergiss nicht, dass du Allan eingeladen hast.

Familienmitglieder, die ich nicht kenne, werfen mir verstohlene Blicke zu. Sheilas Junge, sagen ihre neugierigen Augen, die mich wie ein verdächtiges Paket mustern. Ich spüre eine altvertraute Traurigkeit; sie gilt meiner Mutter sowie dem stolzen alten Billy und seiner Doris, die nicht vergeben konnten oder wollten. Sie sehen aus wie ich, die Beales: Waliser Blut, in Devon geboren, die gleichen blauen Augen, die ich weitergegeben habe, aber ich gehöre nicht dazu. Die Wunde ließ sich nicht heilen, die Geschichte, die uns verbindet, war verbrannt.

Dann lächelt Doris. Fährst du mit im Familienauto?, fragt sie. Wir umarmen uns. Sind doch eine ganze Menge erschienen, sagt sie. Immerhin ist dies Doris' Tag. Sie begräbt ihren Mann. Wie der Hund von Bill Sikes aus «Oliver Twist» trotte ich ihr hinterher.

9. NOVEMBER. Eine fast milde späte Sonne scheint durch die skelettierten Bäume, nur hartnäckige Blätter hängen noch am Baum. Die Weide am oberen Ende wird vom schräg einfallenden Licht vergoldet. Ich unterhalte mich mit Mary. Sie ist jetzt häufiger hier als ich. Wir stehen vor Dons Gedenkstätte mit den Farnen in der Senke neben der überdachten Pergola. Wir sprechen über Pläne für den Winter. Mary ist fleißig gewesen: Sie hat schon Zwiebelsetzlinge verzogen und eine Tüte Gründünger besorgt. Sie möchte, dass der Holunder zurückgeschnitten wird; er nimmt ihr zu viel von ihrem Himmel. Wir werden warten, bis alle Blätter gefallen sind, damit wir sehen können, womit ich es zu tun habe. Wir reden ein bisschen übers Bäumepflanzen und wissen beide, dass man vielleicht selbst nicht mehr da ist, wenn

sie groß sind. Ich erwähne die Birke am dänischen Sommerhaus; sie erzählt mir, wie sie einmal mit Don seinen elterlichen Bauernhof besucht hat und wie schön es gewesen sei, hinter einer Erhebung plötzlich die hohen Bäume zu sehen, die sein Dad dort gepflanzt hatte. In wenigen Tagen werde ich nach Australien fliegen, und Mary fragt, ob ich von dort Samen mitbringen kann. Sie sagt, ich solle Ausschau nach einer Firma namens Yates halten. Wie es aussehe, sei ich nicht in der Lage, mich davon abzuhalten, Samen zu kaufen, erwidere ich, auch wenn wir schon genug für mehrere Gärten hätten. Das habe mit dem Sammeln von Hoffnung zu tun – zwei Pfund das Tütchen –, sage ich. Lächelnd meint sie, seit ihrer Krankheit kaufe sie Samen, weil die eine Zukunft hätten.

> 19. 11. 62. Die Pflegeeltern hatten eine Menge Ausgaben in den vergangenen Jahren und glauben nicht, dass sie es sich leisten können, die Brüder zum gegenwärtigen Zeitpunkt zu adoptieren, wie zuletzt bei Bearbeitung des Falls von Amtsseite vorgeschlagen wurde.

23. NOVEMBER. Melbourne. Ich bin mit Colin Beale verabredet, dem Bruder meiner Mutter, der seit über 40 Jahren, seit er die Royal Air Force verlassen hat, hier lebt. Wir werden über die Pflegeprotokolle und – wie ich weiterhin hoffe – über seine Erinnerungen an meine Mutter sprechen. Die Fallberichte scheinen ihn zu beunruhigen, und er fragt, ob ich anderen Familienmitgliedern davon erzählt hätte. Colin ist das Alphamännchen der Familie, mit Gymnasialabschluss (einem besseren als dem von Michael und Joyce, behauptet er) und einem Autohaus. Er hatte früher einmal versprochen, «Geheimnisse» über Sheila preiszugeben, dann aber nie geliefert. Als ich dieses Treffen am

Sonntag ansetzte, meinem letzten Tag in Melbourne, entschuldigte ich mich bei ihm dafür, dass ich ihn an einem Familientag stören würde, und er fragte, ob ich vergessen hätte, dass ich Familie sei. Wir hätten die gleichen blauen Augen, sagt er, und den Beale-Mund, aber irgendwo in dieser Vorstellung von Familie und wie man sich darin zu benehmen hat, muss ich wohl eine Grenze verletzt haben. Ich fürchte, die Beales sind Jahre nach Billys und Sheilas Tod dabei, ihre Reihen zu schließen.

Colin erzählt, Ray sei «von Anfang an» da gewesen, er selbst habe immer geglaubt, dass Ray Christophers Vater sei. Er habe auf Lesley aufgepasst, als sie ein Baby war, habe aber keine Ahnung, wo wir Jungs damals gewesen seien. Zum letzten Mal habe er Sheila gesehen, als sie ihn, kurz bevor er nach Australien ging, im Krankenhaus besuchte. Ich frage ihn, ob er irgendwelche schönen Erinnerungen an meine Mutter habe. Ich sage, meine seien nur grauenhaft. Er erwidert, mehr habe er nicht für mich, aber er nennt mir den Titel eines Songs, den ich mir anhören solle. Der Text von «Nobody's Child», sagt er, könne vielleicht helfen. Von weiteren Fragen will er nichts wissen. Ich solle mir Lonnie Donegan anhören.

Die Worte sind unerträglich sentimental, aber es mag sein, dass er durch dieses Lied leichter mitfühlen kann als direkt durch die aussortierten Jungen in seiner Familie.

I was slowly passing an orphan's home one day
And stopped there for a moment just to watch the children play
Alone a boy was standing and when I asked him why
He turned with eyes that could not see and he began to cry
I'm nobody's child, I'm nobody's child
I'm like a flower just growing wild
No mommy's kisses and no daddy's smile

Nobody wants me I'm nobody's child
People come for children and take them for their own
But they all seem to pass me by and I am left alone

LONNIE DONEGAN, *Nobody's Child*

25. NOVEMBER. Zurück im Zimmer der Tränen in Kentish Town. Neben der Sandkiste liegt eine rosafarbene Kinderdecke mit Herzchenmuster. Es ist die letzte der sechs Sitzungen, aber offenbar bin ich noch nicht am Ende angelangt. Eine Redekur, eine Bewältigungsgeschichte, wer weiß? Mir ist immer noch unklar, warum alles gerade jetzt so wichtig ist. Ist es die Furcht, dass mit dem Tod von Ray und der Generation meiner Onkel auch alle Antworten sterben werden? Warum gelingt es mir nicht, deutlich zu sagen: Das ist meine Geschichte und nicht etwas, das «den Jungen» widerfahren ist? Wieso kann Colin sich an den Text eines Songs aus den fünfziger Jahren erinnern, aber nicht daran, wo wir waren, während er meine kleine Schwester hütete?

Lesley ist die letzte Person, die mich noch Peter nennt. Christopher hatte es durchgängig getan. In der Zeit, als Lilian und ich einmal pro Woche miteinander plauderten, schlüpfte ich wieder in diese alte Rolle, die zwar leicht abgenutzt, aber immer noch brauchbar war. Wir gewöhnten uns an die Routine wöchentlicher Anrufe, nachdem wir so lange nicht miteinander gesprochen hatten (Besuche würden sich nicht lohnen, hatte viele Jahre früher in dem Brief gestanden, aus dem ich erfuhr, dass Dudley Lungenkrebs hatte.) Dass ich inzwischen ein erfolgreicher Journalist geworden war, hatte geholfen, als wir uns dann wiederbegegneten; die Mühe der beiden schien sich am Ende doch ausgezahlt zu haben. Dad gab das Kirchenblättchen heraus, und sie waren tief ins Innere von South Milton gezogen. Mum fuhr nicht Auto, und er wollte, dass sie näher bei ihren

Freundinnen vom Landfrauenverband wohnte und im Dorf gut aufgehoben war. Wir waren alle vorsichtig mit unseren Worten, umschifften politische Themen, da unser Familiengefühl noch zu schwach war, als dass ich ihre demonstrativ ausgelegten Exemplare der Zeitschrift *This England* hätte kommentieren können, ihren stolz präsentierten Patriotismus. Sie zogen in ein Altenheim ein – und schnell wieder aus. Dad wollte nicht dort sterben. Sie mieteten einen Bungalow mit Blick auf Salcombe, wo sie vor dem Panoramafenster zu sitzen pflegten und das Leben auf dem Fluss beobachteten. 1989 kaufte er das schönere Haus nebenan (für deine Mutter, sagte er, als ich fragte, wieso). Er starb, kurz bevor das Jahr 1990 begann, und ich war überzeugt davon, sie würde es nicht überleben. Auf seiner Beerdigung war sie gebrechlich, konnte kaum stehen. Auf der langen Fahrt zum Friedhof saß sie zusammengesunken im Auto, während wir festhingen hinter einem Traktor.

Sie schlug noch fünf weitere gute Jahre für sich heraus. Saß in seinem Sessel und schenkte zitternd Tee ein. Zuletzt waren wir einander sehr nah. Ich rief sie immer sonntags an (das Telefonat mit meiner anderen Mutter fand am Samstagabend statt, nachdem sie Cilla Blacks Fernsehshow *Surprise Surprise* geguckt hatte). Ich bin's, Peter, sagte ich, wenn sie abnahm. Karten wurden mit Allan Peter unterschrieben, als Echo der Namensänderung, die Dad vorgenommen hatte, sobald Christopher und ich eingezogen waren (das Problem mit Allan habe ich nie lösen können; vielleicht hatte es etwas mit Besitz zu tun, so wie man einem aufgelesenen Hund einen neuen Namen gibt). Einmal ließ ich einen Sonntagsanruf aus. Und sie war außer sich, diese zerbrechliche und doch merkwürdig starke Frau, die mich jahrzehntelang verstoßen hatte, was eine geradezu biblische Art und Weise war, einen verwirrten Fünfzehnjährigen zu bestrafen.

Ich entschuldigte mich sofort. Zu froh war ich über den vorsichtigen Wiederaufbau dieser fragilen Familienbrücke. Sheila war meine Mutter, aber Lilian war meine Mum. Ich liebte sie. Vielleicht brauchten wir beide das Gefühl des Verzeihens, das mit diesen Anrufen einherging.

Mit Lesley ist es anders. Ich war immer nur Peter für sie, der Bruder mit den blauen Augen, von dem sie nie etwas wusste und der in ihr gemütliches Heim einfiel und für ihren Schallplattenspieler kämpfte. Ein komischer Junge vom Land mit einem weichen Devon-Akzent, der auf ihr cooles Essex-Idiom stieß. Das Haar länger als ihres, auf der Suche nach coolen Mädchen und Plastikschuhen. Sie schuf Platz für mich in ihrem Leben und ihrem Haus. Was Verwirrung gestiftet haben muss. Ich war etwa ein Jahr dort, es war 1969, und für einige ihrer Freunde war ich ein faszinierendes Objekt, ein Hippie-Junge mit seiner toughen Schwester. Inzwischen haben wir mal mehr, mal weniger viel Kontakt, ab und an eine Postkarte, ein Besuch, ein Anruf. Für Sheila hat sie sich nie interessiert, und fast beneidete ich sie darum. Ray hatte nie über ihre Mum gesprochen. Sie bestand hartnäckig darauf, weder Sheila noch ihre Geschwister kennenzulernen. Als unsere Mutter starb, stellte Susan ein loses Album mit Fotos von Sheila, Susan, Mandy und Caron zusammen, die alle gleich aussahen: gleiche Figur, ähnliche Haare, gleiches Lächeln. Erbsen aus einer Schote. Ich brachte es Lesley mit und breitete die Bilder auf dem Fußboden aus. Eine Tüte voll Abwesenheit in Kodacolor, eingerahmt von Schnappschüssen lächelnder Familienmitglieder, eine Kindheit, die ihr verwehrt worden war. Lesley begann zu weinen, klagende Laute aus tiefsten Tiefen. Sie rollte sich mit den Fotos auf dem Boden zusammen. Dieses Schuldgefühl trage ich seitdem mit mir herum. Jahre später ver-

anstaltete sie ein Familientreffen, zu dem sogar Michael kam: sechs Geschwister mit dem gleichen Narbengewebe (es fiel in die Zeit von Christophers Verschwinden). Sie litt auch noch, als Joyce uns bei Doris' Beerdigung von der «Hinterhof»-Abtreibung erzählte, einer weiteren Schwangerschaft meiner Mutter, die in die Zeit zwischen Lesley und mir fiel und erklärte, wieso wir in einem Abstand von achtzehn Monaten geboren wurden.

Ray sah ich zum letzten Mal vor dreißig Jahren im Haus meiner Schwester. Lesley hatte damals eine Beziehung mit einem palästinensischen Chirurgen. Er war gerade dabei zu kochen. Ray erschien mit seiner rot gestiefelten Freundin zum Essen. Es lief die meiste Zeit gut – bis auf den Moment, als Ray sagte, Labour sei die Partei des Antichrist, das habe der Pfarrer ihnen erklärt. Als Lesley nach dem Essen den Abwasch machte, beugte Rays Freundin sich vor und murmelte etwas von «Leuten, die hierherkommen und uns unsere Arbeit wegnehmen». Ich tat so, als hätte ich nichts gehört. Minuten später wiederholte sie es. Ich seufzte. Ich sagte, sie sei hier im Haus meiner Schwester. Sie esse, was meine Schwester ihr zubereitet habe. Das komme mir unhöflich vor. Ich hätte versucht, ihre Bemerkungen zu ignorieren, sagte ich, ich sei mir aber ganz und gar nicht sicher, ob er tatsächlich andere Chirurgen arbeitslos mache. Damit war die Unterhaltung beendet, und das letzte Glied meiner Verbindung zu Ray war zerbrochen. Mehr gab es da nicht. Nachdem ich nun aber die Akten gelesen habe, bekämpfe ich den Drang, an seiner Tür zu erscheinen und ihn anzuflehen, er solle mir endlich die Wahrheit sagen – die Wahrheit darüber, was mit Christopher und mir geschehen war: War er Chris' Vater, was hatte ihn an Sheila fasziniert, wieso hatte er eine Haushälterin eingestellt, die keinen Haushalt führen konnte, und wie war es möglich, dass ich TBC, Krätze und Herpes bekommen hatte?

30. November. Ein sonniger Sonntagnachmittag, mit zwölf Grad seltsam mild. Der Himmel ist klar und von leuchtendem Blau. Eichhörnchen vollführen Zirkuskunststückchen, springen von einem dünnen Zweig zum nächsten. Die Senfpflanzen blühen gelb, die toskanische Ringelblume ebenfalls. Der Radicchio ist fest und rot gesprenkelt. Die zerzauste Reihe Spargelchicorée steht noch stramm. Wenn ich nur wüsste, was ich damit anfangen soll – vielleicht ein Risotto kochen? Die späten Radieschen sind knackig und scharf. Ich teile sie mit Mary, Annie und Ruth. Wie gewöhnlich sind sie außer mir die Einzigen auf dem Areal. Dann erscheint Howard. Er hackt. Wir haben beide den Weg über die Heide genommen und unterhalten uns begeistert über die bunten Buchenblätter. Frost ist noch nicht in Sicht. Marys Knoblauch und ihre Saubohnen strahlen hellgrün vor Leben. Ich bin mir nicht sicher, ob es nicht zu spät für unsere ist. Annie brät Würstchen in ihrer neuen Parzelle und lädt uns zu Hot Dogs ein. Es gibt Rotwein in Blechbechern und Schokoladenriegel als Nachtisch. Die Frauen unterhalten sich über den Anbau von Obst und Gemüse, über den Herbst und über Krankheiten. Mary sagt, der Schrebergarten mache sie gesund, ich stimme ihr zu, mir gehe es genauso. Wir teilen uns die letzten Würstchen. Wir leeren die Flasche, ich wärme mich an den letzten Sonnenstrahlen und an ihrer Gesellschaft.

Wir erzählen uns Geschichten,
um zu leben …

JOAN DIDION,
Das weiße Album

Dezember

2. DEZEMBER. Die erste der neuen Sitzungsrunden mit der Seelenärztin. Die Leute reden immer von ihrem «inneren Kind», als wäre das ein glucksender Hosenmatz, als sprächen sie von der heilen Welt von Narnia. Aber was, wenn dieses «innere Kind» ein verängstigtes Wesen ist, das unbedingt ausbrechen will? Manchmal verschlingt mich seine Wut. Ich wüte mit seiner Stimme wie in *Der Exorzist*. Ich lerne (hoffentlich) allmählich, die Signale zu erkennen und mich rechtzeitig zu bremsen, bevor ich eine Freundschaft ruiniere, etwas Unsagbares sage. Die Gartenarbeit wickelt meinen verängstigten Jungen ein und packt ihn in ein Körbchen, setzt ihn in die Sonne und wiegt ihn in Amselgesang, ein besänftigendes Kindermädchen der Natur. Heute sind keine Spuren im Sandkasten zu sehen. Sie fragt freundlich, ob ich vielleicht Lust hätte, ihn zu benutzen. Auch Erwachsene würden mit Puppen nachspielen, was ihnen widerfahren sei, sagt sie. Ich lehne dankend ab. Baby Allan bleibt heute drinnen, im Augenblick schläft es.

Mein Gedächtnis ist wie Fliegenpapier. Es fängt vorbeiziehende summende Gedanken ein und hält sie fest, bis sie sterben. Unsere frühesten Erinnerungen werden meistens von Müttern und Vätern geformt, sofern man welche hat, vielleicht auch von Geschwistern, manchmal von Freunden. «Weißt du noch, damals …?», so teilen wir einander unsere Geschichte mit, so lernen wir, wir selbst zu werden, durch das Erzählen davon, wohin wir gehören. Manchmal gibt es aber auch Erinnerungen, die wir nicht glauben wollen. Sie war meine Mum, er war mein Dad, so etwas Schlimmes konnte doch nicht passiert sein. Oder etwa doch? Du darfst dich nicht erinnern, lautet das Mantra, der ver-

borgene Teil unseres persönlichen Lebens. Manche Menschen sind Meister darin, das Vergessen zu fördern. Sie verbreiten es wie einen Zauberspruch aus dem Märchen. Ihr Geschäft ist die Dunkelheit, sie schreiben unsichtbare Kapitel, lesen unsere ungeschriebenen Bücher. Wir haben nichts, um uns zu verstecken. Sie wissen, wer wir sind, bevor wir es wissen.

1963. Tuppence ist mein Kater, groß, frech, schwarz-weiß, eine Kreuzung aus dem Kater der Farm und Tonka, unserer siamesischen Katze. Das erste Lebewesen, das ich ganz allein lieben darf. Der Kater kommt und geht, wie es ihm gefällt. Er hinterlässt Mäuse, Ratten und Vögel als Visitenkarte. Einmal fand meine Mum ein Wiesel neben ihm; Tuppence' Flanke war aufgerissen. Er wurde genäht und kam in einen Karton im Schuppen. Ich hatte große Angst, bis er wieder gesund war. Tonka ist vornehm, wunderschön, hin und wieder distanziert und sehr bedacht darauf, meinem übereifrigen Streicheln zu entgehen. Sie liegt gern mit ihrem Sohn in der Sonne, wie Yin und Yang ineinander verschlungen. Ich fühle mich Tuppence und seiner Herkunft verbunden, bin stolz auf seine Größe, sein gemischtes Blut – ein halbwilder Dad und eine zivilisiertere Mum. Ich sehe ihn am anderen Flussufer. Ich warte auf seinen eindringlichen Ruf. Eines Tages bekommt er Katzengrippe. Dudley sperrt ihn in den Schuppen ein. Wir dürfen ihn nicht besuchen. Natürlich tue ich es trotzdem. Ich sage ihm, wie sehr ich ihn liebe. Ich streichle sein mattes Fell. Ich schließe die Tür nicht ordentlich wieder zu, jedenfalls behauptet Dad das. Ich sehe ihn nie wieder, aber jahrelang bilde ich mir ein, einen geisterhaften schwarzweißen Blitz durchs Ufergras huschen zu sehen.

5. 12. 58. Befragte Mr. Jenkins. Erkundige mich nach Alan. Mr. Jenkins war mit ihm beim Arzt, und ihm sollen die Mandeln herausgenommen werden, sobald sein allgemeiner Gesundheitszustand sich gebessert hat.

1963. Boy Blue ist unser Esel. Ich füttere ihn am liebsten mit Wildblumen, Grasbüscheln und Karotten. Er lebt in ziemlicher Ungestörtheit auf dem Feld hinter dem Haus. Wir haben einen Sattel, aber vom Reiten hält er nicht viel, sträubt sich gegen so ziemlich alles und will ständig fressen. Der Bigbury-Strand liegt vier Kilometer entfernt am Fluss, aber ich bekomme ihn nie bis dorthin. Meine Idee war, ihn für Ausritte zu vermieten, aber Boy Blue hat einen eigenen Kopf. Er ist kein Pferd. Er läuft langsamer als ich, ich kann ihn noch so sehr antreiben. Mir ist nie besonders wohl dabei, wenn ich auf ihm reite. Besser finde ich es, wenn wir nebeneinander laufen und ich die Zügel locker in der Hand halte. Ein paar Mal schaffe ich es mit ihm bis zum Golfplatz oberhalb der Bucht, aber das letzte Stück scheint immer zu steil für ihn. Ich bitte oben um einen Eimer oder eine große Schüssel Wasser, er trinkt, und wir machen uns vergnügt auf den Heimweg. Ich glaube nicht, dass ich jemals Menschen für Geld auf ihm reiten lassen kann. Eine Zeitlang besitzen wir auch ein trächtiges Dartmoor-Pony. Ich sehe zu, wie das Fohlen geboren wird, wie es wundersam zittrig und wackelig auf seinen Beinen steht. Aber Dudley verkauft beide bald weiter. Als wir älter sind, lassen wir Boy Blue in Ruhe, außer wenn Christopher und seine Freunde Stöcke und Steine nach ihm werfen. Eines Tages stößt Boy Blue ihn gegen die Scheunenwand und beißt ihn in die Brust. Christopher schreit. Ich lache. Dad kommt angelaufen. Er versetzt Boy Blue einen Schlag gegen den Kopf. Der alte Esel lässt los. Dad verkauft ihn schließlich an eine Familie,

deren Tochter aufs College gehen wird und ihr Pony zurücklässt. Ich stelle mir gern vor, dass er dort ein glücklicheres Leben führt.

7. Dezember, Sonntag. Beim Versuch, einen schlimmen Kater auszukurieren, lande ich in einem zweiten Anlauf am späten Nachmittag im Garten. Das trübe Licht beginnt schon zu schwinden. Ein paar Nächte mit eisigem Frost haben die Kapuzinerkresse nun endgültig erledigt, ihre toten Ranken können sich kaum noch an der Böschung festhalten, wie Finger, die sich kurz vor einem Sturz zu lösen drohen; lauter toter angespülter Tang. Ich möchte dringend irgendetwas säen, obwohl es unvernünftig spät ist. Pflanzensäen als Verzögerungstaktik. Annie hat unter einer Glasglocke Mangold gesät, also bin ich nicht der Einzige. Die Mäuse aus dem Schuppen waren an den Saubohnensamen, deshalb müssen sie bis zum Frühling warten. Sie haben auch viele Zwiebelschösslinge vernichtet. Fast bin ich erleichtert und fühle mich prompt schuldig, als ich Knoblauchzehen in den halb gefrorenen Boden drücke. Vor einem Monat wäre die Erde noch beinahe warm gewesen. Ich pflanze «Radar»-Zwiebeln, stecke drei Reihen bis zum Hals in den Boden, eine weitere Reihe bedecke ich leicht mit Erde, ein Experiment. Meine Hände sind bis auf die Knochen durchgefroren. Mit Gartenhandschuhen bin ich nie zurechtgekommen, ich brauche das Gefühl von Erde zwischen meinen Fingern. Hoffentlich ist der Lauch zäher als ich. Als ich aufbreche, ist es fast dunkel, doch in zwei Wochen ist schon Wintersonnenwende. Bald wird es wieder länger hell sein, ein neues Jahr wird beginnen, alles wird wieder neu wachsen. Aber jetzt geht es nach Hause, den Kater pflegen. Ich brauche dringend Schokolade.

1957. Meine frühesten Erinnerungen haben mit Weihnachten zu tun, eine beinhaltet meine Mutter, die andere nicht. Bei beiden bin ich, glaube ich, fast drei Jahre alt. Für vier komme ich mir in den Erinnerungen zu jung vor, für zwei vielleicht zu alt. In der ersten bin ich unterwegs mit meiner Mutter. Ich gehe an der Außenseite vom Bürgersteig, links von ihr, ich kann ihr Gesicht nicht sehen, aber die Gestalt, deren Hand ich halte, verströmt etwas ausgesprochen Tröstliches. Ein großer, beleuchteter Weihnachtsmann ist auf der Wand vor uns zu sehen, ein niedriger Felsvorsprung zu unserer Rechten. Ich weiß, dass es Plymouth ist. Ich weiß, dass sie es ist. Ich weiß nicht, woher ich es weiß. Als ich später, mit sechzehn, durch die Gegend um die Union Street streifte, fragte ich mich, ob sie wohl in diesem Moment auch noch dort war, vielleicht irgendwo in einem zweifelhaften Pub oder Club saß. Sie würde das Haar hoch toupiert tragen, vielleicht eine der Prostituierten sein, die in diesen Straßen auf und ab liefen. Ich fand die Vorstellung merkwürdig beruhigend. Meine zweite Erinnerung bezieht sich auf dasselbe Weihnachtsfest, aber ich glaube nicht, dass meine Mutter dabei ist. Ich bin krank, habe, glaube ich, Windpocken. Ich darf das Zimmer nicht verlassen. Ich bin bei einem Freund einquartiert. Es kommt mir nicht wie Familie vor. An den Fensterscheiben kleben, wie zum Ersatz, Weihnachtsschneeflocken aus Baumwolle: der unzuverlässige Trost von Fremden.

1959. Unser erstes Weihnachtsfest mit Lilian und Dudley, auch sie verschwinden. Wir wissen nie, wohin; sie sagen es nie. Wir sind zu jung, um zu verstehen. Wir werden zu netten Freunden von ihnen gebracht, die uns Cowboykleidung mit schimmernden Pistolen, Halftern und Hüten schenken. Mum und Dad feiern nicht. Schenken fällt ihnen schwer. Weihnachten heißt

für sie zwei gleiche Pullover, vielleicht Taschentücher. Allerdings ist da auch ein Stabilbaukasten, dessen Benutzung wird uns aber eigentlich nicht zugetraut. Spielzeug kommt eher von der Fürsorge, wobei Dudley scharf auf Matchboxautos ist. Ein Sozialarbeiter bringt eine Plastiktüte mit einem Fort und Soldaten und Tieren vom Bauernhof mit, die vom vielen Gebrauch schon ganz verbogen sind. Andere sind aus Blei, mit fehlenden Gliedern, kriegsversehrt. Es gibt auch eine bemalte, abblätternde dreibeinige Ziege. All das wird von keinem im Haus gewollt, außer von Christopher. Er ist vernarrt in die Figuren, spielt die ganze Zeit damit. Ich bin weniger angetan. Dann kommt das Jahr des Fahrrads. Christopher verzehrt sich danach, alle Kinder seines Alters wollen eins. Und dann, beim Morgenchor, geben die anderen Jungen an mit ihren schimmernden roten Rennrädern mit Rennlenkern, fünf Gängen, vielleicht sogar zehn. Chris' Geschenk ist gebraucht, ein altgrün übermaltes Damenhollandrad. Ich fühle mich an seiner Stelle gedemütigt, aber er fährt überall damit herum. Ich habe nie herausbekommen, warum Mum und Dad so geizig waren. Gerade liegt auf meinem Schreibtisch ein Antrag von Dudley, auf dem er die Rückerstattung von zwei Pfund für das Fahrrad seines Sohns plus ein Töpfchen Farbe fordert. Er hatte einen gut bezahlten Beruf als Standesbeamter, und sie vermieteten den Wohnwagen und den Anbau, den er ans Haus gesetzt hatte. In der Scheune gab es mehrere tausend Batteriehühner. Neue Autos wurden in bar gekauft, aber Weihnachten war eine Unannehmlichkeit, für die die Auslagen zurückzufordern waren. Manchmal kann ich ihnen weder ihren Umgang mit Geld noch ihre Enttäuschung über uns verzeihen.

1964. Ich merke, wie mein Schreiben eine melancholische Wendung nimmt, also ist es vielleicht an der Zeit für eine sonnigere

Geschichte. Ich bin etwa zehn (ich hoffe, nicht älter). Es ist heiß. Ich möchte unbedingt im Fluss schwimmen, aber Lilian will mir keine Badehose kaufen. Eigentlich verstehe ich nicht, wieso ich damals nicht einfach in meinen Shorts baden ging, vermutlich war es die Angst vor ihrem Ärger wegen der Wäsche (sie war ein bisschen heikel mit ihrer Waschmaschine). Mum und Dad gehen im Sommer nie schwimmen oder an den Strand; nur einmal, als ich ganz klein bin, gehe ich mit Mum zur Bantham Bay, wo wir uns die Felstümpel anschauen. Mum ist immer bis oben hin zugeknöpft. Ich habe nie ihre Arme gesehen. Weibliche Körper sind ein Mysterium für mich, aber ich bin besessen von einem Mädchen, das mit ein paar anderen Dorfkindern am Fluss ein Sonnenbad nimmt. Sie ist vielleicht vierzehn, hat lange blonde Haare und einen rosa-rot gewürfelten Bikini. Ich sehne mich danach, ganz dicht neben ihr zu liegen, in Speedo-Badehosen wie Sean Connery. Mum hat mir eine Badehose gestrickt. Sie ist hellblau, etwas zu weit und nicht so schick, wie ich gehofft habe. Es wird niemals klappen. Das Bikini-Mädchen geht nicht schwimmen, aber dafür die anderen. Als die Flut hoch genug ist, schließe ich mich an. Meine Hose saugt sich mit Wasser voll. Die dicke Wolle quillt auf. Sie verzieht sich, beult sich, weitet sich bedenklich. Wasser läuft mir zwischen den mageren Beinen hinunter. Ängstlich halte ich das Gummiband in der Taille fest, damit sie mir nicht runterrutscht. Das Mädchen dreht sich um, schaut mich an. Die anderen Kinder lachen. Die Demütigung ist komplett, ich hoppele zurück nach Herons Reach.

14. Dezember, Sonntagmorgen. Der Garten. Wahrscheinlich mein letzter Besuch vor Weihnachten. Die Kapuzinerkresse sieht traurig aus, vereister Matsch. Hungrige Tauben nehmen den Chicorée auseinander, den sie bis jetzt in Ruhe gelassen

haben. Die Erde ist bereift. Es ist mitten am Morgen, mitten im Winter, es ist düster, die einzige Wärme spendet mir das Rot an der Brust des neugierigen Rotkehlchens, das mich vom Ahorn herab beobachtet. Ich kann fast fühlen, wie kalt es den Zwiebeln ist, aber es gibt büschelweise hellgrünen Kerbel und neue Fenchelwedel. Ringelblumen leuchten wie aus der Ferne gesehene Scheinwerfer. Ich stelle dänisches Weihnachtsbier in die Parzellen einiger Freunde und überreiche Howard ein Geschenk und eine Weihnachtskarte.

1961. Tessa ist unsere Bobtailhündin. Ich liebe sie und ihre großen, flauschigen Pfoten. Christopher ist sich nicht so sicher, und als sie älter wird, weiß sie es auch. Ins Haus kommt sie als ein schwarz-weißer Ball. Wir sind beide klein. Ich spiele die ganze Zeit mit ihr. Am glücklichsten bin ich, wenn wir mit ihr spazieren gehen, über Feldwege und Klippen oder am Strand entlang, Dad vorneweg mit schwingendem Stock, Mum neben mir. Christopher trödelt immer hinterher. Spazieren gehen «versteht» er nicht, fährt lieber mit seinem Rad herum, egal wo, nur nicht dort, wo wir sind. Im Sommer meiden wir die Strände, zu viele Touristen verstopfen die Wege, also quetschen wir uns in den kleinen Fiat, zwei Jungen mit einem massigen Hund auf der Rückbank, und kriechen über die Hügel von Devon nach Dartmoor. Sie hat etwas Großartiges, diese Landschaft mit den Heideteppichen, dem bernsteinfarbenen Farn, den düsterkahlen Felsgebilden mit ihren Granitformationen. Manchmal halten wir in Widecombe oder Dartmeet. Es gibt dann vielleicht ein Eishörnchen oder eine Waffel, manchmal auch einen *Cream Tea*. Ich finde es toll, wenn Tessa rennt, aber dafür eignet der Winter sich besser, dann jagt sie unten beim Thurlestone über den Sand. Auf der Farm gibt es auch einen Wachhund. Ich muss

über ihn hinwegsteigen, wenn ich morgens im Durchgang an der Hausseite die Milchkanne abstelle und sie nach der Schule wieder abhole. Der Hund bleckt die Zähne, wenn ich in meinen Shorts über ihn steige. Tessa knurrt Christopher an, ich weiß nicht, wann das angefangen hat. Es amüsiert Dad, mich verwirrt es. Ich lege mich mit Wonne zu ihr, kuschele mich in ihr wolliges Fell, aber von Christopher hält sie Abstand.

1970, Weihnachten. Leicht verstört von London, wo ich in verfallenen Häusern und Parks geschlafen habe, wohne ich jetzt mit meinen sechzehn Jahren in einer schäbigen Pension in Plymouth. Ich teile mir das Zimmer mit einem Koch Mitte zwanzig, der nachts meistens lautstark wichst. Da ich das Haus um 9 Uhr verlassen muss, vertreibe ich mir die Zeit in der Wimpy Bar nahe der Bushaltestelle, quatsche Mädchen an und andere Rumtreiber (Gammler sagte man damals). Das Frühstück besteht wie immer in diesen Pensionen aus einem gebratenen Ei, das in Fett schwimmt, und ein paar Weißbrotscheiben. Heute ist Weihnachten, also gibt es auch noch eine Flasche Bier. Ich mag kein Bier; es ist bitter, und man braucht zu viel davon, um betrunken zu werden. Meinen Teenager-Lieblingsalkohol kriegt man in den Cider-Pubs der Innenstadt, wo ich den «rauen» Apfelmost mit alten Hasen trinke, die schon routinierter heimatlos sind. Die Wimpy Bar hat Weihnachten geschlossen, also gehe ich in den Hoe-Park. Es regnet. Mit der Schule bin ich fertig. Meine Zukunft ist ungewiss. Ich tue mir selber leid. Ich gucke mir Familien an, lamettabehängte Bäume und Lichterketten: Szenen von Weihnachtspostkarten. Ausgeschlossen von der Kleinfamiliennormalität, von Weihnachtsfesten, auf die ich Anspruch zu haben glaubte, beweine ich mein Leben nach der Pflegekindzeit, nach Peter Drabble. Ich kehre zurück in den Pub, zu den anderen

Ungeliebten. Später nimmt mich jemand mit nach Hause zu einem Hühnchenessen bei seiner Mutter. Eine kleine Freundlichkeit, an der ich mich festhalten kann.

27. Dezember. Dänemark. Mit dem Schnee kommen die Singschwäne. Ihre Rufe geistern um die Bucht, dringen durch die Kälte, durch den Nebel, Schwanengesang am Ende des Tages. Gänse fliegen vorbei, in ausgefransten Bändern und in straff geordneten Vs, wie auf einer Flugstrecke für Wildgeflügel. Enten bevölkern zu Tausenden das eisige Wasser. Der Winter ist da. Kälte als Wohltat. Schnee bleibt an den Bäumen, an unseren Jacken und Mützen haften. Wir gehen mit den Nachbarn wandern, fahren auf Schlitten mit kleinen Kindern Hügel hinunter, werfen Schneebälle, so weich wie Marshmallows. Wir sehen zu, wie Surfer mit ihren Lenkdrachen lebensmüde übers Wasser brettern. Hagelschauer wüten gegen unsere Fenster. Das Eis sammelt sich wie Fischrogen oder Perlen in adretten Haufen. Der Tag beginnt mit einem Feuer, dem Prasseln brennender Holzscheite, und einer Weihnachtskerze. Wie immer bin ich früh auf, in Erwartung von Licht und Wärme, beides Mangelware. Ich behänge die Büsche mit Meisenknödeln und berausche mich an dem hektischen Gefutter. Es kommen kanariengelbe Goldammern, Zeisige, Kernbeißer. Ich habe mir angewöhnt, sie mit dem Fernglas zu beobachten und marodierende Krähen anzubrüllen, die das Futter der kleinen Vögel zu stehlen versuchen. Ein Habicht stößt herab, die Hecke verstummt. Ein Dompfaff mit scharlachroter Brust plustert sich gegen die Kälte auf. Wir sind über Weihnachten und Neujahr hier, um an der wilden Küste entlangzuspazieren und den Garten in Ordnung zu bringen. Zwei Meter hohe Brombeerbüsche ersticken die Böschung. Tote Eichenblätter füllen den Graben. Die alten Bäume müssen gefällt

werden, die neuen brauchen mehr Licht, eine junge Birke muss wieder gerade ausgerichtet werden, Winterstürme haben sie verbogen. Wir kaufen neue Gartenhandschuhe und machen uns mit Handsägen und einer Axt an die Arbeit: Winterwerkzeug. Wir schneiden und lichten aus. Ich reiße Brombeeren mit den Wurzeln aus, bis ich Krämpfe in den Armen habe. Wir machen ein paar Tage Pause, um den Schnee zu genießen, quietschen auf unseren Spaziergängen vor Vergnügen. Ich lese die Fährten im Garten. Ist es eine Katze, ein Fichtenmarder, ein Fuchs, oder sind es alle drei? Rehe sind am einfachsten zu erkennen. Ich lese im Schein des Feuers. Ich schlafe gut und lange. Ich zerkleinere Baumstämme und stapele die Scheite als Brennholz für den nächsten Winter. Ich harke Blätter zusammen, lege die Waldblumen darunter frei. Vielleicht blühen sie bald. Scharbockskraut zeigt sich schon und hier und da ein verirrtes Gänseblümchen, sogar der Lavendel hat Knospen. Als wir abfahren, stehen sowohl die kleinen Bäume als auch ich aufrechter als zuvor.

30. Dezember. Christophers Geburtstag. Ich habe Angst, dass ich ihn langsam vergesse. Seine Stimme wird schwächer und ruft immer leiser. Ich bin hin und her gerissen zwischen Erleichterung und der Trauer darüber, dass sie fehlt. Seit dem vergangenen Jahr, seit mir immer klarer wird, dass er nicht mehr da ist, besetzt er hartnäckig mein Unbewusstes. Ich muss ihn nicht mehr suchen, werde ihn nicht mehr finden. Nichts lässt sich zwischen uns mehr reparieren. Heute höre ich seine Stimme allerdings gar nicht. Hat die Therapie ihm den Mund gestopft oder ihm die Tür zu mir verschlossen? Der 30. Dezember war nie ein guter Geburtstag. Zu nah an Weihnachten, sagte Dad. Auch meiner ist nur zwei Wochen davon entfernt. Chris' Geschenk: ein Paar Schuhe für die Schule der Marke Tuff mit

Haltbarkeitsgarantie – kein Verschleiß oder Geld zurück. Aber Christopher war ein Verschleißer, keiner, der stillsitzen konnte. Er hatte das netteste Lächeln. Später fiel es ihm schwerer. Außer wenn er einen Ball vor den Füßen oder in der Hand liegen hatte. Dann war er geschmeidig.

Pflegeprotokolle, Plymouth. 23.1.59. Mrs. Jenkins hat Christopher bei Vater gelassen. Christopher geht nicht zur Schule.

Pflegeprotokolle, Plymouth. 5.2.59. Alan ist von Mr. Jenkins' Haushälterin versorgt worden, während sein Vater arbeitete. Diese Regelung hat sich so lange bewährt, bis Mrs. Jenkins, die geschieden ist, Christopher ins Haus brachte, damit sein Vater sich um ihn kümmerte. Die Jungen sind nicht zu bändigen, und Mrs. F. ist nicht mehr in der Lage, sie zu hüten. Wie lange wird das Kind voraussichtlich in Pflege sein? Für immer.

Es scheint, als ob wir Ray alle brauchten, als Samariter, der seinen adoptierten Sohn rettete. Aber Christopher war eine Waffe in einem Zermürbungskrieg. Ein Sechsjähriger, der wieder seinem Vater übergeben wird, egal, was in den offiziellen Unterlagen stehen mag. Wieso, frage ich mich. Sein neuer Zufluchtsort war von kurzer Dauer. Das Pflegeheim rief.

31. DEZEMBER. Dänischer Silvesterabend. Ich habe, vielleicht zum ersten Mal in meinem Leben, eine große Kiste mit Feuerwerkskörpern gekauft. Um Mitternacht versammeln wir uns mit den Nachbarn am Strand. Es ist beinahe Vollmond. Sein Schein liegt über dem Meer. Andere Gruppen sind ebenfalls erschienen,

ausgestattet mit Raketen, Kugelbomben und Alkohol. Die Stimmung ist optimistisch, man trotzt der Zukunft und dem eisigen Wind. Alle sind fröhlich, hoffnungsvoll, laut, ohne jene stille Selbstbefragung, an die ich gewöhnt bin. Freudenfeuer und immer neue Farbexplosionen illuminieren die Bucht. Warm eingepackt, lachen wir, zünden Feuerwerkskörper an, trinken Champagner und Whisky. Wir freuen uns auf das nächste Jahr.

Januar

6. JANUAR. Epiphanias im Garten. Ein Brief ist eingetroffen von Jane Scotter, der biodynamischen Züchterin aus den Black Hills in Hereford. Jane ist klein, grimmig und ein wenig furchteinflößend, und sie ist meine Inspiration und meine gärtnerische Messlatte. Jedes Mal, wenn ich glaube, ich hätte etwas Wunderschönes gepflanzt – und ja, das passiert durchaus –, besuche ich ihren Hofladen, fahre zu ihrem Grundstück und begreife, dass ich noch viel zu lernen habe. Der Umschlag enthält das Dreikönigspräparat, das aus *Aurum metallicum* (Gold), Weihrauch und Myrrhe besteht. Das ist meine Lieblingsmischung zu meiner vielleicht am wenigsten geliebten Jahreszeit. Die Abenddämmerung an einem 6. Januar ist kaum das richtige Wetter, um eine Stunde lang in Bürokleidung draußen zu sitzen und kaltes Wasser in einem Eimer umzurühren.

Der 6. Januar ist außerdem Howards Geburtstag, deshalb gibt es noch weitere Geschenke für ihn: Kuchen und eine Flasche Whisky. Wir wechseln uns ab beim Umrühren mit der Hand. Das Wasser ist zu Anfang noch lauwarm, und beim Durcheinanderwirbeln steigt der Duft nach Kirche, Hoffnung und Traurigkeit auf. Howard schneidet Scheiben vom Dreikönigskuchen ab, und wir setzen uns abwechselnd die goldene Papierkrone auf. Eine schöne Art, das Gartenjahr zu beginnen. Nach einer Stunde ist das Wasser zu kalt, und wir sind es auch, und doch fühlen wir eine starke Verbindung zu Zeit, Raum und zueinander. Wir versprühen die Mischung einmal rundherum um die Parzelle und achten darauf, dass auch Mary etwas abbekommt. Danach gehe ich ins Kino und rieche wie ein Messdiener.

11. JANUAR. Nach Tagen mit stürmischem Wind und Regen scheint die Sonne. Es ist beinah warm. Zeit, Schalotten einzusetzen. Ich räume eine Fläche frei und reiße einige Mangoldpflanzen vom letzten Jahr aus, die von Tauben bis auf die Stiele kahl gefressen sind. Einige Zwiebeln müssen umgesetzt werden. Sie werden von den Wurzeln fast wie startende Raketen aus der Erde gedrückt. Mit dem Daumen mache ich Setzlöcher und bette sie hinein. Ich bestimme den Platz für die Schalotten und benutze einen langen Haselstock als Lineal, hacke eine Furche und setze sie in regelmäßigem Abstand ein. Dann werkele ich noch ein wenig herum, räume auf, schaffe Unkraut und Chicoréeblätter weg. Der Senf, wahrscheinlich zu scharf für die Tauben, treibt Knospen und steht kurz vor der Blüte. Ich pflücke ein Blättchen, es schmeckt nach Hitze und exotischen Reisen. Die wenigen von den Schnecken übrig gelassenen Radieschen sind zwar holzig, ich finde sie aber trotzdem genießbar. Zum Tee esse ich einen kleinen Chicorée. Meine Nachbarn gesellen sich zu mir. Ruth hält Ausschau nach Beeten für ihre Kartoffeln; wie ich kann sie das Säen kaum erwarten. John hat eine Astschere mitgebracht, weil er den Holunder am Ende der Parzelle beschneiden will. Mit Ruth zusammen plane ich eine Attacke auf die Bäume, die ihre Ecke zu stark beschatten. Howard und ich untersuchen den Weg nach morschen Bohlen, die ersetzt werden müssen. Jetzt, wo die Tage schon (wie ich finde) ein bisschen heller sind, ist einiges in Ordnung zu bringen.

13. JANUAR. Das Paradox des Schenkens. Mir schießen in der Therapie wieder Tränen in die Augen. Eine Gewohnheit, die ich loswerden möchte. Normalerweise sehe ich es kommen und wehre mich gegen den Drang, so wie man intuitiv einem Auto ausweicht. Doch es gibt Momente, da lassen sich bestimmte

Dinge und Namen und bestimmte Gefühle nicht kontrollieren. Mein Reservoir ist zu voll, es fasst sie nicht mehr. Der Damm bricht. Tränen werden vergossen. Diesmal versuche ich zu verstehen, warum Geburtstagsgeschenke, überhaupt Geschenke, mich aus der Fassung bringen. Warum ich das Auspacken so lange wie möglich hinauszögere. Länger, als die Höflichkeit es erlaubt. Wieso kann das Auspacken eines Geschenks mir Angst einflößen? Warum möchte ich mich verstecken? Es hat nichts mit Enttäuschung zu tun (na gut, es gab da mal einen grünen Alpakapullover mit einem Lamamuster). Es hat eher mit Privatsphäre zu tun, damit, dass man sich plötzlich in der Gesellschaft von Menschen, denen man wichtig ist, unwohl fühlt. Drei einzelne schlichte Wörter, die man angestrengt zu hören versucht, aber nicht hört. Ein Satz, der durch zu häufigen Gebrauch banal geworden ist. Nur manchmal, an einem stillen Morgen, vielleicht vor oder nach einem Geburtstagsfrühstück, brennt «Ich liebe dich» tief in meinem Innern, bis ich es nicht mehr aushalte, und der Gedanke daran treibt mir alberne Tränen in die Augen.

16. Januar. Mein Geburtstag ist vorbei. Ich musste mich nur einmal beim Auspacken eines Geschenks verstecken. Ein kurzer Ausflug zur Parzelle: Die Sonne scheint, die Amsel singt im Flug, die Tauben hocken missmutig in den Bäumen. Es gibt wenig zu fressen, weswegen sie den Grünkohl niedergemacht haben. Überall liegen kahlgefressene Kohlstrünke wie Skelette herum, ein windverwehter Friedhof. Ich bin im Garten, und schon wird mein Herz ruhig. Am nächsten Tag komme ich mit Howard wieder. Wir errichten einen Schutzbereich und bringen die stärksten der jungen Pflanzen in einer Palisade unter. Wir bauen eine Wagenburg gegen den Winter und die Vögel. Unter ineinandergesteckten Haselzweigen drängen sich Senfpflanzen,

Chicorée, verkümmerter Kohl und Rote Bete zusammen wie verirrte Mutterschafe im Schnee. Es ist tiefster Winter, aber die Zwiebeln und Schalotten sind angegangen, der tief eingegrabene Knoblauch sprießt schon kräftig. Schneeglöckchen treiben Knospen, Narzissen zeigen sich, das gibt Hoffnung, auch wenn der nächste Kälteeinbruch kommt.

Laut Familienlegende – gepflegt von Onkel Mike, als er sich noch gerne als ihr Archivar sah – bin ich schon am Tag meiner Geburt ins Dr. Barnado* gekommen. Mein Geburtstag scheint eine gute Gelegenheit zu sein, dessen Wahrheitsgehalt zu überprüfen. Das Heim, die Unterlagen über die Vorher-und-nachher-Fürsorge, die «philanthropischen Wegnahmen» von Kindern, die deren Eltern als Kidnapping bezeichneten – all das weckt gemischte Gefühle in mir. Ich finde es sehr traurig, wie traumatisierte Geschwister dort nach Geschlechtern getrennt wurden. Barnardo hat seine Waisenhäuser inzwischen geschlossen – gegen einige wird wegen Missbrauchs ermittelt – und seine Vergangenheit umgeschrieben. Ich fülle das Formular aus, füge eine Kopie des verlangten Ausweises bei und bringe alles zur Post. Angefangen habe ich mit dieser Suche, als ich 60 war, älter als meine Mutter und mein Bruder zum Zeitpunkt ihres Todes. Es wird Zeit, vor meinem eigenen Ende meinen Anfang zu entwirren.

17. JANUAR. In der Tasche meiner Gartenjacke trage ich drei getrocknete schwarze Bohnen bei mir, *Cherokee Trail of Tears*, übrig geblieben nach einer Sommeraussaat von vor einigen Jahren. Die Tatsache, dass es drei sind, ist wichtig, auch wenn ich nicht

* Thomas John Barnardo (1845–1905) war ein irischer Philanthrop und Gründer und Direktor von Heimen für arme Kinder. A. d. Ü.

weiß, wieso. Meine Hand verirrt sich zu ihnen, meine Finger tasten danach, suchen fast unbewusst, bis ich alle drei fühlen kann und mich entspanne.

18. JANUAR. Ich gärtnere jetzt seit neun Jahren mit Howard zusammen. Er hat die Richtung bei Schrebergarten eins und zwei vorgegeben. Er kennt die Namen der Pflanzen. Ich schließe nicht leicht Freundschaft mit Männern, mit Frauen ist es meist etwas einfacher. Als Kind hatte ich die Theorie, dass Jungen wie Pfahlwurzelbäume sind: Sie haben nur ein paar wenige tiefe Freundschaften, während die Wurzeln der Mädchen sich verzweigen. Aber vielleicht hatte das eher mit mir zu tun, mit den zu vielen Namen und Schulen und Zuhause, damit, dass ich ständig herumgestoßen wurde. Meine Freundschaft mit Howard ist, wenn man so will, organisch gewachsen. Wir sind in den meisten Dingen einer Meinung; und wenn nicht, ist seine stumme Missbilligung meiner Begeisterung überlegen. Was Howard für die Parzelle mitbringt, sind Disziplin, ein fundiertes Wissen und seine Töchter Nancy und Rose. Sie waren noch sehr klein, als wir mit dem Gärtnern anfingen, buddelten ständig Löcher, wirkten zwergenhaft winzig neben dem drei Meter hohen Mais und den Sonnenblumen, verschwanden fast darin wie in einem Rousseau'schen Dschungel. Bei allem, was wir tun, geht es uns einzig und allein darum, einen besonderen Ort zu schaffen, halb wild und aus Pflanzensamen gezogen, wo Kinder spielen können. Wenn Nancy und Rose etwas gutheißen, wissen wir, dass wir nicht ganz falsch liegen. Nancy ist älter, vielleicht empfindsamer, eine seelenvolle Blumenarrangeurin; Rose ist stürmischer, instinktiver. Beide haben sich sofort für biodynamischen Anbau interessiert, rühren schrecklich gerne um, egal, was es ist, und versprühen und verteilen die Mixtur mit Begeisterung. Solange

sie nicht die Geduld verlieren und nur noch mit ihrem Dad nach Hause wollen, sind sie mit ihrem ausgeprägten Sinn für Farben und Düfte die perfekten Gefährtinnen auf Parzelle 29. Ohne sie wäre der Schrebergarten nicht das, was er ist.

19. JANUAR. Ich merke, dass mich das Barnardo-Formular beunruhigt. Als Journalist habe ich die fünf Ws auswendig gelernt – wer, was, wo, wann und warum. Man brauche sie alle, um eine Geschichte zu erzählen, wurde uns beigebracht, aber in meiner Erzählung fehlen zu viele. Ich kenne das Wer. Aber mit dem Wann und Wo und Warum ist es schwieriger. Ich habe damit gelebt, dass mir meine frühe Geschichte fehlt, habe Kraft daraus gezogen, meinem Instinkt zu vertrauen. Das hat mich zu dem gemacht, der ich bin. Aber jetzt reicht das nicht mehr. Und ich weiß eigentlich nicht, wieso. Liegt es daran, dass die Drabbles jetzt sterben, dass mit jedem Tod – dem meiner Großeltern, meiner Mutter, meines Bruders – meine Verbindung zur Vergangenheit schwächer wurde? Jeder von ihnen hat ein unerzähltes Kapitel seiner Geschichte hinterlassen. Ray sitzt krank in Basildon; er sei unfähig, erklärt er meiner Schwester, mit mir zu reden. Die Vergangenheit sei zu schmerzlich, sagt er – das ist die Version, an die er sich stets gehalten hat. Er ist jetzt Ende achtzig. Wenn er stirbt, wird die Wahrheit zusammen mit ihm begraben. Unterdessen schöpfe ich alle anderen Möglichkeiten aus, suche nach Hinweisen wie ein Privatdetektiv. Die Familie meiner Mutter hat die Türen geschlossen, nur Onkel Tony und Onkel Terry sind noch übrig. Ich habe ihnen mitgeteilt, dass ich über Christopher und mich schreibe. Colin ist nicht glücklich darüber. Niemand wisse mehr irgendetwas, behaupten beide. Ihre schrille Schwester, die im Zimmer nebenan kleine Bastarde zur Welt brachte, während sie zur Schule gingen; es ist, als wäre

es nie geschehen. Vom einstigen Stolz der Familie auf mich kann keine Rede mehr sein. Früher hat mich das alles nicht sonderlich gekümmert. Ich hatte nicht das Bedürfnis, Bescheid zu wissen. Aber Christopher flüstert mir ins Ohr; er bittet mich, nicht zu vergessen, und eine noch vernehmlichere Stimme in mir wird immer eindringlicher.

22. JANUAR. Einen Monat nach der Wintersonnenwende beträgt die durchschnittliche Temperatur vier oder fünf Grad. Es gibt Nachtfrost, und es ist kalt, aber die Tage werden schon etwas länger, die ersten Vorboten des Frühlings können nicht mehr fern sein. Mit der Post sind Samen gekommen. Eine Kombimischung von *Mads McKeever* von *Brown Envelope* in Irland. Burgunder-Amaranth, tschechischer schwarzer Chili, *Amish Gold*-Flaschentomaten, *Lazy Housewife*-Bohnen aus Andalusien. Schon die Namen sind vielversprechend. Ein farbenfroher Garten kündigt sich an. Ich gehe in Katalogen auf die Jagd und rufe die Seiten mit Samen auf. Eigentlich wäre es an der Zeit, unsere eigenen Schachteln, Tüten und Schubfächer durchzugehen und zu schauen, was uns fehlt und was inzwischen zu alt ist, aber das ist natürlich längst nicht so sexy. Mit dem Internet ist es, als blättere man auf der Suche nach blauem Meer und exotischen Städten in einem Reisekatalog. Ich bestelle Saubohnen, Zuckererbsen und mehrere Packungen mit Salaten der Saison. Der Sommer wird mit der Post ausgeliefert. Ich klicke auf Senden.

> Pflegeprotokolle, Plymouth. 23.1.59. Mandeln und Polypen vergangenen Monat raus. Gesund genug für Aufnahme. Christopher gut für Aufnahme, kann er bitte ziemlich bald von einem Zahnarzt untersucht werden. Christopher hatte eine Leistenbruch-Operation mit etwa

drei. Besuch beim Spezialisten im Febr. Jungen nicht zu bändigen. Christopher von Mrs. Jenkins dem Vater überlassen. Christopher nicht in der Schule.

Christopher hat als Kind unter schlimmer Übelkeit beim Autofahren gelitten. Ständig hing er kotzend über Gräben, Hecken und Straßenrändern, während ich in Windrichtung hilflos neben ihm stand und versuchte, nicht selbst zu würgen. Der saure Gestank von Angst und Erbrochenem war die Würze unserer Familienausflüge. Ein Sozialarbeiterbericht über eine Fahrt zu den Drabbles handelt von kaum etwas anderem. Tabletten halfen wenig. Er saß zusammengekauert hinten. Fahren war gefährlich. Vielleicht hatte er Angst, weil er nicht wusste, wohin er gebracht wurde, ob er auch wieder zurückkommen würde. Er wird Gründe gehabt haben. Das ständige Hin-und-her-Gekarrtwerden machte ihn ängstlich. Hatte meine Mutter ihn weggegeben, so wie Caron? War er im Weg gewesen? Warum war er so verängstigt und so klein, warum hatte er so schlechte Zähne? Warum die Leistenbruch-OP «mit etwa drei»? Heute grübele ich über die Möglichkeiten. Ich spule zurück in die Vergangenheit, um ihn zu schützen. Zurück in die Zukunft in nachgetragener Elternschaft. Dudley hasste Christophers Reisekrankheit. Er hasste Schwäche. Er ging nicht gut damit um. Aber er liebte Autos. Jedes Jahr gab es ein neues Modell, immer in bar bezahlt. Der süßliche Geruch neuer Sitzbezüge, beschmutzt von Chris' Angst. Mit der Zeit verloren sich seine Übelkeitsanfälle, vielleicht in dem Maße, wie seine schlimmen Erinnerungen sich verflüchtigten und er lernte, zu vertrauen und sich zu Hause zu fühlen. Später machte er das Fahren zu seinem Beruf. Ich saß nur ein einziges Mal hinter einem Steuer.

24. JANUAR. Biodynamischer Anbau fußt auf Theorien und Philosophien, die wir nicht besonders beherzigen. Er propagiert außerdem die Aussaat nach dem Mondkalender, woran wir uns allerdings halten. Man würde denken, es funktioniert nicht, doch das tut es. Ich mache Jane Scotter dafür verantwortlich. Wenn ihre Produkte nicht so glücklich wirkten und sich nicht so lange hielten, würde ich mir nicht mühsam Zeit freikämpfen, um an einem Samstagmorgen um 5 Uhr Rote Bete zu säen, und ich würde nicht bei Regen mit der Hand in einem Eimer mit Wasser Kuhdung umrühren. Biodynamisches Gärtnern kann unbequem sein. Wir sind auch nicht sofort darauf angesprungen, sondern wir haben zuerst Janes Farm besucht: Fern Verrow. Das machte alle Einwände hinfällig. Die Farm ist ein lebendig gewordenes Ausmalbuch für Kinder: eine Märchenwelt mit Bienen, Schafen, Kühen und jeder Menge Felder mit außergewöhnlichen Nutzpflanzen, die gesund und sorgsam gepflegt aussahen. Bei diesen ersten Besuchen lernte ich, manchen Pflanzen ein erfüllteres Leben zu gönnen, bis zur Blüte und bis zu den Samen; ich lernte, auf das Land zu «horchen».

26. JANUAR. Eine weitere Nacht des Gejagtwerdens, ein weiterer Mördertraum, in dem ich hoffnungslos um Hilfe rufe. Meine Stimme ist schwach, kaum zu vernehmen, keiner kann mich hören, und wenn doch, blicken alle rasch weg. Um 4.30 Uhr stehe ich schließlich auf. Es ist eine Erleichterung, wach zu sein und Tee zu kochen, der den metallischen Geschmack beseitigt; ich versuche, dieses wiederkehrende Grauen zu verstehen. Barnardo hat geantwortet. Sie schreiben, sie würden sich «freuen, mir mitteilen zu können, dass wir Sie in unseren Akten gefunden haben». Ich wünschte, sie würden sich nicht so freuen. Sie hätten, sagen sie, eine Warteliste von «ungefähr vierzehn Mo-

naten», und «Menschen, die achtzig oder älter sind, und solche, die an ernsten Krankheiten oder Behinderungen leiden, sowie Menschen, die in der Kindheit Missbrauch erlitten haben», hätten Priorität – eine Hierarchie des Leidens: die wertvollen Wertlosen, die Sterbenden und die Verdammten zuerst.

Irgendwann im nächsten Jahr werde ich also dazu eingeladen, die Dokumente einzusehen. Vor Inkrafttreten des Datenschutzgesetzes war es Barnardo möglich, die Akteneinsicht zu verweigern. Unterdessen suche ich im Internet nach Bildern von Babyschlafsälen, Adressen von Dr.-Barnardo-Heimen in Plymouth und Geschichten von Überlebenden. Nicht gerade eine friedliche Art und Weise, den Tag zu beginnen.

Die Angst verschärft sich während der nächsten Therapiesitzung. Wie alt ich in den Träumen sei, fragt sie. Wieso meine Stimme so schwach sei. Ob sie mich immer im Rudel jagten. Ob es immer nur Männer seien. Sie bohrt sanft. Alles, was ich mit Sicherheit sagen kann, ist, dass meine Hilflosigkeit zu einem seit 40 oder mehr Jahren wiederkehrenden Traum geronnen ist: Ich werde gejagt und verletzt, fast eingeholt. Es ist intim, es fließt Blut. Zurück im Zimmer mit den Taschentüchern und Tränen, den Kinderbildern an den Wänden, dem Sandkasten zum Nacherleben mit seinen Spuren von Kinderfingern; mir brennt die Brust. Mir bricht die Stimme. Ich versuche angestrengt, die Klippe zu umschiffen. In 30 Minuten habe ich eine Besprechung. Sie erwarten einen dynamischen Redakteur, keinen gebrochenen Mann mit roten Augen. Irgendwie hatte ich gehofft, das mit Barnardo sei nicht wahr, ich sei nicht eines der Babys in den gefängnisartigen eisernen Gitterbetten gewesen. Er war clever, dieser Thomas Barnardo, ein Meister der Geldbeschaffung mit seiner Inszenierung in einem Fotostudio, die aussah wie eine schmuddelige Straße. Kinderkleidung, die

nicht verlumpt genug wirkte, wurde mit Messern traktiert. Die Barnardo-Heim-Sammelbüchse war wie ein ländliches Cottage geformt. Er war ein Mann mit einem ausgesprochen feinen Gefühl für die Ikonographie der Not. Er appellierte an das Bedürfnis nach einem Neuanfang, dem Auslöschen von Vergangenheit. Aber was, wenn das Kind ein Baby von gerade einmal Tagen oder Wochen war? Was, wenn es nach seiner Mutter verlangte? Und was war mit den Erinnerungen? Der Wechsel vom Therapiezimmer an den Büroschreibtisch, vom wütenden Baby zum Erwachsenen, ist heute besonders hart. Dass Winter ist, macht es nicht einfacher. Im Sommer würde ich mich zur Parzelle aufmachen, morgens ein bisschen hier und da vor mich hin werkeln, abends ein bisschen herumlungern, Unkraut zupfen, ein paar Blätter und Blumen pflücken. Mein heimlicher Garten für meine heimlichen Ängste. Das Nichtwissen ist beunruhigend, aber das Wissen ist es ebenfalls. Als mein Onkel mir erzählte, ich sei dort gewesen, war es zunächst nur ein weiteres Kapitel meiner bewegten Geschichte, ein weiterer Eintrag in meinem Sammelalbum. Ich habe noch nicht alle Daten zusammen, aber es war mit Sicherheit trostlos, dieses Baby gewesen zu sein.

27. JANUAR. Heute vor vier Jahren ist Christopher gestorben. Ich merke, dass ich meine Erinnerungen an ihn ebenfalls verliere. Vielleicht ist dieses Tagebuch der Versuch, ihn festzuhalten, ehe er (und ich) zu sehr verblasst. Meine Bilder von ihm werden immer jünger. Ich sehe nicht den krebszerfressenen, hohläugigen Mann, ich sehe den strammen Soldatenjungen mit spiegelblank polierten Schuhen, den sommersprossigen Buben vom Land mit den Haselnussaugen, der, auf seinen Kricketschläger gestützt, grinsend in der sonnenbeschienenen Wiese steht. Er schlug die Bälle, die ich ihm zuwarf, immer zurück, und wir lachten,

wenn ich loslief, um sie einzusammeln. Damals war er glücklich, mit seinem neuen Kätzchen, den neuen Freunden, und ich möchte ihn in diesen vollkommenen Augenblick einhüllen, bevor sich danach alles wieder auflöst. Als ich mit diesem Buch begann, dachte ich, es würde hauptsächlich von Dudley, von Blumen, Obst, Gemüse und von mir handeln. Ein Dankeschön an die Familie, die mich eine Weile aufzog und mich lehrte, mit Pflanzen umzugehen. Im Kern aber ist es eine Kerze, die ich für Christopher anzünde, für meinen großen Bruder, der zu lange zu klein gewesen ist und dessen Flamme unstet flackerte. Der Gedanke, dass ich nicht bei seiner Einäscherung war, ist mir unerträglich. Es war ein brutaler Ausschluss. Ihre Worte «Wir haben ihn verbrannt» brennen in mir nach. Doch ich war da, als er seine Stimme fand, als er lachte, als er lernte, worin er gut war, als er ganz nah dran war, mit sich und der Welt zufrieden zu sein.

31. JANUAR. Der Tag beginnt mit Schnee. Taumelnde, langsame Flocken, eine Seltenheit in der Stadt. Ruth hat um Hilfe gebeten, der große Teich läuft aus und hat ihre Parzelle unter Wasser gesetzt. Es wird Suppe versprochen. Graupelregen fällt. Überall werden Bäume beschnitten, Äste abgesägt und kleingehackt. Ich arbeite mit Eimern. Der nur halb ausgegorene Plan sieht vor, dass der Teich teilweise geleert wird, sodass wir nachschauen können, ob es ein Loch in der Plane gibt. Mit einem Bein im stinkenden Wasser und dem anderen draußen fülle ich die Eimer und ziehe sie raus. Es ist langsame, schwere Arbeit, aber ein Junge kommt dazu, der helfen möchte. Und bald haben wir ein System entwickelt: Er hält die Eimer rein, ich fülle sie, seine Mum und ein paar andere tragen sie weg. Es funktioniert. Der Eisregen wird stärker. Ich gebe ihm meine Handschuhe. Er grinst. Männer stehen herum und diskutieren, während die

Frauen arbeiten. Wir beschließen, die Plane zu ersetzen, und stellen immer verwegenere Vermutungen über die benötigte Größe an. Wir stoßen auf ein Häufchen fetter Frösche, das sich in den Falten der Plane eingenistet hat. Das ist ein Signal zum Aufhören. Das Gelände ist in Ordnung gebracht, Pflanzenreste, Schilf und abgeschnittene Äste sind weggekarrt worden. Suppe und Würstchen sind heiß. Während Graupelschauer niedergehen, sitzen wir zusammengedrängt unter kahlen Bäumen und sprechen über die Pläne für die Frühlingsbepflanzung und über Zitronengras. Ein Gefühl von Zusammengehörigkeit stellt sich ein, von einer Familie, die gemeinsam gärtnert. Dann gehen wir auseinander, jeder in sein Zuhause und jeder in seinen Samstag.

Also fuhren ihre Hände
über das Backbrett,
der Herd glühte ...
das Milchbrötchen ging
zum Ticken zweier Uhren auf.
Und das ist Liebe

SEAMUS HEANEY,
«Sonnenlicht»

Februar

1. FEBURAR. Ein kalter, nasser Sonntagsspaziergang durch Hampstead Heath. Ich bin bemützt und behandschuht, der Matsch saugt an meinen Stiefeln. Zuerst geht es wie immer direkt über den Parliament Hill, mit Halt am Aussichtspunkt für einen kurzen Blick auf die Stadt, auf den neuen Wolkenkratzer (The Shard) und auf St. Paul's. Vorbei an Vätern, die Drachen fliegen lassen in dem Versuch, ihre desinteressierten Sprösslinge zu beeindrucken, weiter durch die Lücke und das Buchenwäldchen mit dem ersten umgestürzten Baum. Vorbei an der Familie, die zwischen dessen Ästen für ein Foto posiert, vorbei an einem kleinen Mädchen, das lachend durch eine Pfütze trampelt. Im Sommer lege ich am Springbrunnen eine Pause ein. Und immer bleibe ich am Viadukt stehen. Manchmal wende ich mich von dort aus nach Norden und laufe zu Fuß zur Kleingartenkolonie; zu anderen Zeiten suche ich rechts von dort die verborgene Stelle auf, wo wir einst die Katzen beerdigten. Wir hatten sie in Kaschmirschals eingewickelt, die später, von einem Fuchs zerfetzt, wieder auftauchten. Heute geht es zu Tee und Kuchen ins Kenwood House. Vorbei an unserem Picknickplatz, den ermordeten Krähen, den kreischenden Papageien, unten bei den verschilften Seen, wo vielleicht ein Reiher zu sehen ist, aber nur vielleicht. Wir umrunden die Tennisplätze, das Strandbad und die Aschenbahn. Schließlich geht es zurück über die Brücke nach Hause.

2. FEBRUAR. Ich sitze unruhig an meinem Schreibtisch. Mein Arbeitsplatz befindet sich in einem Großraumzeitungsbüro, wir sind so eng untergebracht wie in einem Call-Center. Ich habe

mich in einen Nebenraum zurückgezogen, um ein privates Telefonat mit dem «Kontakt-Team» von Barnardo zu führen. Ich will begründen, warum ich um eine Verkürzung der Wartezeit für die Akteneinsicht bitte. Vierzehn Monate kommt mir wie eine Ewigkeit vor. Ich bin keine 80, ich habe keine schwere Krankheit, und deshalb muss ich wissen, wie sie Missbrauch definieren. Habe ich Beweise zu liefern und wenn ja, wie sollen die aussehen? Ich habe mich vorbereitet. Eine hilfsbereite Stimme meldet sich; ich nenne der Frau meine verschiedenen Namen: Ich bin Allan Jenkins, der sich nach den Akten von Alan Beale erkundigt. Allan mit nur einem L und dafür vielleicht mit einem E. Ich erkläre ihr, dass ich glaube, ich sei als Baby in einem Barnardo-Heim gewesen. Ja, erwidert sie ein bisschen zu schnell, Sie wurden mit zwei Monaten eingeliefert. Sie sind hier im Computer. Um mich herum steht die Luft still. Ich glaube, ich bin etwa für ein Jahr geblieben, sage ich und bewege mich jetzt ganz vorsichtig. In Babyschritten. Genau, sagt sie, ehe Sie erneut Ihrer Mutter rücküberstellt wurden. «Rücküberstellt» ist ein merkwürdiges Wort in diesem Zusammenhang, denke ich. Wie ein kaputtes Produkt, das an den Hersteller zurückgeschickt wird. Etwas, das nachgearbeitet werden muss. Ich frage nach den Bedingungen für eine schnellere Akteneinsicht, welche Kriterien sie für den Status «als Kind missbraucht» ansetzen würden. Sie sagt, sie glaube, es müsse im Barnardo-Heim stattgefunden haben. Zur weiteren Klärung verbindet sie mich mit einem Sozialarbeiter. Es nimmt niemand ab. Mein Herz klopft laut. Sie werde veranlassen, sagt sie, dass man mich morgen zurückruft.

Ich verlasse das Zimmer mit wackeligen Beinen und schwerem Kopf. Ich war noch nicht bereit. Gegen so etwas bin ich machtlos. Zwei Monate alt. In Gitterbettchen. Ich weiß nicht, ob zwei Monate alt gewesen zu sein besser ist als einen Tag. Ich

muss einiges für den *Observer* erledigen, Seiten fürs Magazin redigieren, Dinge warten darauf, von mir abgenickt zu werden. Ich lese Druckfahnen, ändere ein paar Sätze, während mir ihre Worte durch den Kopf geistern. Wie ein fremder Geschmack, der zu salzig, zu stark ist. Zum Glück ist es schon spät. In anderthalb Stunden bin ich zu Hause. Ich war nicht als Neugeborenes in meinem Dr.-Barnardo-Heim. Ich war vorher (vielleicht) eine Zeitlang bei meiner Mutter gewesen. Lange genug, um eine Verbindung zu knüpfen, um sie zu brauchen, um mich mit ihr vertraut zu machen – damit, wie sie roch, wie sie schmeckte, wie sie sich anfühlte; lange genug, um gestillt oder mit dem Fläschchen ernährt zu werden, wer weiß das schon. Wahrscheinlich jetzt niemand mehr. Lange genug, um den Verlust zu spüren. Aber wieso mit zwei Monaten? Was hatte sich geändert? War ich ihr lästig geworden?

3. Februar. Als ich aufwache, ist die Dachterrasse eingeschneit, Pflanzen und Blätter haben weiche Konturen bekommen. Alte Menschen kämpfen sich durch die Straßen, bewegen sich vorsichtig mit ihren Stöcken. Das gefällt mir nicht, sagt einer zu niemandem im Besonderen. Auf dem Weg zur Therapeutin bin auch ich merklich vorsichtiger, nehme mich besser in Acht vor Stürzen und Verletzungen. Die Aufgabe, meine Geschichte und die meines Bruders ans Licht zu holen, absorbiert mich vollkommen, ich bin spät dran. Da ich meine Mutter nicht mehr zur Rede stellen kann und nicht bereit bin, an Rays Tür zu klopfen, stütze ich mich auf sekundäre Quellen: Fragmente, Erinnerungen, Hinweise von meinen Onkeln, Aufzeichnungen, die nicht für andere Augen gedacht waren. Es ist zu spät, um noch aufzuhören, zu spät, um zu bremsen, wie ein alter Mann auf dem Eis, der plötzlich Angst haben muss, sich etwas zu brechen.

Während ich durch Kentish Town schlittere, muss ich an den Schnee von 1963 denken, wie sorglos wir damals zur Aveton-Gifford-Schule trotteten, in meinem letzten gemeinsamen Jahr mit Christopher, bevor er mit dem Bus nach Kingsbridge fuhr. Zwei Jungen auf einem langen Schulweg, der Schnee so weich wie Teekuchen von Tunnock. Im Klassenzimmer gab es einen Kohleofen, der eingegittert war. Dudley kaufte Schneeketten für seine Reifen und fuhr mit uns nach Dartmoor, um die Mondlandschaft zu bewundern. Ich fand es herrlich, mich mit ausgestreckten Armen in die Schneewehen zu werfen, sodass ein Abdruck von mir zurückblieb. Einige Tage lang erschien ein zauberischer Flamingo am Fluss, ein exotisches, unpassendes Pink in all dem Weiß. In Dänemark gibt es dieses Gefühl für Schnee. Er fällt, er bleibt. (Dort habe ich auch ein Zimmer mit einem wärmenden Ofen.) Er bleibt dort ebenfalls liegen, vom Wind in Form gebracht. Ich mummele mich ein, ich gehe spazieren, ich fühle mich zu Hause. Ich sehe Schwäne aus dem Dunst auftauchen.

7. FEBRUAR. Wutausbrüche bekomme ich hauptsächlich in Autos, die Situation: eingesperrt, klaustrophobisch, katastrophisch. In kürzester Zeit bin ich von null auf hundert. Kein Weg zurück. Es musste erst ein Psychoanalytiker kommen und mich darauf hinweisen. Vermutlich habe ich genau dafür bezahlt, für diese Suche nach Mustern. War es die alte Unsicherheit, fragte er, das Kind, das nicht wusste, wohin es gebracht wurde, was passieren würde, ob es auch wieder zurückkäme? Waren Autos ein Zeichen für die ständige Ungewissheit, dafür, dass Sie sich nicht länger sicher fühlen konnten (musste Christopher sich deshalb immer übergeben)? Als ich den Zusammenhang begriff, wurde ich für eine Weile ruhiger. Doch als ich jetzt Schicht für Schicht mein sorgfältig aufgebautes Leben entblättere, die

Allan-Jenkins-Zwiebel häute, das weitergereichte Päckchen-Kind, ist alles wieder da. Ich nehme meine verschiedenen Personae auseinander wie eine russische Puppe. Was mich jetzt antreibt, ist das Bedürfnis, Bescheid zu wissen. Zumindest mehr zu wissen; und manchmal wird das Bedürfnis zu einer kaum mehr steuerbaren flüssigen Wut. Und dafür ist die Therapie da: um ein Pompeji zu vermeiden. Ich habe mich immer für einen Gelegenheitsmelancholiker gehalten, der besänftigt wurde durch das Cello, durch Lieder von Verlust, Whisky, gutes Essen, Spaziergänge und natürlich durch das Gärtnern. Mit Wut hatte ich nicht gerechnet. Vielleicht weil sie mir als Pflegekind verboten war. Sie passte nicht zur Liebenswürdigkeitsformel, zur immerwährenden, übereifrigen Dankbarkeit. Jetzt versuche ich, den Tsunami rechtzeitig zu erkennen, besser auf die seismischen Verschiebungen zu achten, damit diese Wut nicht in der ausweglosen Enge eines Autos explodiert.

1964. Essen ist kein großes Ding für Mum und Dad. Es ist fast immer frisch, es gibt immer genug, aber es dient als Brennstoff, nicht dem Genuss. Niemand schaut jemals bei uns herein und wird bewirtet. Es gibt wenig Fisch für einen Ort, der so nah an der Küste liegt, nur manchmal Hering zum Tee, der mitsamt seinem Rogen in Hafermehl gebraten wurde, ein Lieblingsessen von mir; oder gelegentlich eine Scholle, wegen Dads Magengeschwür in Milch auf dem Blech gedämpft. Es gibt selbstgezogene Stangenbohnen, Erbsen und Kartoffeln. Es gibt Kuchen, mit Ingwer oder Hafer und Sirup (Früchtekuchen ist für Weihnachten), aber am schönsten sind die Biskuittorten. Mit Puderzucker bestäubt, zwei Hälften mit selbstgemachter Erdbeermarmelade bestrichen, ein kleineres Stück für uns. Es gibt Milchreis und Pflaumenkuchen. Pfirsiche kommen aus der Dose, ebenso

Birnen, obwohl wir mehrere Bäume auf der Wiese stehen haben. Unser Geschmack ist unartikuliert und höflich.

Garnelen werden mein Verhängnis, mein Damaskus-Erlebnis. Ein Ausflug mit der Sonntagsschule, ein Tag am Strand von Paignton. Ich bin vielleicht zehn. Die Sonne scheint. Der Sand ist einladend. Das Meer ist warm. Und ich bleibe am Stand mit den Meeresfrüchten hängen. Ich darf eine halbe Krone ausgeben. Eigentlich will ich mir ein Eis kaufen, vielleicht ein Softeis mit Schokolade. Ich habe noch nie Garnelen gegessen, aber der Duft ist verlockend. Es gibt Strandschnecken und Herzmuscheln, gewürzt mit einem Spritzer Essig. Ich habe noch nie Essig und noch nie Chips gegessen, ich habe noch nie Garnelen gegessen. Ich kaufe eine kleine Tüte für Sixpence. Ich pule langsam jede einzelne Garnele. Ziehe sie aus. Stecke sie in den Mund. Sonne und Sand und Meer. Das ist besser als eine Waffel mit Eiscreme. Ich bestelle noch ein Tütchen und dann noch eins. Ich bin im Handumdrehen süchtig. Es ist wie Kinderheroin. Die Garnelen haben eine Art salzige Süße, das Meersalz explodiert in meinem Mund. Manche pule ich noch nicht einmal richtig, ich mag das knirschende Knacken und die korallenroten Eier. Mein Bruder und die anderen Kinder bauen Sandburgen und schmücken sie mit Papierflaggen. Licht tanzt auf den Wellen. Ich kaufe fünf Tütchen, eines nach dem anderen, versuche aber, langsamer zu werden, so wie man das Ende eines Lieblingsbuchs hinauszögert. Und dann ist es vorbei. Mein Geld ist alle. Ich kann mich nicht mehr an den Tag am Strand erinnern, aber diesen Moment habe ich nicht vergessen. Den Geschmack des Meeres am Meer selbst gekostet, eine ganze sinnliche Welt von Aveton Gifford entfernt. Damals weiß ich noch nicht, dass es einfach meine Geschmacksnerven getroffen hat. Mein Geschmack verrät mir etwas darüber, wer ich bin und woher ich komme. Beim nächsten Sommeraus-

flug regnet es, weswegen wir zur Kalksteinhöhle Kent's Cavern fahren und Eiscreme im Bus essen. Ich kaufe heute noch fast jede Woche eine kleine Schaufel braune Garnelen bei einem traditionellen Stand auf dem Bauernmarkt. Heute richte ich sie mit einem Spritzer Zitrone und einer Messerspitze Aleppo-Chili an. Manchmal scheint die Sonntagsschule gar nicht so weit entfernt.

Devon. Der Fluss fließt durch mich hindurch. Der Avon ist keine 30 Meter von meinem Schlafzimmerfenster und dem Vordereingang von Herons Reach entfernt. Er trennt uns vom Dorf. Manchmal ist er ganz nah, manchmal weiter weg. Zweimal am Tag, bei Flut, sehe ich, wie der Wattweg verschwindet, wie der Fluss sich nähert, um uns abzuschneiden und unsere kleine Welt zu verwandeln. Dad erzählt uns, der Mann, dem das Haus vor uns gehörte, sei ein Landarbeiter gewesen, den man tot im Schlick gefunden habe. Eines Nachts sei er betrunken gewesen und auf dem Weg nach Hause vornüber hingefallen. Und je mehr er versucht habe, wieder auf die Beine zu kommen, desto tiefer habe er festgesteckt. Ich wusste nie, ob das stimmte, aber Dad war keiner, der sich Geschichten ausdachte.

Unsere zwei Schulwege unterscheiden sich stark voneinander, so wie die Entscheidungen, die wir später treffen werden. Der eine ist kurz und eben, vielleicht voller Seetang; feucht und ein bisschen rau. Der andere führt bei Flut einen langen, hügeligen Weg an Häusern und hohen Hecken entlang und über festen Untergrund. Christopher will immer zur Farm, zu seinen Freunden und der beruhigenden Gesellschaft von Kumpels. Mich zieht es zum Ufer. Der Fluss steht für Freiheit, ist ein Ort der Möglichkeiten. Brachvögel rufen mich wie der Rattenfänger. Für Chris bedeutet er dagegen Angeln. Es gibt Meeräschen, die unmöglich zu fangen, unmöglich zu essen sind. Ums Essen geht

es Chris aber auch nicht. Mit seinen Freunden jagt er Kaninchen. Er schießt Krähen, Tauben und Hasen – was ich am wenigsten verzeihen kann. Mörderkinder. Ich hasse die Jäger. Es gibt Otterhunde am Fluss, Spürhunde für die Hasenjagd in den Feldern, Fuchsjäger überall. Am schlimmsten ist die Dachshetze, bei der den Wildtieren erst die Beine gebrochen werden, bevor man die Terrier auf sie loslässt. Harmloser Dorfsport für Jungen, die Dampf ablassen müssen, aber nicht für mich. Also wende ich mich nach links, wenn ich aus dem Tor trete, und mache mich auf die Suche nach Magie und Geheimnissen. Nach meinem Ort der Gezeiten, mit seinem tödlichen Schlick, dem Nebel und dem unvorhersehbaren Wandel.

Es gibt Hasen am dänischen Sommerhaus. Die nächstgelegene Straße heißt nach ihnen. Wenn wir Glück haben, preschen sie durch den Garten, braunorangefarbene Blitze auf Beinen. Manchmal sitzt einer da, wenn wir ankommen, dreht sich irgendwann um und entfernt sich ohne Eile. Häufig sehen wir sie auf dem Weg, in fast schon träger Bewegung wie in einem lose verknüpften Traum. Irgendwie wirken sie wilder als Kaninchen, einzelgängerischer, geheimnisvoll. Manchmal entdecke ich einen, der mit angelegten Ohren ausgestreckt im Feld liegt. Und einmal genießt einer den Sonnenuntergang zusammen mit uns. Hoppelt aus dem Wäldchen zum Strand. Setzt sich aufrecht hin, das Gesicht nach Westen, zur Sonne und zum Meer. Er sitzt lange reglos da, bis die Sonne untergeht und der Himmel sich verdunkelt. Plötzlich sprintet er explosionsartig, aber unangestrengt los, jagt über den weiten Strand, wild und berauschend.

13. 2. 62. Der Lehrer hatte mit Mr. Drabble gesprochen, der anfangs den einen Jungen mit dem anderen verglichen hatte, und darauf hingewiesen, wie unfair das sei.

Dann kam die Geschichte mit der Uhr. Christopher kriegt eine Timex geschenkt, als er auf die Mittelschule kommt. Sie ist klein, billig, ein bisschen kindisch für sein Alter, aber er liebt sie und prahlt damit vor mir. Ich muss noch ein Jahr warten, bis auch ich elf bin. Das war eine Dudley-Regel. Es ging vermutlich um Belohnung, nicht einfach nur um ein Geschenk; das war nicht die Drabble-Art. Und so bekomme ich, als ich dann 1965 die Aufnahmeprüfung bestehe, auch eine. Nur dass meine größer, glänzender, fast erwachsen ist. Ich schäme mich zuzugeben, dass ich stolz darauf bin; wobei arrogant vielleicht zutreffender wäre.

Manchmal fürchte ich, dass wir für Dad ein sehr gemischtes Doppelpack waren: Kauf einen, krieg einen gratis dazu. Häufig fand ich, dass er mit Christopher unsanfter, weniger geduldig umging als mit mir. Wie ein roter Faden zieht sich eine stetige Enttäuschung durch die Akten: wenn Christopher nicht in der Schule glänzte, wenn er nicht von morgens bis abends lieb zu sein versuchte. Nicht zu vergessen die Enttäuschung darüber, dass er seinen Namen behielt, auch wenn Dad schändlicherweise nicht auf der Änderung bestand. Vielleicht hatte Christopher eine klarere Vorstellung davon, wer er war. Verletzungen vergaß er so gut wie nie. Er konnte nicht anders. Seine Welt war entweder schwarz oder weiß. Für mich waren die Dinge weniger eindeutig. In den Plymouth-Akten gibt es mehrere Briefe von Dudley, in denen er schreibt, er werde Christopher zurückgeben und mich behalten. Dudley sieht zu, wie er seine und Lilians Verluste in Grenzen hält. Christopher muss das gewusst haben. Er muss es gespürt haben. Sie schoben ihn in die Armee ab, als ich auf die Privatschule ging. Am Ende war es dann umgekehrt. Als ich schwierig wurde, hielten sie zu Chris. Es existiert eine bewundernde Notiz, dass er an einem einzigen Morgen fünf Hasen schoss. Vielleicht hatten sie einfach nicht genug Energie

für beide Jungen oder schlicht keine Lust mehr auf zwei. Ich wünschte, sie hätten es früher gemerkt. Dann hätte Christopher sich vielleicht erwünschter gefühlt. Wir wären vielleicht zusammengeblieben. Nun, da nur noch Scherben von ihm übrig sind, klebe ich an ihm wie Seetang.

1968. Vegetarier verwirren Mum. Auf einen Teller gehört Fleisch. Sie malt mir ein Edamer-Leben mit Käse, Kartoffeln und Gemüse aus. Sie kann nicht verstehen, dass man keine Bratensoße will. Ein paar Knochen können doch nicht schaden. Ein Halbmondstück fader Käse, gekochte Kartoffeln, höchstwahrscheinlich Kohl, tagein, tagaus. Der Edamer ist nur für Dads Cracker gedacht, die er nascht, nachdem wir im Bett sind. Ich bin ständig auf der Suche nach neuen Geschmäckern, die ich nicht zu Hause finde. Meistens taugt es nichts. Die Dose «fleischloses Gulasch» zum Mittagessen ist eine Enttäuschung, passt schlecht zu Mums Milchreis. Ich umschleiche den Bioladen am Kai von Kingsbridge. Drinnen herrscht ein großes Durcheinander aus Dosen und fremden Stimmen und Aromen. Alle meine Freunde reden von Joghurt, also versuche ich ihn. Es ist hauptsächlich Milch, die in der Sonne sauer geworden ist. Später finde ich heraus, dass Kinder besonders den von Ski mögen: rosa oder violett und mit Marmelade. Rohe Schafsmilch ist zu diesem Zeitpunkt noch nicht das große Ding. Ich habe auch schon häufiger etwas über Oliven gelesen: Spione und andere Auskenner tun sie in ihre Martinis, vielleicht in Monte Carlo, wo sie Baccara spielen (Mum und Dad halten nichts vom Kartenspiel, weshalb wir uns von den Whistrunden im Ort fernhalten, als wären es Lasterhöhlen für arme Weiße). Auf dem Heimweg von der Schule kaufe ich ein Glas Oliven. Das kann nicht stimmen, sage ich mir: unaussprechlich salzig und bitter. Enttäuscht werfe ich das Glas

in eine Mülltonne. Mit Whisky erreichen meine bescheidenen Initiationsversuche dann ihren Höhepunkt. Ich übergebe mich. Das kann es doch nicht gewesen sein, oder? Es wird zwanzig Jahre dauern, bis ich einen neuen Versuch starte. Das ist der Preis dafür, wenn man zu viel liest und nicht genug lebt. Mit Sex ist es das Gleiche und auch mit Zigaretten. Starrsinnig widerstehe ich beidem.

14. FEBRUAR. Mein Atem geht flach. Ich möchte trösten. Ich möchte getröstet werden. Es ist Valentinstag, und ich habe den Nachmittag mit drei meiner Schwestern verbracht. Mandy lebt in South Carolina. Lesley und sie sind einander bisher nur zweimal begegnet. Wir treffen uns alle mit Susan, die ebenfalls in therapeutischer Behandlung ist. Während des Mittagessens und später an der Bar sprudeln Susans und Mandys Geschichten über das Leben mit meiner Mutter hervor. Darüber, wie es war, in ihrem Haus aufzuwachsen, noch klein und verletzlich. Über Vergewaltigung und übergriffige Partys. Über die Prostituierte, deren Arbeitsplatz ihr Wohnzimmer war.

Lesley begreift sich als Eremitin. Sie hat Angst, niemand könne sie lieben. Sie hat vergessen, dass ich ihr Fotos von Sheila gezeigt habe. Die Erinnerung daran liegt dort vergraben, wo sie auch die Brotkrusten versteckte. Verliebte Pärchen betreten die Bar und wollen auf den Valentinstag anstoßen. Ich begleite meine Schwestern zurück zum Bahnhof und nehme Susans Arm. Als wir die Straße zur Station Charing Cross überqueren, greift sie nach meiner Hand. Ich drücke ihre. Die zerstörte Kindheit, die wir nicht gemeinsam erlebten. Unterdessen steht meine Frau Henri in unserer Küche und kocht Marmelade. Das Haus duftet nach Heimat und Orangen. Es riecht nach Lilian. Ich möchte mich verstecken.

15. FEBRUAR, MORGENS. Eine Nacht mit leichtem Schlaf und langem Wachliegen. Es ist noch vor 5 Uhr, als ich aufstehe. Ich trinke Tee und beginne mit Orangenmarmelade. Mum kochte zwei Sorten Marmelade: im Sommer mit Erdbeeren aus selbstgezogenen Früchten. Es war die einzige Marmelade, die Dad aß. In South Milton tauschte er einmal ein Stück Land gegen ein weiteres Feld für Erdbeeren. Im Winter kochte sie Orangenmarmelade. Ich weiß noch, wie ich aus der Grundschule nach Hause kam. Ich war noch klein. Es regnete. In der Küche exotischer Dampf. Ich hatte noch nie Orangenmarmelade gegessen, und jetzt hatte ich eine Mum, die in einer Küche stand und etwas Richtiges kochte. Es duftete exotisch, und es duftete nach Familie. Es ist die einzige Marmelade, die ich esse. Im Internat gab es sie mit Würstchen und Speck, mein erstes «Feinschmecker»-Erlebnis. Jetzt wartet eine Reihe von Gläsern darauf, gefüllt zu werden. Unter einem karierten Tuch haben die Früchte über Nacht in einem großen Topf gezogen. Oben schläft die Liebe.

15. FEBRUAR, MITTAGS. Es ist der zweite Einsatz der Teichbautruppe, und ich bin froh, dass ich mich körperlich betätigen kann. Mit Eimern holen wir die letzten schlammigen Wasserreste heraus und setzen die verwirrten Frösche um. Wir stoßen auf ein zusammengerolltes Molchbaby, goldäugig und halb schlafend. Wir legen den Teich mit neuer Folie aus. Das Leitungswasser ist über Winter abgestellt, also füllen wir ihn mit Eimern aus Tonnen und Tanks, die überall im Schrebergartengelände herumstehen. Wir schleppen und schütten. Wir bewundern unsere Arbeit. Nachdem der Teich drei Viertel voll ist, hören wir auf. Der Wetterbericht hat Regen versprochen. Die Truppe wird sich in wenigen Wochen noch einmal treffen, wird die Ränder wieder mit Blumen bepflanzen und weitere Bäume beschneiden.

Doch jetzt gibt es erst einmal Möhrensuppe und scharfe Würstchen. Wir sitzen in der beinah schon wärmenden Sonne und unterhalten uns über die TV-Serie *Wölfe*. Typisch Hampstead. Ich bin glücklich. Howard und ich werden in einer Woche wiederkommen, die Parzelle in Ordnung bringen und Saubohnen säen. Dann besprechen wir auch, ob wir Kartoffeln pflanzen wollen. Das Gartenjahr beginnt.

> 16.2.59. Die Jungen haben sich in ihrem neuen Leben eingewöhnt und scheinen lebhafte kleine Kerle zu sein. Christopher ist sehr klein, dafür dass er der ältere ist. Beide sind stolz darauf, Brüder zu sein.

2005. Lilians Beerdigung in Bedford, in der Nähe des Wohnorts ihrer Nichte. Sie hat ihre letzten Jahre hier in einer betreuten Wohnanlage verbracht, nachdem sie um 3000 Pfund betrogen worden war. Die Diebe hatten behauptet, sie seien gekommen, um ihre Regenrinnen zu reinigen, aber dann fuhren sie Lilian zur Bank, wo sie Bargeld für einen neuen Patio abhob, und natürlich tauchten sie nie wieder auf. Sie war 95, sie hatte ein gutes Leben, eine gute Ehe, einen guten Tod. Sie war geliebt worden, und nun war es vorbei. In den fünf Jahren nach Dads Tod waren wir einander wieder nähergekommen. Hatten Frieden geschlossen. Ich schaute öfter mal kurz in Devon vorbei und versuchte, mir meine Sorge nicht anmerken zu lassen, wenn sie mir zitternd Tee einschenkte. Für sie war ich wieder Peter und erzählte ihr von Neuigkeiten in meinem Leben, während sie mir den Kuchen servierte, den sie immer noch selbst buk. Nach dem Trauergottesdienst erkundigt sich ihre Nichte nach «deinem Halbbruder». Es trifft mich unerwartet. Alle hatten Bescheid gewusst, nur Christopher und ich nicht. Das erste der

sieben Kinder meiner Mutter von sieben Vätern (es klingt fast wie ein Film). Wir klammerten uns aneinander, solange es möglich war. Jetzt bin ich der älteste von sechs Überlebenden, die ein bisschen Blut und sehr viel Kummer miteinander verbindet. Manchmal sieht man es ihren Gesichtern an, dass ihnen einst Schlimmes widerfahren ist.

17. FEBRUAR. In der Sandkiste der Therapeutin ist ein kleiner Handabdruck zu erkennen. Noch ein verletztes Kind, das zu jung ist, um die Wörter dafür zu kennen. Zu klein, um über den Verrat zu sprechen, über die Gefühle, die so stark sind, dass sie bleiben. Manches Schweigen ist ein Schrei, der seine Stimme noch nicht gefunden hat. Ich habe solche Schreie gehört. Natürlich weine ich heute in diesem Zimmer. Es überfällt mich die hoffnungslose Verzweiflung darüber, dass ich meine Geschwister nicht habe beschützen können. Ein Entkommen gibt es nicht. Ich greife nach einem Taschentuch, Tränen und schreckliche Geheimnisse brechen aus mir hervor. Manche Dinge liegen unter einer Decke des Vergessens begraben. Sind vielleicht wegmedikamentiert worden. Die Lebenswege von Susan und Lesley verlaufen fast spiegelbildlich, als handelte es sich um ein Experiment mit getrennten Zwillingen. Sie nehmen die gleichen Antidepressiva. Beide haben große Erinnerungslücken. Susan sagt, sie kann sich an kaum etwas aus der Zeit erinnern, bevor sie zwölf war. Meine Erinnerungen setzen mit fünf ein, Lesleys viel später. Manchmal rumoren sie in der Tiefe wie Krokodile. Und manchmal – in der richtigen Gesellschaft oder mit der richtigen professionellen Hilfe – können sie ans Licht gebracht werden.

Ich habe mehr als 30 Jahre auf Sheila gewartet. Ich hatte gehofft, alles würde gut werden, wenn ich nur endlich meiner

Mutter begegnete. Mein Vater hat mich nie interessiert. Es war meine Mutter, die mich umarmen und halten würde. Ich stellte sie mir wild vor, mit großen Brüsten und viel Haar. Sie würde nicht so verschlossen sein wie Lilian. Sie würde das Gegenteil von Ray sein. Es würde keine Geheimnisse geben. Wir würden einander Geschichten erzählen. Wir würden reden. Wir würden uns an den Händen halten. Wir würden kochen, in der Küche sitzen und lachen. Wir könnten Freunde werden. Das waren natürlich kindische Phantasien, aber für wenige Tage wurden sie wahr: an dem Tag, als Susan anrief und als meine Mutter und ich zum ersten Mal am Telefon miteinander sprachen. Ihre Stimme, ihr Ton ganz nah. Auch im Zug nach Portsmouth gab es sie, die Hoffnung, dass meine Mutter mich in ihre verständnisvollen Arme schließen würde. Ich wusste, dass mein Hollywoodtraum gefährlich war, weil ich alles auf eine, auf ihre Karte gesetzt hatte. Sanfte Farben und dann der Abspann. Die Hoffnung reichte bis zur Haustür, überdauerte aber nicht den Moment, als sie dann vor mir stand. Man sollte immer vorsichtig sein mit seinen Wünschen. Ich habe Sheila in meinem Blut, eine träge Langsamkeit, eine hassenswerte hassende Wut. Sheila ist mein Virus, der nach einer Schutzimpfung verlangt, damit er nicht an meine Kindeskinder weitergegeben wird.

20. Februar. Ich war die ganze Woche über traurig. Gefühle hatten mich im Griff wie eine Magenverstimmung, als würde alles wieder gut, wenn ich einen Säureblocker nähme. Es ist hart, die Geschichte meiner Schwestern zu schlucken. Manche einst geglaubten Wahrheiten sind verdorrt. Hatte Ray all die Jahre doch recht? War es tatsächlich besser, nicht Bescheid zu wissen? Ich muss denn Bann brechen. In den Londoner Horticultural Halls findet heute ein Pflanzenmarkt statt. In den Straßen

der Umgebung wimmelt es von Menschen. Nieswurz, Leberblümchen, Schneeglöckchen gucken aus prallen Tüten. In den Hallen duftet es nach Frühblühern von Gärtnereien, die sich auf Frühlingspflanzen spezialisiert haben. Es gibt Primeln, Buschwindröschen und Iris. Ich sauge alles in mich auf, als besäße ich Wälder und hektarweise Wiesen zum Bepflanzen. Bei dem Veilchenstand bleibe ich stehen und denke an die Sträußchen, die ich einst, als alles noch in Ordnung war, an Wegrändern pflückte. Ich kaufe zwei Töpfe, als wären sie für Lilian: einen mit dunkelblauen und einen mit Duftveilchen (*Viola odorata*), die nach alten Damen und Süßigkeiten riechen. Ich sehe Kindern beim Kartoffeldruck zu. Auf dem Rückweg zur Arbeit stecke ich in der U-Bahn die Nase in die Veilchentüte und atme tief ein.

22. FEBRUAR. Ich setze Kartoffeln zum Keimen in einen alten Eierkarton und stelle ihn an einen kühlen Ort. Es sind nur noch vier Wochen bis zur Frühlings-Tagundnachtgleiche, und es ist noch sehr viel zu tun. Die umgesetzten beschädigten Pflanzen in der Parzelle sind nicht angegangen. Das Trauma war zu stark, die Erde zu nass und abweisend. Manchmal stelle ich mir vor, ich könnte wie der dänische Knut der Große den Winter fernhalten. Ich beschließe, die Parzelle in Ordnung zu bringen. Als ich ein abgeräumtes Chicoréebeet umgrabe, stoße ich auf Kartoffeln, und zwar eine ganze Menge. Ich hatte sie im vergangenen Sommer, als Howard fort war, in der Erde gelassen; sie waren für seine Familie gedacht. Und seitdem lagern sie dort. Als ich das Beet fertig umgegraben habe, ist ein ganzer Eimer voll. Ich packe sie in Tüten und decke sie ab. Ich kann sie nicht in die Stadt mitnehmen.

23. FEBRUAR, SONNTAG. Zurück in der Parzelle, ich mache mich an die Arbeit. Der Wetterbericht hat Regen angekündigt. Noch scheint die Sonne, doch die Erde ist mit einer silbrigen Reifschicht bedeckt. Beide Teiche sind vereist. Ich hoffe, der Molch hat uns die Evakuierung in den kleineren Teich nicht übelgenommen. Die Frösche werden bald laichen, dann wird es ziemlich rasch voll werden. Es ist 10 Uhr vormittags, und das Areal ist wie üblich menschenleer. Ich entferne die Netze, ziehe die Pflöcke und Stangen heraus, grabe so gut wie alles aus, auch wenn es mich ein bisschen bedrückt, dass dann nur Knoblauch und Zwiebeln übrig bleiben. Ich brauche ein paar Farbinseln zwischen all dem Braun. Ich wende den schweren Boden um. Winterarbeit mit ordentlichem Werkzeug. Um die Mittagszeit sieht es fast so aus, als hätte es den Garten vom letzten Jahr nie gegeben. Die Erde kann neu bepflanzt werden. Ich habe ein knallrosa Radieschen von der letzten Pflanzaktion mit Polly im Herbst stehen lassen. Ich befreie es vom Dreck. Es ist knackig und sogar noch etwas scharf. Ich pflücke einen Radicchio ab und stecke ihn für meinen Mittagsimbiss als Begleitung zum Käsebrot in die Tasche. Eine Speise für Götter und Gärtner.

26. FEBRUAR. Ich verliere ständig Sachen, oder, präziser, ich habe das Gefühl, dass es so ist. Ich mache eine lästige Phase durch, bin ständig auf der Suche nach Zeug, das gar nicht verschwunden ist, leere hektisch Tüten, Schubladen und Taschen aus. Bordkarten, mein Pass, Fahrkarten, Bargeld, Erinnerungen – nichts ist sicher. Dauernd kippe ich den Inhalt noch einmal aus. Vermutlich habe ich mich selbst verloren. Ich bin immer stark gewesen, jedenfalls sehe ich mich gern so – fühle mich mit mir selbst wohl –, aber die Erinnerungen vernichten mich. Als würde Farbe von einer Tür gekratzt oder als würde ich aus

mehreren Kleiderschichten gepellt, bis ich den inneren Halt verliere und mich kleiner, kälter, nackter und völlig allein fühle. Ein neues (altes?) ängstliches Ich kommt zum Vorschein. Stammt die Stimme, die ich höre, von einem Kind, das schlecht lieben kann, von einem ängstlichen Mann mit früh einsetzender Demenz, oder ist sie schlicht die Reaktion darauf, dass ich so lange am Schorf meines Lebens kratze, bis es blutet?

27. FEBRUAR. Eine Spätvorstellung änderte mein Leben und mein Schicksal für immer. Ich war 27, unterwegs mit einem Freund, der Alkohol und Gesellschaft brauchte. Es war fast Mitternacht in Hampstead; Samstagnachtfilme in einem Arthouse-Kino mit Bar. Ich war ein bisschen betrunken, als ich sie sah. Blondes Haar, ein amüsiertes Lächeln in einem Spiegel, eisblaue Augen, die (durch) mich sahen. Sie war nicht allein, sondern zusammen mit jemandem, der sie kaum beachtete, was ich nicht verstehen konnte. Unsere Blicke trafen sich mehrmals. Dann, zu spät, ging sie hinein. Nur dass er zuerst ging. Ich trat dazwischen, hielt die Tür auf, um mit ihr zu sprechen, faselte unbeholfen etwas von Wodka und ob sie Orangensaft mitbringen würde. Wir wollten ihn nicht pur trinken (ach, die unschuldigen Zeiten). Sie gab lächelnd ihr Einverständnis, und so fragte ich, ob sie sich nicht zu uns setzen wolle. Wir sahen Kurosawas *Kagemusha*. Wir küssten uns. Sie rutschte tiefer in den Sessel, um es vor ihrem Freund zu verbergen. Drei Wochen später zog sie bei mir ein, vor 33 Jahren, Jahrzehnte eines miteinander geteilten Glücks, von dem ich nie gedacht hätte, dass es mir widerfahren würde. Morgen ist ihr Geburtstag, am 28. Februar, dem letzten Wintertag. Ab Sonntag ist Frühling. Ich werde säen und meinem Glücksstern danken für Henri, meine Frau, für mein Leben, für die Liebe.

8. 6. 60. Christopher verliert allmählich seine Nervosität und redet jetzt nicht mehr so viel über seine Zeit in Portsmouth.

Wenn Plymouth das Fegefeuer war, dann war Portsmouth die Hölle. Mich peinigen Vorstellungen darüber, was mit Christopher bei seiner Mutter und ihren Männern passiert sein könnte. Er war jetzt sieben, sein Leben zerrüttet, sein verdrehtes Schicksal zu hart, als dass er ihm hätte entkommen können, und doch würde er später kämpfen, bis die Erschöpfung, das Alter und der Krebs ihn niederrangen. Ich kann eine Bemerkung meiner Schwester Mandy, dass Leistenbrüche bei Dreijährigen meistens durch Weinen verursacht würden, einfach nicht vergessen. Anfangs tröste ich mich mit der Hoffnung, dass er vielleicht doch nicht missbraucht wurde. Wieso kann ich mich nicht daran erinnern, dass er als Kind aus Portsmouth kam? Wieso konnte er sich nicht daran erinnern, dass er damals die ganze Zeit bei Sheila gewesen war oder bei ihrem Vormund, wer immer das war? Sie hatte stets an der Version festgehalten, sie habe mit ihrem Baby flüchten müssen. Hatte sie nie Angst, dass die Wahrheit herauskommen würde, dass Christopher sich erinnern, dass er den Bann des Vergessens, den sie über all ihre Kinder verhängt hatte, brechen würde? Ich hatte lange geglaubt, ich hätte mir meine düsteren Erinnerungen ausgedacht, sie ausgeschmückt, aber im Kern sind sie wahr, sie halten einer Prüfung stand, so bruchstückhaft sie auch sein mögen. Da sind noch schlimmere Dinge als Krankheiten und das Eingesperrtsein in Schränke. Ich denke immer häufiger, dass Lesley und ich überlebt haben, weil wir von meiner Mutter ferngehalten wurden.

März

1. MÄRZ Im Garten, früh. Ich werde ein paar Tage fort sein, und es ist Frühlingsbeginn: Zeit für die erste Aussaat. Ich kann den Umschwung spüren. Es liegt Wärme in der Luft. Ich schaue, ob es schon Laich gibt. Der neue Teich wartet darauf, dass die Arbeiten beendet und neue Schwertlilien gepflanzt werden. Die Parzelle wirkt kahl, ungeduldig; wie ein Teenager mit neuem Haarschnitt, der auf sein erstes Treffen mit einem Mädchen wartet. Ich hacke ein Beet am südlichen Ende durch, baue mir ein Pflanzholz aus einem Haselstock. Der Boden ist noch feucht und kalt, die Erde reagiert nur langsam auf die Sonne. Ich habe Saubohnensamen von *Brown Envelope Seeds* mitgebracht – eine alte Sorte mit scharlachroten Blüten, die faszinierendste Bohnensorte, die ich kenne. Unten in der Dose lagen auch Calendula-Samen. Ich suche nach der verstecken Stelle mit wildem Knoblauch, und da ist sie auch schon – ein ganzes Büschel kräftigen Grüns auf der Böschung.

4. MÄRZ. Therapiestunde. Wir sind jetzt beim Kern der Dinge angelangt, dem erstickten, zerbrochenen Herzen; der Tränenfluss ist jetzt eine Sturzflut, die alles mit sich reißt. Ich kann nichts dagegen tun. Und damals konnte ich es auch nicht. Ich war zu klein, um meine Schwestern zu retten. Ich war nicht da. Wir sind uns nie begegnet. Zwischendurch geht mir durch den Kopf, wie viele in diesem Zimmer schon geweint haben mögen. Die winzigen Abdrücke von Händen in der Sandkiste sind heute ein kleines Fingermuster, das an Leopardenflecken erinnert. Ich nehme meinen Mantel und mache weiter. Ein Magazin will fertiggestellt, eine Familie geliebt werden.

7. März, Samstag. Frühling. Die Wochenendsonne ist schon stärker. Heute haben wir beinah 15 Grad. Die Parzelle ruft. Es ist eindeutig zu früh für große Saataktionen, aber es wird Zeit, die Samen zu sortieren. Ich sehe überall im Haus nach und finde Tütchen in Beuteln, Schachteln und Dosen. Ich breite sie auf dem Fußboden aus und gruppiere sie nach Kräutern und Salaten, nach Wurzelgemüse, Obst, Blumen, Grünkohl und Mangold. Das kann sich später als nützlich erweisen. Manches sollte ich vielleicht wegwerfen, aber ich werde den alten Samen noch eine Chance geben, so wie auch mir einmal jemand eine Chance gegeben hat (und ja, ich weiß, wie das klingt). Im Garten wimmelt der unfertige Teich nur so von Fröschen. Die Männchen sind laut und hyperaktiv, die Weibchen ergeben sich. Ich schleppe noch ein paar Eimer Wasser zum Teich. Dann setze ich mich in die Sonne, sehe den Bienen zu, sogar schon den ersten Schmetterlingen. In den Bienenkörben herrscht reger Betrieb. Ich säe noch mehr Knoblauch und eine Reihe Radieschen. Man weiß ja nie.

Manchmal, wenn ich über dieses Buch nachdenke, bin ich fast bestürzt darüber, dass es diese Wendung genommen hat. Eigentlich sollte es vom Gärtnern handeln: ein Jahr im Leben eines Fleckchens Erde, ergänzt um ein bisschen persönliches Zeug. Der Ton des Buches hat mich selbst überrascht. Es fehlt das Lachen, die Beschreibungen des Pflanzens sind die einzigen Lichtblicke in der Düsternis. Wenn ich Passagen laut lese, wird meine Stimme weicher, leiser. Mit dem Schreiben habe ich gewissermaßen eine Mine geworfen. Ich begebe mich an den Trichterrand und schaue, was ich aufstöbern kann. Dieses Buch ist nicht wie meine anderen Texte ordentlich geplant, mit Zitaten und mit Anfang, Mitte und Ende. Es ist eher wie meine Art zu gärtnern. Ich muss erst hinhorchen, bevor ich etwas äußern kann.

8. März, Sonntag. Wir messen den Bohlenweg am unteren Ende der Parzelle aus. Mary ist mit dem Fuß durch ein Brett gebrochen. Sie ist zurück aus Istanbul und hat heute neues Futter für ihre Vögel mitgebracht. Ihre Tasche quillt außerdem über vor Pflanzen. Ein lebhaft grüner Engelwurz guckt oben heraus. Unser Nachbar Jeffrey ist dabei, Davids Parzelle umzugraben. Sie ist völlig zugewuchert, und der Schrebergartenverein hat schon angedroht, sie ihm wegzunehmen, wenn er sie nicht in Ordnung bringt. David ist ein pensionierter Afrikakorrespondent der *Financial Times*. Er besucht seine Parzelle fast jeden Tag, isst dort eine Banane und wirft die Schale in den Komposteimer. Graben ist nicht sein Ding. Seine Frau hat Jeffrey uns um Hilfe gebeten. Howard und ich helfen mit. Wir kappen die oberste Grasschicht und passen dabei auf, dass wir nicht den Spargel und die einzige stolz und aufrecht stehende Porreestange stören. Es ist wie Rasenschneiden, mühsam. Wir säubern ein Beet, füllen mehrere Schubkarren mit Unkraut, bis Howard gehen muss. Rose braucht Hilfe bei ihren Schularbeiten.

> 12. 3. 59. Alan ist sehr erregbar und plappert unaufhörlich, beide sehen gesund aus, außer dass Christopher so klein ist.

1970. Gebratener Reis ist eine der ersten Entdeckungen, die mir zeigen, wie sehr ich mich von Dudley unterscheide. Es gibt andere Stränge in meiner DNA. Ich bin sechzehn, lebe vom Schnüffeln von Tetrachlormethan und von Reisgerichten aus der Box. Vom Chinesen, was billiger ist als Pommes. Eine Schachtel Exotik, angenehm und tröstlich. An den Imbiss-Wänden hängen fettige Fotos: weich gerundete Inseln und Boote mit asiatischen Segeln. Ich wage nie, mich weit vom Reis zu entfernen. Ich habe

kein Gefühl für süß und sauer, auch wenn die Ananas mich an mein erstes Curry mit Rosinen im Internat erinnert. Für kurze Zeit stehe ich auf Kentucky Fried Chicken, außen knusprig, innen das süße Fleisch. Als ich später nach London ziehe, versuche ich es noch einmal damit. Es ist glitschig und schmeckt nach Angst und Fisch.

13. März. Nachrichten von Barnardo. Der Ton hat sich geändert, meine Akten sollen in ein, zwei Wochen bereitliegen. Ich könne selbst vorbeikommen, oder sie würden mit der Post geschickt. Die Entscheidung liege bei mir, heißt es in der Mail.

14.3.59. Impetigo, Scabies, Herpes simplex.

Ich sehne mich danach, gehalten zu werden. Ich lechze nach Umarmungen. Ohne sie habe ich mich die meiste Zeit meines Lebens unvollständig gefühlt. Ich selbst kann gut knuddeln oder massieren. Ich habe daran gearbeitet. Aber wehe, man nähert sich mir leise von hinten. Wehe, man streicht mir über den Nacken. Die Reaktion erfolgt prompt, wie bei einem Stolperdraht oder der Notbremse im Zug. Ein kleines liebevolles Streifen meines Hinterkopfs, und schon bin ich ein einziges Bündel Angst. Ich gehe auf Tauchstation. Meine Notfalljalousien krachen runter. Ich kann keine Verbindung zu Freundlichkeit oder von Liebe getragenen Absichten herstellen. Was bei mir ankommt, entstammt dem Körpergedächtnis, zu dem mein Verstand keinen Zugriff mehr hat. Etwas Schlimmes war passiert. Mein Gehirn hat es vergessen, aber mein Körper nicht.

15. März. In Dänemark. Ich radele die Küstenstraße entlang und werde von einem heftigen Regen erwischt. Ich habe einen Plat-

ten, werde nass bis auf die Haut. Da ich noch zu weit von zu Hause entfernt bin, gehe ich zu Fuß zu meiner Schwiegermutter. Ich stecke meine Sachen in ihren Trockner, sitze in Unterhosen da, sittsam von einem Tisch abgeschirmt. Wir trinken Tee, warten darauf, dass der Regen aufhört und Jeans und Wolljacke trocknen. Ein oder zwei Stunden später, auf dem Weg zu unserem Sommerhaus, bin ich glücklich. Der Reifen ist repariert. Meine Hand schleicht sich in meine Tasche, meine Finger suchen nach drei Bohnen, die nicht mehr da sind …

16. März. Wellen klatschen ans Ufer, ich sammele weiße Muscheln, horte sie in meiner Tasche. Der Strand ist ruhig. Ich bin es auch, was in diesen Tagen der Tiefengrabung selten ist. Ich spüre, wie Sorgen weggeschwemmt werden und tröstliche Erinnerungen, weich wie Angorawolle, mich einhüllen. Das rhythmische Lied des Wassers ordnet meine Ängste. Du gehörst hierher, sagt es, so wie auch Lilian es einst sagte. Dies ist dein Zuhause. Der Hase ist auch hier. Ich weiß nicht genau, wieso das so wichtig für mich ist, ihn durch den Garten spazieren zu sehen. Ich beobachte, wie er ohne Eile am Gras zupft, kurz aufrecht sitzt, ganz Ohr ist, absolut wachsam, und dann geschmeidig das Gelände durchstreift. Anhalten, umherblicken, lauschen, schließlich gemächlich forthoppeln. Hier kommt der Frühling immer einen Monat später, Schneeglöckchen sprießen überall, Buschwindröschen rücken im Gras vor, aber es ist das Leberblümchen, das den besonderen Akzent setzt, ein dezentes Violett zwischen den toten Blättern der Hecken aufblitzen lässt. Man übersieht es leicht. Ich lege mich in den Graben, um die noch nicht ganz aufgeblühte Blume zu bewundern. Das Feuerholz ist gekommen. Buche und Eiche, Dänemark und England, Hartholz, das langsam brennt und viel Wärme spendet. Fünf

Kubikmeter, ein kleiner Berg. Wir haben Glück mit dem Wetter, strahlende Sonne, aber nicht zu warm. Die Nachbarn erscheinen mit einer Schubkarre, mein Schwager und meine Schwiegermutter sind hier. Wir entwickeln ein System: die einen stapeln, die anderen transportieren. Wieder andere sortieren nach Größe. Im Schuppen entstehen Muster aus Klötzen und Licht. Jetzt gibt es wieder Platz für ein Amselnest und ein neues Versteck für Haselnüsse, die Eichhörnchenvorratskammer. Nach ungefähr drei Stunden ist alles geschafft. Wir machen Schluss, trinken Osterbier oder Tee oder beides. In einem Fass machen wir ein Feuer, wie damals, als Mum meine Jeans verbrannte. Wir verbrennen die gerodeten Brombeeren. Ich breche kleine Zweige ab und nähre das Feuer damit. Weißer Rauch und der Tag ziehen dahin. Der Holzhaufen ist verschwunden. Der Schuppen ist voll. Die Feuerstelle ist aufgeräumt. Der Sommerhausgarten ist bereit für den Frühling, die Außenarbeiten sind erledigt. Bevor wir aufbrechen, bepflanzen wir die Böschung mit Veilchen und topfen Maiglöckchen für später im Jahr ein. Ich habe nachts neun oder zehn Stunden geschlafen, doppelt so viel wie in London.

18. März, Mittwochmorgen. Ich bin im Barnardo-Heim in Ostlondon und lese meine Akten – die bekannte Sprache, der bekannte Ton, die bekannten Beteiligten: Ich werde zur Adoption freigegeben, heißt es in den Aufzeichnungen. Sheila ist neunzehn, zum dritten Mal schwanger. Mit siebzehn hat sie eine Fehlgeburt. Christopher bekommt sie mit achtzehn. Ich bin der nächste. Billy und Doris reicht es, deshalb haben sie sie hergebracht. Sheila wird beschrieben als *«von mittlerer Größe, mit mittelbraunem Haar, braunen Augen – stumpf und verhalten in Gegenwart von m.GrV [Großvater mütterlicherseits: Billy], der barsch*

mit ihr umging». Sie wurde von Dr. Matheson von der Abteilung Psychische Gesundheit untersucht, der sie «*nicht für eine als schwachsinnig einzustufende Person hielt*», obwohl meine Großtante Marina Beale «*sich in der Obhut der Royal Western Counties Mental Institution befindet*», einer Irrenanstalt. Arme Frau, wer immer sie war.

In den Akten steht weiter, meine Großeltern seien anständige Menschen, und ihr Haus sei überfüllt. Vier meiner Onkel zwischen elf und siebzehn wohnen in einem Zimmer. Christopher ist auch dort, in einer Wiege. Es heißt, sie seien ihm sehr zugetan. Meiner Mutter wird nicht erlaubt, mich aus dem Entbindungsheim mit nach Hause zu nehmen. Es müsse schnell gehandelt werden, sagt meine Großmutter. Es steht dort, Sheilas «Charakter» und ihre «Moral» seien «schwach». Ich komme mir wie ein Eindringling vor. Endlich sind wir an diesen Punkt gelangt, die Zeit vor dem Anfang. Der Start meines Lebens in einzeiligem Abstand.

12. 2. 1954. Vier Wochen alt:
Dr.-Barnardo-Heime: National Incorporated Association.
(Landesweiter eingetragener Verein)
Hauptverwaltung – Stepney Causeway 1–26, London, E1

[Sixpence-Briefmarke]

Ich, Sheila Irene Beale,
wohnhaft Grassendale Avenue 57, Swilly, Plymouth,
erkläre mich, als Mutter von Allan Peter Beale,
hiermit einverstanden:
dass das Kind der Fürsorge der Dr.-Barnardo-Heime
übergeben wird und dass das Kind von dem Verein in einer

seiner Niederlassungen oder in einer der Pflegeinstitutionen der Britischen Inseln aufgezogen wird:
dass das Kind im protestantischen Glauben erzogen wird:
dass der Verein ohne weitere Nachfrage Maßnahmen im Hinblick auf das Kind ergreifen kann, die im Interesse des Kindes für notwendig erachtet werden:
dass der Verein das Kind zum geeigneten Zeitpunkt den Beruf erlernen lässt, der ihm als für das Kind am besten geeignet erscheint.
Dass ich mich an die Regeln des Vereins halten und mit seinen Angestellten bei ihren Bemühungen um das Wohl des Kindes kooperieren werde:
dass ich das Kind wieder in die eigene Obhut nehme, falls ich zu irgendeinem Zeitpunkt dazu aufgefordert werde.

Datiert an diesem Freitag, dem 12. Tag des Februars 1954

Unterschrift und Adresse S. I. Beale
Grassendale Ave 57
Swilly

Unterschriften und Adressen von zwei Zeugen
[geschwärzt]

Vier Wochen alt, und auf der Liste steht, sie hätten das Recht, einen Beruf für mich auszusuchen? Ich zerlege alles in mundgerechte Stücke: das Foto meines Barnardo-Heims mit den Kinderwagen vor dem Gebäude, die Details aus dem Zimmer meiner Mutter. Jetzt tritt Ray ins Bild, sie wollen heiraten. Er wird meinen Bruder nehmen, aber mich nicht, das ist zu viel verlangt. Meine Großmutter beschreibt mich als ein «*hübsches Baby – viel*

netter als Christopher bei seiner Geburt». Das Vergleichen beginnt. Es gibt eine weitere dringende Bitte von Billy um Eile, aber Barnardo hat immer noch keinen Platz. Es kann drei Monate dauern. Zeit genug, um gestillt zu werden, Zeit genug, um eine Beziehung zu entwickeln. In einem Vermerk wird gefragt, worauf ich bei der Entwöhnung umgestellt werden soll, wenn das Personal mich abholen kommt. Aber es erwartet mich noch eine letzte erstaunlichere Information, unschuldig wie ein Kätzchen, ein Blindgänger in Achtpunktschrift.

Wo nach dem Vater gefragt wird, steht in dem Formular ein Name: FRANCIS O'TOOLE, 22, CHEFKOCH AUF DER HMS DECOY. Natürlich habe ich noch nie von ihm gehört, es ist nicht der Name, den Sheila parat hatte. Darauf bin ich nicht vorbereitet. Es fühlt sich gleichzeitig richtig und falsch an.

Hier steht die kurze Geschichte der beiden: Es hatte *«Fehlverhalten, Intimität»* gegeben, ein Heiratsangebot, das später zurückgezogen wurde. Billy hatte die Marine aufgefordert, ihn unter Druck zu setzen, doch er verschwand. Bis jetzt. Und plötzlich ist er da, der Mann, der mich gemacht hat, oder ist er bloß eine Erfindung für Barnardo, die meine Adoption annehmbarer machen soll? Habe ich die eine Person gefunden, nach der ich nicht gesucht habe? Ist die Distanz so groß, dass ich nichts empfinde? Ich verlasse das Gebäude, meine Notizen ordentlich verstaut in einer Mappe mit Gummizug.

Die nächste Station ist eine Londoner Adresse gleich um die Ecke; dort soll meine Mutter laut Akten zwischendurch gewohnt haben. Ich hatte keine Ahnung, dass sie auch in London war. Auf ihrer Seite vom Valetta Grove, einer verkümmerten Straße in Plaistow, ist jetzt ein Park, ihr Haus, Nummer 3, ist ein Müllplatz mit hohem Zaun und Kettenschloss. Es kommt mir wie ein Omen vor. Als ich endlich in der Innenstadt aus der

U-Bahn steige, sind meine Beine wackelig. Eine Lunte, die vor langer Zeit gelegt wurde, hat endlich zur Explosion geführt.

20. März. Frühlings-Tagundnachtgleiche, der Tag, an dem ich den Totenschein meines Vaters gelesen haben könnte. Es gibt einen Francis O'Toole, der mit 26 Jahren starb, da war ich drei; er wurde in Kirkdale, Liverpool, von einem Auto überfahren. Er starb am Schock und an einer Schädelfraktur mit Hirnquetschung. Das ausgehauchte kurze Leben eines Arbeiters. Ein Missgeschick, sagt der Gerichtsmediziner. Dieser Francis O'Toole hat den gleichen Namen, das gleiche Alter, doch es ist noch zu früh, um zu entscheiden, ob er mein Francis ist. Ich brauche mehr Zeit zum Nachforschen. Vorstellen kann ich mir allerdings den Kummer seiner Familie. Erst einmal möchte ich einen leeren Kopf bekommen, Erde unter meinen Fingernägeln spüren.

Branch Hill badet in Sonne und ist warm genug fürs Säen. Es ist ein Tag für Blattgemüse. Ich spanne eine Juteschnur, diesmal eine grüne, schneide kurze Stöcke zurecht. Ich jäte, ich hacke, ich harke. Ich ziehe acht kurze Reihen, unterteile die Samen in Gruppen. Howard kommt. Ich unterbreche meine Arbeit. Ein Turmfalke schießt vorüber, im Tiefflug, auf Kopfhöhe. Es hat etwas von einer Segnung. Er fliegt hoch in die Bäume am Ende des Gartens, lässt sich nieder, blauer Himmel rahmt ihn ein. Er krallt sich fester um einen dünnen weißen Ast. Er wippt mit dem Kopf, dreht ihn, beobachtet, mustert das Gelände. In der Nachmittagssonne plustert er sein Gefieder auf. Seine Zeichnung ist deutlich, sein scharfes Profil perfekt. Er sitzt reglos und stumm da, genau wie wir. Plötzlich schießt er herab, direkt auf uns zu, legt sich in die Kurve und dreht erst kaum zwei Meter vor uns ab, wie ein Kampfjet in einer Flugschau – eine Art Salut. Wir sehen zu, wie er von Baum zu Baum jagt, mit aufmerksamen Augen

das Gelände kartiert. Er kennt diesen Ort. Schließlich holen wir die Samen und legen die Tütchen an die Reihen. Eine bunte Mangoldpflanze hier, einen bunten Salat dort, partnerschaftliches Säen mit meinem wunderbaren Partner. Eine ganze Weile bin ich glücklich. Wir gießen, wir säen. Wir setzen Kerbel um. Die Sonne sinkt. Es wird frisch. Gerade noch Zeit für zwei letzte Reihen in der Mitte. Schnell wachsender Rucola zur Raumeinteilung, als Zeichen, dass Absicht waltet. Es ist Frühling, die Sonne ist auf unserer Seite. Ich klammere mich an die Heilung.

21. MÄRZ, SAMSTAG. Ich nehme an einem therapeutischen Intensivseminar teil. Zwölf andere «adoptierte Erwachsene», ein «Trainer» und ich. In der Sitzung geht es um die Suche nach den biologischen Eltern und deren Folgen. Normalerweise wäre ich nicht hingegangen, so was ist nicht mein Ding, aber die Einladung zu dem Seminar landete zwei Tage nach den Berichten meiner Schwestern in meinem Posteingang. Und ich wusste nicht, was ich mit ihrer liebevoll mitgeteilten Information darüber, wie meine Mutter ihre Kinder an Männer verschenkte, anfangen sollte. Die meisten anderen sind routinierte Veteraninnen solcher Seminare. Sie erzählen ihre traurigen Geschichten, ohne zu zögern, und doch spürt man die echte Verletztheit, den echten Zorn. Stimmen versagen, und es gibt viele Tränen, aber nicht von mir. Ich fühle mich außen vor. Vielleicht, weil ich der einzige Mann bin, oder weil ich nie Teil einer Familie war, die mich adoptiert hat, fühle ich mich ihnen nicht zugehörig. Es ist ein langer Tag. Ich bin erschöpft. Die meisten in der Gruppe wollen danach noch etwas trinken gehen und weiterreden, die Gelegenheit nutzen, ihre Geschichten mit Menschen zu teilen, die sie verstehen. Sie wollen sich bald wiedertreffen. Ich möchte nach Hause.

22. März, Sonntag. Die Frühlings-Putztruppe der Gartenkolonie ist versammelt. Es wird Zeit, endlich die Teicharbeiten abzuschließen. Ich habe scharfe Messer mitgebracht und tue mich mit Bill, meinem Freund früher Morgenstunden, zusammen. Wir schneiden die Plastikbahn zurecht und heben rund um den Teich einen Graben aus, in dem wir die überschüssigen Folienränder versenken. Zwischendurch machen wir Pause, um die Frösche zu beobachten, die uns mit gereckten Köpfen und neugierigen Augen beobachten. Im «alten» Teich wimmelt es nur so von Leben, alles kreucht und fleucht. Es gibt hier nur Frühling und Laich, aber es ist zu voll, wir brauchen mehr Platz. Wir setzen die Sumpfdotterblumen und die ausgegrabenen Schwertlilien wieder ein. Wenn der Sommer kommt, wird die Teichbegrenzung ein einziges buntes Gewoge sein. Leute kommen und bewundern unsere Arbeit, schleppen Eimer mit schlammigem Wasser herbei. Ian geht nach Hause, den Schlüssel für die Hauptleitung holen. Der Teich füllt sich. Vielleicht verzeihen uns die Frösche ja. Zwei Grillroste werden beladen. Auf dem Herd blubbert Suppe. Jemand grillt Chorizo. Wir sitzen in der ersten Sonne des Jahres und genießen nach gemeinsam getaner Arbeit die Freude des Zusammenseins. Mary ist da, außerdem einige Gesichter, die sich seit der letzten Pflanzsaison nicht mehr gezeigt haben. David hat rosa Prosecco mitgebracht. Er freut sich über die Wiederbelebung seiner Parzelle. Ich stehle mich davon, um Ringelblumen zu säen. Es ist zwar noch früh, aber ich bin voller Hoffnung. Seit vier oder fünf Stunden bin ich jetzt auf dem Gelände, verdreckt und glücklich. Ich habe über nichts anderes nachgedacht.

25. März, Mittwoch. Auf der Arbeit. Ich habe eine E-Mail mit einer weiteren Kopie eines weiteren Totenscheins für einen wei-

teren Francis O'Toole bekommen. Zuerst hatte ich Kopien von den Heiratsurkunden der fünf in Großbritannien gefundenen Personen mit diesem Namen angefordert, die in den zehn Jahren nach meiner Geburt geheiratet hatten. Lieber in eine Hochzeit reinplatzen als in die Trauer von Angehörigen. Es passte jedoch keiner. Jetzt nehme ich mir zögerlich die Toten vor. Einer war ein Baby gewesen, der andere der von einem Auto überfahrene junge Mann; jetzt ist Francis Anthony O'Toole an der Reihe, der im November 1984 im Liverpooler Royal Hospital gestorben ist. Sein Tod wurde von seinem Bruder Christopher gemeldet, der damals bei ihm war. Ich stelle mir gerne vor, dass sie sich an den Händen hielten, dass es ein friedlicher Tod war. Christophers Geburt wurde 1936 registriert, und seine Heirat mit Margaret fand 1961 statt. In der Wählerliste sind sie mit derselben Adresse gemeldet, die auch bei Francis' Tod angegeben ist. Ich fühle mich der Aufgabe nicht ganz gewachsen, als ich ihm schreibe. Ich sage nicht, warum ich nach ihm suche, sondern nur, dass ich es tue. Eine Briefmarke für bevorzugte Beförderung und fertig. Ich fühle mich diesem Francis heimlich verbunden, was ich zu unterdrücken versuche. Vielleicht, weil er einen Bruder hatte, der Christopher hieß. Vielleicht, weil er Lungenkrebs hatte, jedenfalls bin ich ziemlich durcheinander (Tränen steigen auf, ich bin kurz davor, hemmungslos zu weinen), als ich mich wieder ans Korrigieren der Druckfahnen mache.

26. März. Es ist unser Hochzeitstag. Ich koche. Unser Plan, essen zu gehen, wird aufgeschoben, weil Henri erst spät von der Arbeit kommt. Christy O'Toole ruft aus Liverpool an. Sein Bruder Frank habe neun Jahre bei der Marine gedient, sagt er. Er sei Koch gewesen, außerhalb von Plymouth. Er hatte die richtige Größe. Sein Name, sein Alter, seine Figur, der Ort und

der Beruf, alles passt. Es könnte sein, dass ich gerade meinen Vater gefunden und verloren habe. Ich hatte ihn nur einen Tag lang. Natürlich war die Vorstellung, ihn zu sehen, wahnsinnig aufregend. Wir hätten uns getroffen und gemeinsam gegessen, wenn es ihm recht gewesen wäre. Hätten Bier getrunken und uns bis spät in die Nacht unterhalten. Er hätte Geschichten von Schiffen und von der Familie erzählt. Er hätte mir berichtet, wie er meine Mutter kennengelernt hatte, hätte mir geschildert, wie es gewesen war. Wenn es ihm recht gewesen wäre, hätte ich mich an ihn geklammert, als hinge mein Leben davon ab. Mein lieber alter Dad.

Ich sehne mich einfach danach, einen Vater zu haben. Christy ist warm und herzlich. Ich erkläre ihm, warum ich geschrieben habe. Er sagt, eine Frau habe einmal seine Eltern aufgesucht und nach Frank gefragt. Sie sei ein paar Tage geblieben. Die Brüder hätten ihr Liverpool gezeigt. Sie habe beim Abschied ein Foto dagelassen, aber Frank habe es zerrissen, als er wieder nach Hause kam.

Frank sei eines von dreizehn Kindern gewesen, sagt er, eine irische Familie aus der Zeit der Kartoffelhungersnot, nur vier seien noch am Leben. Ich sage, es tue mir leid, ihn zu belästigen, aber ich sei gerade dabei, stückweise meine eigene Geschichte zusammenzusetzen. Seine Mutter habe nie irgendetwas von einem Baby erwähnt, sagt er, aber er werde mit seinem älteren Bruder sprechen und sehen, was sich herausfinden lasse. Franks Frau sei erst kürzlich gestorben, dreißig Jahre nach ihm. Er sei ein starker Raucher gewesen, Navy Cut. Und er habe gern einen über den Durst getrunken. Seine Kinder hätten ihn sehr geliebt. Das zu hören tut gut.

Er wird fragen, ob sie die Entlassungspapiere ihres Vaters noch haben. Schauen, ob da irgendetwas über seinen Dienst auf

der HMS *Decoy* steht. Er wird ein Foto beschaffen und eine Kopie machen. Es gibt eines von Frank bei der Marine. Er wird mich anrufen, bevor er es losschickt. Ich mag diesen Mann. Nach unserem Gespräch koche ich zu Ende. Ich wünschte, Henri wäre hier. Ich würde gern alles mit jemandem bereden, der mich versteht. Während ich auf Henri warte, muss ich mich hinlegen. Binnen Minuten bin ich eingeschlafen. Es ist noch keine 20 Uhr. Als sie nach Hause kommt, gehen wir sofort zu Bett. Wir werden morgen alles durchsprechen. Unser Hochzeitstag muss warten.

28. März, Samstagfrüh, 8 Uhr. Die Bohlen für Marys Weg sind geliefert worden. Howard und ich tragen sie zur Parzelle. Es ist zu früh, um sie schon zu verlegen, außerdem ist die Wettervoraussage nicht gut. Das Schrebergartengelände ist übersät mit Ahornkeimlingen, die aussehen, als wären sie erst gerade in dem Moment aus dem Boden geschossen. Zum Herausziehen sind es zu viele. Howard nimmt die Hacke mit dem langen Stiel, während ich sie mit einem kleineren Werkzeug direkt über dem Boden kappe. Und dann ist die Ordnung wiederhergestellt, die Wildnis abgewehrt. Ich mache mich weiter an die Verschönerung des Teichs, der immer noch ein bisschen nach einem Fertigprodukt aussieht. Draußen vor dem Gartengelände sammele ich Stöcke und Rindenreste. Ich arrangiere sie um den Teich, als würde ich eine Holzbrücke bauen. Ein Versuch, das Fabrikmäßige etwas abzumildern, das Ganze natürlicher wirken zu lassen. Ich fülle den Teich bis oben hin mit Wasser. Ein sturer Frosch sitzt auf einem Wasserlilienblatt, das auf und ab wippt. Ich habe Ringelblumensamen mitgebracht: nur orangefarbene, klassisch englisch. Ich säe Kapuzinerkresse in die Lücken im Bohlenweg. In letzter Zeit habe ich viel über meinen Bruder

Christopher nachgedacht. Ich hätte gern eine knallbunte, wuchernde Provokation, etwas Wüstes in grellen Zigeunerfarben. Etwas Ordinäres, wie Pflegekinder.

29. März, Palmsonntag, nachmittags. Ich habe Mary versprochen, die Grube für ihre Kürbisse in Angriff zu nehmen, schleppe schmuddelige Säcke mit Pferdemist heran und verteile sie. Es regnet. Die Begrenzungsbäume zittern unter den plötzlich dramatischen Windböen. Ich wünschte, ich trüge wasserdichte Kleidung und nicht Cordklamotten. Es ist matschige Gartenarbeit, aber die Mühsal hat etwas Tröstliches; außerdem kann ich jetzt nicht aufhören, die Arbeit für Mary muss erledigt werden. Deshalb bin ich hier. Bald schon bin ich völlig durchnässt, aber die Grube ist fertig. Ich bin zufrieden. Es ist zu nass zum Säen, also webe ich weitere Holzstückchen in meine Teichbegrenzung und beobachte die Frösche. Auf dem Heimweg mache ich in der katholischen Klosterkirche gegenüber von unserem Haus halt. Wegen der Karwoche sind die Statuen verhüllt. Es ist die Zeit der Verzweiflung der Gläubigen über den Tod Christi. Ich lege ein paar Palmzweige hin und zünde eine Kerze an, warum, weiß ich eigentlich nicht.

Kelten und Köche und meine Mutter: Was hatte es mit ihr auf sich? Christophers Vater taucht in den Barnardo-Berichten auf. Sein Name ist geschwärzt – also hat sie nicht Ray gesagt –, doch es heißt dort, er sei Schiffskoch bei der Marine gewesen, genau wie Frank und Ray. Die ersten drei Väter ihrer ersten drei Kinder. Es gibt eine journalistische Regel: Drei bedeutet «Achtung, wichtig». Einer der Gründe, weswegen Frank mir als reale Möglichkeit erscheint, ist seine Verbindung zum Essen. Das ist der Bereich, um den herum ich mein späteres Leben organisiert habe, und er ist das gefahrlose Thema, wenn ich mit meiner

Mutter spreche. Aber wie hat sie die Männer kennengelernt? Woher hat sie es gewusst? Trugen sie bestimmte Abzeichen, so wie die Pfadfinder? Gab es in der Union Street einen speziellen Treffpunkt – eine Bar, die nur Köche aufsuchten? Ich wüsste zu gern, welche Eigenschaft dieser Männer es war, die sie attraktiv fand. War es der Nahrungsaspekt, ihr gieriger Hunger, waren die Männer gut mit ihren Händen? Ich wüsste auch gern, ob sie sich untereinander kannten.

1967. Ich entdecke französische Butter, als ich Zungenküsse entdecke, in Isigny Sainte-Mère, der Partnerstadt von Kingsbridge. Ich beteilige mich an einem Schüleraustausch. Es ist der Sommer der Liebe. Die Butter der Normandie ist blass und süß, nicht wie der neuseeländische salzige gelbe Ziegel, den wir zu Hause haben. Französischer Käse ist reif und zerläuft. Er riecht nach Leben und Bauernhof und Scheiße. Das Küssen beginnt im Kino. Ich sitze ganz hinten. Sie erlaubt mir, mit der Hand unter ihr Hemd zu gleiten, unbeholfen mit Spitze verzierte Körbchen zu streicheln und an ihren Brüsten herumzufummeln, so als würde ich Brot kneten. Sie schlägt meine Hand nicht weg, als ich sie ihren Schenkel hinaufwandern lasse. Das ist eine Premiere für mich. Mir fällt ihr Name nicht mehr ein, aber ich erinnere mich an viel Haar, blaue Gauloises und gelbe Gitanes und an Johnny Hallyday, der schmachtend Hendrix summte. Ich verzehre mich danach, Erfahrungen zu sammeln. Sie ist geduldig. Sie trägt einen Hüfthalter. Es gibt keinen Weg daran vorbei. Sie lacht und steckt stürmisch ihre Zunge in meinen Mund, meine erste Kostprobe eines unpasteurisierten Lebens.

April, der ärgste Monat, heckt
Flieder mit der toten Flur, verquickt
Erinnern und Verlangen, langt
Taube Wurzeln an mit Frühlingsregen.

T. S. Eliot,
Das wüste Land

April

2. April. Auf dem Küchentisch liegen Fotos. Drei von Frank. Auf dem ersten sieht man ihn als jungen Mann in einer Gruppe grinsender Matrosen. Er dominiert das Bild, hat als Einziger die Arme vor der Brust gekreuzt. Die anderen Aufnahmen sind sehr viel später gemacht worden. Das Selbstvertrauen ist verschwunden. Eine ältere Frau hat ihren Arm um seine Schulter gelegt. Sie muss seine Mum sein. Mir gefällt sein Aussehen. Ich möchte, dass er so aussieht wie ich, wie mein Dad, aber das tut er nicht. Ich hatte mir Hoffnungen gemacht. Das sinnlose Bedürfnis, irgendwo hinzugehören. Mir ist unklar, wie es jetzt weitergehen soll. Die einfache Antwort wäre ein DNA-Test, aber ich weiß nicht, ob es das ist, was ich will. Mit dem Leben in Ungewissheit komme ich inzwischen ziemlich gut zurecht. Ein DNA-Ergebnis hätte etwas Endgültiges. Ich habe mich an meine Art zu fühlen gewöhnt. Christy O'Toole ruft spätabends an. Ich erkläre ihm, dass ich Franks Gesicht nicht in meinem entdecken kann. Er sagt, seine Tochter habe mich gegoogelt, und ich sähe aus wie sein Vater. Daran halte ich mich fest. Der übrigen Familie habe er noch nichts erzählt, sagt er. Wir machen beide kleine Schritte, tasten uns langsam heran.

Ich glaube, ich möchte Franks Grab besuchen, mich ausführlicher mit diesem Christopher unterhalten. Es gibt Gräber für unbekannte Soldaten, gedacht für diejenigen, die ihre Ehemänner, Väter, Geliebten, Brüder, Söhne verloren haben. Vielleicht kann Frank das für mich sein: meine unbekannte Matrosenvaterfigur.

5. April. Dänemark. Ein Osterfest mit Sonne und Meer und Buntspechten. Als wir am Sommerhaus ankommen, sehen wir, wie ein Spatzenpaar gerade den Nistkasten bezieht. Ihre Schnäbel berühren sich, als würden sie sich durch ein Fenster küssen. Wir warten mit dem Aussteigen aus dem Auto und machen dann einen großen Bogen ums ganze Haus. Die Spechte sind zur selben Zeit angekommen wie wir und dürfen nicht gestört werden. In den nächsten Tagen verlassen und betreten wir das Haus nur durch die Hintertür.

Ein Schwarm Buchfinken durchkämmt das Gras nach Samen. Die Primeln füllen eine Rabatte und drängen sich in dicken Büscheln um die Bäume. Hinter dem Garten und nach Süden hin gibt es hier und da Buschwindröschen. Die Schlüsselblumen kommen. Auf drei Rabatten stehen die Leberblümchen in voller Blüte und verbreiten sich stärker denn je. Ich liege lange Zeit im Gras und bewundere sie. Der Frühling ist fast da. Heckenvögel singen schon vor 4 Uhr früh. Ich könnte ihnen den ganzen Tag zuschauen. Ein Buntspechtpärchen hüpft hintereinander einen Baumstamm nach dem anderen hinauf und sucht nach Hohlräumen. Zwischendurch bleibt das Männchen stehen und trommelt ein Morsesignal. Vier volle Tage mit Sonne, Strandspaziergängen und Draußen-Essen: geräucherte Makrelen auf Roggenbrot, Heringe mit Meerrettich, Suppe mit Nordseefischen. Eine Amsel macht mich auf die Blätter in den Regenrinnen aufmerksam. Ich bringe sie auf den Komposthaufen. Arbeit, die glücklich macht. Vielleicht wegen Christopher habe ich beschlossen, ein Beet mit Studentenblumen anzulegen, auf etwas domestiziertere Weise als bei unserer üblichen Wildblumenbepflanzung: säen mit Gefühl. Das Gras wächst schon wieder, gesprenkelt mit Gänseblümchen und gelbem Schöllkraut. Ich entdecke kleine Nester weißer und blauer Veilchen. Dieser Ort ist

perfekt. Ich wache auf. Ich mache Feuer. Ich koche Tee. Ich halte mich vom Telefon fern. Nach dem Frühstück sind wir den ganzen Tag draußen, bis uns die kühle Abendbrise wieder ins Haus treibt. Wir wickeln uns warm ein, um den Sonnenuntergang zu beobachten: langsam wandernde Wolken, magentafarben das Meer und der Himmel.

7. April. Meiner Mappe mit diversen Identitäten muss Allan O'Toole hinzugefügt werden – weitere Kinder, die beinahe ich geworden wären. Ich kann nicht umhin, mich zu fragen, wer er wohl sein würde. Wäre er glücklich gewesen? Wären meine Mum und mein Dad es als junges Paar gewesen? Hätte Frank sich nach seinem kurzen Fehltritt in der Falle gefühlt, oder hätte er das Beste daraus gemacht? Und noch wichtiger, hätte sie es geschafft? Wann und wo begann es mit meiner Mutter schiefzulaufen? War es die Verlockung der Männer, eine Art Rache? War es die Fehlgeburt mit siebzehn, die Ablehnung durch Franks und Christophers Vater? Nach ihrem dritten Scheitern in drei Jahren musste die Ehe mit Ray unbedingt funktionieren. Vielleicht war es Chemie, vielleicht irgendetwas Christliches. Das weiß nur Ray, und er ist mein verschwiegener Howard Hughes. Die Antworten, nach denen er sucht, seien nicht von dieser Welt, beruhigt er sich. Meine sind akuter. Für den Moment werde ich stillschweigend Allan O'Toole anprobieren wie ein Paar glänzende neue Schuhe und mich fragen, wie sein Leben wohl ausgesehen hätte. Ob er immer noch so wäre wie ich? Allan Beale, Alan Jenkins, Peter Drabble, Peter Jenkins, sie alle schwimmen in meinem Gedächtnis umher. Um mit Lesley zu sprechen, hole ich Peter hervor. Er hat etwas Tröstliches, für sie und für mich. Allan O'Toole fühlt sich etwas aufgetakelt an. Ich werde ihn in Seidenpapier einschlagen und in die Schublade zu den anderen legen.

Barnardos Aufzeichnungen

7.4.54. betr. Allan Peter Beale. Das oben genannte kleine Kind ist zur Adoption freigegeben worden, und ich habe ihn Ihrer Niederlassung zugewiesen. Ich habe darum gebeten, dass Sie sofort über das Datum in Kenntnis gesetzt werden, an dem Sie die Ankunft des Säuglings erwarten können, und habe dem Bewerber gegenüber erwähnt, dass Sie, falls die Reise über Oxford geht, bereit wären, jemanden zum Bahnhof Oxford zu schicken, der den Begleiter dort trifft, falls Ihnen die Ankunftszeit mitgeteilt wird. Da Allan wegen einer Adoption zu uns kommt, sollte er zusätzlich zu den üblichen Verpflegungsunterlagen eine Kopie seiner Geburtsurkunde bei sich haben.

7.4.54. betr. Allan Peter Beale. Mit Bezug auf meinen Brief vom 18. Februar des Jahres freue ich mich, Ihnen jetzt mitteilen zu können, dass wir ab sofort in unserer Niederlassung namens Oakley House einen Platz für dieses kleine Kind haben ... soweit ich sehe, haben Sie uns noch nicht darüber informiert, mit welcher Art Nahrung Allan entwöhnt worden ist, würden Sie freundlicherweise dafür sorgen, dass ihm ein Nahrungsplan mitgegeben wird, wenn er zu unserer Niederlassung kommt ...

Die Stadt Plymouth
Fürsorge für Mutter und Kind
8. April 1954
Betr: Allan Beale

Sehr geehrter Mr. Webber

Vielen Dank für Ihren Brief vom 7. April und Ihre freundliche Zusage, dieses Kind in Ihrem Abingdon Home aufzunehmen. Ich werde es so arrangieren, dass das Kind am folgenden Dienstag, dem 13. April, geschickt wird, und habe Miss Talbot Rice entsprechend in Kenntnis gesetzt.

Dr. Barnardos Homes. Niederlassung: Oakley House. Beale, Allan Peter, wurde am 13. April 1954 diesem Haus überstellt. Alle Gegenstände auf der Liste, die fehlen, sollten mit einem Kreuzchen gekennzeichnet und das Formblatt sofort nach Stepney zurückgeschickt werden. Bitte prüfen Sie die Verpflegungsunterlagen, melden Sie eventuelle Mängel und vergewissern Sie sich, dass der Name auf dem Ausweis dem Namen entspricht, der vom Hauptbüro geschickt wurde.

Name: Beale, Allan Peter. Geburtsdatum: 15. 1. 54.
Aufgenommen 13. 4. 54
Größe 58 Zentimeter. Gewicht 6180 kg
Aussehen und Verhalten: zufrieden
Sauberkeit und allgemeine Versorgung: ordentlich
Hinweise auf Gewalt und Verletzungen: keine
Allgemeiner Zustand: gut
Muskeltonus: gut

Haut und Haare: Haut rau, dünn, Säuglingsskorbut
Genitalien: N
Nervensystem: anscheinend N
Knochengerüst: N

Mit drei Monaten in einem Waisenhaus. Frisch von meiner jungen Mum getrennt.

Aussehen: zufrieden. Schon so früh rettet mich mein angeborener Liebreiz.

Haut und Haare: rau, dünn, Säuglingsskorbut. Eine Schande für ein so junges Wesen.

Knochengerüst und Genitalien: N. Normal damals und jetzt, darüber bin ich froh.

Nervensystem: anscheinend N. Beinah ein Titel für eine Zeitschrift. Scheint normal zu sein und ist es immer noch. Anscheinend.

9. April. Letzter Besuch auf der Parzelle vor einer zweiwöchigen Reise, das schlechte Gewissen meldet sich. Ich rede mir ein, dass ich rasch noch eine Reihe Salat säen muss, aber in Wirklichkeit bitte ich um Erlaubnis, wie von einer Ehefrau oder einem Priester oder einem Elternteil. Nennen wir es ruhig Absolution. Der Teich ist gescheitert. Neue Löcher sind in der Folie aufgetaucht. Wir werden ihn leeren und wieder von vorne anfangen müssen, aber fürs Erste versuchen wir ihn zu flicken wie einen Fahrradreifen. Frösche hocken in dem inzwischen breiigen Wasser. Ruth murmelt etwas von Sabotage. In den vergangenen vierzehn Tagen habe ich Ahornschösslinge ausgerissen, ich, der Keimlingskiller. Die Rucola ist da, die meisten der «Blätter»-Reihen zeigen sich auch schon, die ersten Ringelblumen kommen als Pulk,

und schließlich die Saubohnen, hoffnungsvolle Blätter stoßen wie Kaninchenohren aus der Erde. Aus dem Frühling wird zusehends Frühsommer. Ein letzter verstohlener Blick über die Schulter, und ich schleiche mich davon.

Das erste Mal, dass ich nach dem Tod meiner Mutter richtig weinte, war in Indien. Einige Monate zu spät. Ich bereiste damals den Norden, auf der Suche nach Tempeln und Tigern, und war in einer Lodge innerhalb eines Reservats untergebracht. Weil ich nicht schlafen konnte, setzte ich mich ans Ufer des Ram-Ganga-Flusses. Der Mond schien sehr hell, ein Reh stand bis zur Brust im fließenden Wasser, und ich merkte, dass ich weinte; um das, was meine Mutter verloren hatte, nicht ich. Wie hatte es passieren können, dass aus der jungen Ehefrau auf dem Hochzeitsfoto die Frau geworden war, die ich kennengelernt hatte? Ich wusste damals noch nichts von den Abgründen und dunklen Schatten, aber ich sah, dass ihr etwas Wesentliches verloren gegangen war. Ich saß auf einem Stein am Ufer eines indischen Flusses, und ich beweinte die Hoffnungen, die sie gehabt hatte, das Leben, das sie hätte führen können, und den Schaden, den sie angerichtet hatte. Jetzt bin ich wieder in Indien, und mein Bruder begleitet mich im Geiste.

Ich lasse mich mit einer Rikscha in die Stadt bringen, um für Henri Jasmin und für Christopher Studentenblumen zu kaufen. Es ist Vishu, der erste Tag des Kerala-Kalenders, ein guter Zeitpunkt, um Adieu zu sagen und Blumen wie Asche ins Meer zu streuen, in Erinnerung an die Zeremonie, die ich verpasst habe. Bei Sonnenuntergang stehe ich auf einem großen Stein, Wellen saugen am Sand um meine Füße. Ich versuche, nicht zu rutschen. Ich werfe eine Handvoll Studentenblumen ins Wasser. Ich sage ihm, dass ich ihn liebe und oft an ihn denke, dass die Inder recht

haben und er die Chance auf ein weiteres Leben hat, dass ich hoffe, er bekommt dann eine Mutter, die ihn nie im Stich lässt, einen Vater, der ihn stolz unterstützt, und einen Bruder, der ihm nicht den Rücken kehrt. Ich sehe die Blumen kreiseln. Ein paar Studentenblumen werden ans Ufer getrieben, die meisten trägt das Wasser fort. Eine Flaschenpost: Christopher David Jenkins, geborener Beale, RIP.

13.4.54. Aussehen und Verhalten: zufrieden.

In meinen Babytagen im Heim war ich, so scheint es, zufrieden. Habe blind wie ein neugeborenes Kätzchen darauf vertraut, dass es mir gut gehen würde. Nehmt mich meiner Mutter, meinem Bruder weg, ich werde das Beste daraus machen. Behaltet mich eine Zeitlang. Füttert mich. Ich werde keinen Ärger machen. Ich werde still und loyal sein. Euch zur Verfügung stehen.

14.4.59. Plymouth Fallkonferenz. Jungen sind zu trennen, damit Pflegeeltern gefunden werden.

24.4.59. Beide sind erfreuliche kleine Jungen und haben eine reizende Art, mit Worten und auf andere Weise ihr Vergnügen auszudrücken. Beide Kinder haben außerdem gute Manieren und hängen sehr aneinander.

Es wird beschlossen, uns zu trennen. Uns auseinanderzureißen, obwohl die Protokolle besagen, dass wir sehr stark an dem Bruder hängen, den wir kaum kannten. Das ist eines der Dinge, die ich an Barnardo verachte: wie Geschwister voneinander getrennt wurden. Es reichte nicht, dass sie ihre Eltern und ihre Identität «verloren» (klingt wie verbummelt) hatten. Auch die letzte

Verbindung zu ihrer Familie wurde ihnen in den glorreichen Tagen philanthropischer Dankbarkeit gekappt. Christopher und ich, zwei verängstigte kleine Jungen, seien einfach zu anstrengend für nur eine Familie gewesen, schreibt die anonyme Person. Heute frage ich mich, ob Christopher ohne mich glücklicher gewesen wäre. Hätte man ihn ins Herz geschlossen, oder wäre er einsam im Kinderheim geblieben? Ich glaube, ich habe ihm seine Liebe ausgesaugt, seine Liebenswürdigkeit beschlagnahmt, als gäbe es nicht genug für alle davon – und tatsächlich war sie auch Mangelware. Ich wüsste gern, was mit mir passiert wäre, wenn ich ihn nicht gehabt hätte. Jeder von uns war für den anderen der kaputte Teddybär. Hätten wir, wenn wir uns später gefunden hätten, einander auch noch gewollt? Hätte ich dann nach meiner Mutter gesucht, mich nach ihr gesehnt, hätte ich Lesley, Ray und meine übrigen Geschwister gefunden? Später waren es Lilian und Dudley, die versuchten, den Wurf auseinanderzureißen. Kein Platz für den Kümmerling.

> 30.4.59. Antwortete auf Mr. Drabbles Brief, was die Kinder betrifft, könne nicht definitiv zugesichert werden, dass sie in Pflege bleiben, aber es hat den Anschein, dass sie nicht erwünscht sind.

«Nicht erwünscht». Wenige Tage nach dem Trennungsbeschluss kamen Lilian und Dudley uns beschauen und kauften uns auf Probe, so wie ich es häufig mit Sammlerbriefmarken gemacht habe. Nehmen Sie uns mit nach Hause und versuchen Sie es mit uns, versuchen Sie Ihr Glück. Alte Leute wie aus einem Märchen in ihrem reetgedeckten Märchenhaus, die mir meinen Bruder wiedergaben.

Zwei Wochen lang Sonnenuntergänge über dem Arabischen

Meer. Zum Geräusch brechender Wellen schlafen. Fischern zusehen, die singend ihre Netze einholen. Hand in Hand mit meiner Frau spazieren gehen. Vierzehn Tage fast vollkommen ohne Christopher und Sheila und ohne das Schreiben. Meine Vergangenheit ist auf dem Langzeitparkplatz abgestellt, während wir mit unserem Leben weitermachen. Die meisten Erinnerungen an die erste Zeit sind schön: wie wir an Stränden und Flüssen mit Tessa spazieren gingen und im Meer schwammen. Wie Chris, die mageren Beine in Shorts, das Gesicht kreidig-rosa mit Zinksalbe eingecremt, mit seinem breiten Rotschopfgrinsen versucht, keinen Sonnenbrand zu bekommen. Es mochte eine Eiswaffel geben oder ein sandiges Sandwich, vielleicht von Dairylea. Ich habe die frühen Tage bei den Drabbles noch einmal nacherlebt: mit Pfeil und Bogen schießen und versuchen, eine glückliche Familie zu sein. Ich glaube, ich bin gerade dabei, Christopher ein bisschen loszulassen. Er ist jetzt nur noch bei mir, wenn ich ihn einlade. Ich kaufe noch einmal Tempel-Studentenblumen für unseren letzten Sonnenuntergang, sage leise adieu und sehe zu, wie sie forttreiben.

27. April, 19 Uhr. Während meiner Abwesenheit war es warm, und der Garten wirkt ungeduldig. Die Saubohnen auf der Südseite sind kräftig gewachsen, grün und mit vielen Blättern. Auch die Kartoffeln sind ausgetrieben. Der Braune Senf hat in 14 Tagen über 30 Zentimeter zugelegt und ist mit gelben Blüten gesprenkelt. Der Chicorée ist auf die doppelte Größe angewachsen: dick und fett und saftig, fertig zum Verzehr. Die Reihen mit Babysalaten fallen den Tauben zum Opfer. Der Frühsommer hat begonnen, auch wenn der Wetterbericht vor Frost warnt. Ich sauge die Sonne in mich auf wie jemand mit einer Winterdepression. Ich reiße noch mehr Ahornschösslinge aus. Das gan-

ze Gelände ist nun umschlossen vom hellgrünen Laub der Begrenzungsbäume und vibriert vor Leben wie ein neugeborenes Lamm. Hier und da süß duftende blühende Apfelbäume, wolkige Teppiche mit Vergissmeinnicht. Mehr als irgendwo anders fühle ich mich hier wie ein Junge. Ich säe eine gemischte Reihe Erbsen, eine für Sprossen und eine für Schoten. Es ist schön, dreckige Hände zu haben. Ein Sohn der Erde. Mit Fenchelwedeln in der Tasche gehe ich nach Hause. Ein Turmfalke schreit am Gartentor auf Wiedersehen.

28. April. Ich habe eine Zugfahrkarte und ein Hotel in Liverpool gebucht. Mir rutscht das Herz in die Hose. Ich kann mir kaum selbst eingestehen, wie sehr ich mir Frank als meinen Vater und sein Grab als einen Ort der Ruhe wünsche. Es fällt schwer, zu glauben, dass es wahr sein könnte. Auf Sheila ist kein Verlass. Ich fürchte, es ist eine weitere Sackgasse. Jenseits davon gibt es keinen weiteren Ausweg mehr.

Ich habe mich zu einem DNA-Test entschlossen. Es erscheint unvernünftig, ohne Beweise aufzukreuzen. Nicht dass ich sie nötig hätte. Das tue ich, glaube ich, nicht. Ich würde allmählich damit zurechtkommen. Es gibt jedoch noch eine andere Verantwortung: ihnen gegenüber. Jetzt werde ich erst einmal den Tag mit Christy O'Toole verbringen, schauen, ob er irgendetwas in mir wiedererkennt und ich in ihm. Ich werde seine Gastfreundschaft annehmen. Ich werde Franks Grab besuchen, aber ich werde Christy auch fragen, ob es in Ordnung ist, dass wir uns nicht auf meine Mutter verlassen. Es ist nicht so, dass ich das Ganze unbedingt abschließen möchte, ich glaube, das geht gar nicht. Einige Wunden verschorfen, und dann brechen sie wieder auf, ohne Vorwarnung. Ich bin eine Art Island aus Magma. Manchmal entlade ich mich.

In den schwierigen Nächten meiner Kindheit lullte ich mich in den Schlaf, indem ich auf meinen Atem horchte. Christopher schaukelte vor und zurück, sehr entschieden, aber auch leicht verrückt. Jetzt halte ich mich an Henriette fest. Schon ihre Hand scheint zu helfen.

1967. Wir üben das Küssen im Kreis, vier für vier, und rücken alle zwei Minuten im Uhrzeigersinn vor. Ich bin dreizehn und lerne Geheimnisse aus einer sexuellen Welt, in der Menschen Spucke austauschen. Der erste Schritt besteht darin, dass man lernt zu atmen, ohne erstickte, gurgelnde Geräusche von sich zu geben. Wir haben jeweils fünf Minuten, um ein Gefühl füreinander zu bekommen und eine Ahnung von der jeweiligen Zungentechnik. Jede ist auf subtile Weise anders, zurückhaltend, eifrig, ungeduldig. Ich bin hin und weg von S. Sie ist adoptiert. Hatte schon Sex. Ich bin ganz besessen von ihrer schwarzen Unterwäsche unter der weißen Schulbluse. Sie hat Klasse. Ihre Freunde haben Motorroller oder Autos. Sie wissen, wie man einen BH abstreift. Da kann ich nicht mithalten. Öffentlich kann sie sich nicht mit mir zeigen. Manchmal erlaubt sie mir aber Privatstunden bei sich zu Hause, während wir die Monkees hören. Vielleicht legen wir uns sogar mal hin. Vielleicht gibt es sogar eine zähe, klebrige Berührung. Sie ist eine nachsichtige Lehrerin. Aber ich bin nicht alt und nicht gefährlich genug. Unseren ersten Sex haben wir auf irgendeinem Küchenboden neben dem Katzenschüsselchen. Auf einem Rockkonzert hatten wir uns wiedergetroffen. Wir hatten ein paar Joints geraucht. Sie trägt einen langen Rock, einen Schlapphut. Sie lächelt, als sie die Beine öffnet. Danach sehe ich sie zwanzig Jahre lang nicht mehr. Sie ist das einzige helle Licht bei einem Klassentreffen. Für die meisten haben sich die Blütenträume nicht erfüllt. Es hat Scheidungen und Enttäuschungen

gegeben. Gesichter, gezeichnet von Bitterkeit. S. trägt silbernes Haar. Wie geht es dir, frage ich. «Ich habe einen Porsche», lächelt sie.

30. APRIL. Der letzte Tag im April und der erste Morgen, an dem ich schon vor der Arbeit säe. Ich bin aufgeregt, nach Indien früh aufgestanden. Es ist noch recht kühl. Hasenglöckchen bedecken den Hügel, Kinder in Schuluniform werden zu teuren Instituten transportiert. Die Schalottentriebe haben sich wie grüne Finger verbreitet; glückliche Zwiebel- und Knoblauchpflanzen werden von der Sonne beschienen. Ich bin schon für die Arbeit gekleidet und ziehe mein Jackett aus. Ich entdecke ein junges Radieschen in Fingernagelgröße, die perfekte Gärtnerbelohnung. Mehrere Büschel Mangold aus der Herbstsaat zeigen ihre prächtigen roten Stängel. Ihnen zur Gesellschaft säe ich eine kurze Reihe bonbonfarbener Rote Bete. Blume, Blatt, Frucht und jetzt Wurzel: Die erste Frühlingsaussaat ist getan. Ich pflücke Senfblätter, Schnittlauchblüten und bronzefarbenen Fenchel, buschig wie ein Fuchsschwanz.

Mai

2. Mai. Rückkehr in den dänischen Garten. Wir erwischen die Tulpen in Hochform, was selten ist zu dieser Jahreszeit. Es gibt ganze Reihen in Rot, stramm wie Soldaten. Mit dem üblicheren Butterblumengelb ist es schon fast vorbei. Die wilden Kirschbäume sind über und über mit zarten, duftenden Blüten geschmückt. Durchscheinendes Laub beschirmt den Garten und lässt, wie auf einem Aquarell, die Grenzen verschwimmen. Wir wandern staunend umher. Das Haus kann warten. Schlüsselblumen schauen aus der Wiese; ich schneide sie ab, bevor Henri mäht. Wir mischen sie mit Kirschblüten, als wollten wir eine Kirche für eine Frühlingshochzeit schmücken. Ich reibe mein Gesicht durch die Lärchenwedel, die neuen Nadeln weich wie Kätzchen. Wir sitzen auf der Terrasse; die Silberbirke zeichnet sich scharf gegen den Himmel ab. Dieser Garten ist unter denen, die ich kultiviere, am stärksten auf Zukunft angelegt. Hier geht es hauptsächlich um Bäume und Büsche und darum, Wildblumen eine neue Heimat zu schaffen. Hier verändern wir das Land ganz vorsichtig, bringen Licht hinein, schaffen malerische Winkel. Die Spalierbirnen stehen alle in Blüte und warten auf die Bienen. Auch die Apfelbäume sind voller Knospen. Für zwei lange skandinavische Tage scheint die Sonne, wir frühstücken draußen, grillen Meerforellen aus der Bucht, spazieren am leeren Strand entlang. Nachts droht immer noch Frost. Morgens mache ich Feuer. Keine vorbeifahrenden Autos oder Sirenen, nur das Hintergrundgemurmel von Vögeln und Wellen. Der Supermarkt verkauft Samen zum halben Preis, wie ein Drogendealer vor der Schule. Ich kaufe zu viele Tütchen. Wir pflanzen die Wurzeln der Maiglöckchen von Henris Ge-

burtstagsstrauß ein. Meine Tage sind friedlich, meine Träume jedoch bedrohlich; wieder bin ich umzingelt von gefährlichen Männern. In meiner Reisetasche warten ein DNA-Testset und Zugfahrkarten nach Liverpool. Ich weiß nicht, was sie bringen werden. Vorerst darf ich noch Mohn säen und im Gras liegen, schöne Fluchten.

Unsere Tage in Dänemark beginnen mit einem Pyjama-Spaziergang, manchmal in Flauschmantel, Mütze und Schal und dicken Wollsocken. So spaziere ich den Weg entlang, in der Hoffnung, bei den Nachbarn Anemonen zu sehen und äsende Rehe zu überraschen. Vor allem aber streichen wir an den Zäunen der Gärten entlang. Im Frühling halten wir Ausschau nach neuen Knospen, neuen Blüten, neuem Leben; im Winter sehen wir diesem dann beim Abschiednehmen zu. Hier fallen uns die kleinen Veränderungen auf, hier entdecken wir, wie die wilden Lupinen sich verbreiten, sehen, dass die Amseln ein Nest in der hohlen Birke haben. Auf diesen Spaziergängen bekommen wir ein Gefühl für das Leben jenseits unserer gestaltenden Eingriffe. Ich verbringe Stunden nur mit *Zuschauen*. Die Zeit weht davon wie der Rauch aus dem Ofenrohr.

5. Mai, 19 Uhr. Im Schrebergarten. Große, träge Flügel, ein prähistorisches Profil: Als ich ankomme, sehe ich, wie ein grauer Reiher von einer Krähe verfolgt wird. Er hatte im Teich Frösche gejagt. Inzwischen gibt es da Hunderte. Der Reiher will die Auseinandersetzung nicht. Ich besuche die Parzelle wieder einmal nach der Arbeit. Vögel liefern die Hintergrundmusik. Den ganzen Tag schon schleppe ich neben Zeitungen und Druckfahnen, die ich lesen soll, Samen mit mir herum. Ich habe mir eine Mischung aus amerikanischem Amaranth und einem ungewöhnlichen Sauerampfer zusammengestellt. Als Zugabe

noch dänischen Salat. Das meiste werde ich ernten wie nachwachsenden Schnittsalat. Ein Fuchs taucht ganz in der Nähe auf, betrachtet mich unbekümmert und ein wenig neugierig. Er ist jung, sein Pelz fast noch flauschig. Er trottet langsam vorbei und springt dann plötzlich überrascht los, als habe er eine Beute erspäht. Er gräbt ein Paar lederne Gartenhandschuhe aus. Mir hat ein Fuchs einmal auch einen Schuh gestohlen, als ich bei Regen auf Gummistiefel umstieg. Ich fand ihn später in irgendeiner Ecke wieder, zerkaut und nicht mehr zu benutzen. Der Fuchs wälzt sich auf dem Boden. Vielleicht sollte ich eingreifen, die Handschuhe retten. Ich gehe auf ihn zu, doch er schnappt sich einen und rennt los. Es ist inzwischen dunkler geworden. Der Specht ruft. Ich breche zufrieden auf; das Heilmittel gegen das Büroleben, gegen alte Ängste und sogar gegen den Zorn hat wie immer verlässlich gewirkt.

8. Mai, Freitag, 17.40 Uhr. Auf halbem Weg nach Liverpool. Bäume sausen vorüber, Spielzeughäuser, Straßen, Flüsse, Pferde, Hoffnungen. Ich fühle mich unsicher. Diese Reise liegt mir nun schon seit einigen Wochen auf der Seele. Der Angeklagte, der auf seinen Prozess wartet. Der Verurteilte. Die Pluspunkte sind offensichtlich: vielleicht ein Vater, eine Familie, wenn auch 50 Jahre zu spät. Beklemmung macht sich unter meiner Haut breit wie Krätze und flüstert mir Furcht ins Ohr. Ich komme mir vor wie als Kind mit Christopher. Ich wünschte, sie wären alle noch da: Frank, mein Bruder, sogar Sheila. Ich habe das DNA-Testset in der Tasche neben mir; es macht sich lustig über meine hoffnungslosen Hoffnungen, wofür, zum Teufel noch mal? Es ist alles schon so endlos lange her. Ich bin nicht der Redakteur, der nach Norden fährt, sondern fast noch jener Junge im Zug nach Paddington, der zu einer anderen Zeit einen anderen Vater

kennenlernen will; oder der 33-Jährige auf dem Weg zu seiner Mutter. Man sollte doch meinen, ich hätte inzwischen Übung darin.

In Crewe steige ich um. Der Regen ist hartnäckig. Eine Wagenladung Männer mit Bürstenschnitt und in zu knappen Anzügen überholt mich; Frauengrüppchen mit großen Hüten und in eng sitzenden Kleidern, die von der Rennbahn zurückkehren. Es ist nicht mehr weit bis zum freundlichen Christy O'Toole – meine erste und wahrscheinlich letzte Reise hierher, falls der Test nicht beweist, dass ich falsch liege. Tatsächlich höre ich Sheilas Hexengekicher, ihre letzte Rache an törichten Männern.

Sie sind mir immer noch ein Rätsel, Sheila und Ray, Relikte aus einer anderen Zeit, Figuren eines Schauerromans: Ein runtergerockter Johnny Depp könnte mich spielen, eine vollbusige Joan Collins meine Mutter. Ich bin jetzt ganz dicht dran, spüre eine Leere wie Hunger. Runcorn, Acton Bridge, die Felder stehen unter Wasser. Meine Mitreisenden arbeiten an ihren Laptops, lesen Zeitschriften oder in ihren Mobiltelefonen. Ihr Wochenende beginnt hier. Morgen um die gleiche Zeit bin ich auf dem Rückweg nach Süden, mit meinen Wattestäbchen in einer Tüte. Es ist hyperreal, ein Paralleluniversum, nur noch Minuten entfernt. Liverpool South, von hier geht es zum John-Lennon-Flughafen, zur Lime Street: Er wird am Bahnhof auf mich warten, mit meinem Namen auf einem Schild, wie am Flughafen. Nur dass dann kein Schild mit Allan Jenkins zu sehen ist; er geht nicht an sein Handy. Er ist auch nicht zu Hause. Ich muss pinkeln, wage aber nicht, den Bahnsteig zu verlassen. Ich warte 20 Minuten. Ich versuche es beim Taxistand und bei den anderen Ausgängen. Es ist ein geschäftiger Freitagnachmittag. Leute, die wissen, wo sie hinwollen. Ein gepflegter älterer Herr wartet offensichtlich auch. Ich suche seinen Blick, mache ein fragendes Gesicht. Er

schaut weg. Wie lange ist es sinnvoll zu warten? Ich versuche es noch einmal auf seinem Handy. Ich rufe seine Festnetznummer erneut an. Ist etwas passiert? Hat er seine Meinung geändert? Ich muss gehen. Der ältere Herr faltet sorgfältig seinen Bogen Papier auseinander – Allan Jenkins. Er hat auf einem anderen Bahnsteig gewartet, hat sich mit der Zeit vertan. Ich schüttele ihm die Hand. Es gießt in Strömen. Wir gehen ins Hotel. Wir essen im Restaurant. Er besteht darauf zu zahlen. Wir trinken Alkohol und unterhalten uns bis spätabends: meine Geschichte, seine Geschichte, die seines Bruders Frank. Ich möchte, dass er es ist, aber die DNA hängt drohend über meinen Hoffnungen. Am nächsten Tag wollen wir Franks Grab besuchen, allerdings weiß Christy gar nicht, wo es ist. Er ist seit 30 Jahren nicht mehr dort gewesen: Er geht zu Beerdigungen, nicht an Gräber. Es gibt Tausende von Grabsteinen, viele mit frischen Blumen. Ich rufe die Friedhofs-Hotline an: Liverpool Council, außerhalb der Bürostunden, Samstagsdienst. Das Band spielt eine Melodie in Endlosschleife, alle Leitungen seien besetzt, aber mein Anruf sei wichtig, höre ich eine Ansage verkünden. Es ist hoffnungslos zu glauben, dass sie uns sagen können, wo Francis O'Toole begraben liegt. Wir gehen.

Wir sitzen im Wintergarten von Christys Sohn Paul, und ich zeige ihnen die Barnardo-Unterlagen mit Franks Namen und Beruf, seiner Marinekaserne und seinem Schiff. Christy liest sie still. Paul mustert mich und sagt, ich hätte die O'Toole-Augen. Das gleiche blasse Blau, findet auch seine Frau. Ich hatte immer nach Nasen, Mündern, Kinns und Gesichtszügen gesucht. Die Augen habe ich wohl übersehen. Bei allen sind es immer die Augen. Ich habe den Verdacht, dass es vielleicht Millionen von uns gibt. Es gibt nur eine Möglichkeit, sicher zu sein. Christy und ich bearbeiten eine Minute lang unsere Wangen von innen

gegen den Uhrzeigersinn für einen Abstrich. Wir beschriften die DNA-Umschläge sorgfältig.

Paul liest die Barnardo-Aufzeichnungen laut vor: Der Charakter seines Onkels Frank ist «gleichgültig». Sheila, liest er, sei schwach. Unsere blassblauen Augen füllen sich mit Tränen. Ich versuche angestrengt, nicht zu weinen. Irgendwie hatte ich vergessen, wie vergiftet diese Akten sind. Später treffen wir Christys ältesten Sohn. Er habe mit Frank zusammengearbeitet, sagt er. Als Franks Neffe und Christys Sohn habe er es einfach gehabt. Sie sind freundlich zu mir, die Liverpooler O'Tooles. Ich bin zerbrechlich wie angeschlagenes Porzellan.

Christy und ich fahren mit der Fähre über den Mersey und bewundern die «Liverbirds», das Wahrzeichen der Stadt; wir besichtigen The Cavern, den berühmten Club der Beatles, und weitere Sehenswürdigkeiten. Viel zu schnell sitze ich wieder im Zug nach Süden. Ich frage mich, ob ich ihn wiedersehen möchte. Er sagt, wir würden in Verbindung bleiben, egal, was bei dem Test herauskomme. Doch ich glaube nicht, dass das möglich ist. Wieder zu Hause, betrachten wir prüfend die Fotos von Vater und Großvater der beiden Brüder. Es ist da, in den Augen, sagt Henri. Ich vergrößere sie und vergleiche sie mit Fotos von mir. Es könnte möglich sein. Ich gehe zur Post und werfe unsere DNA-Proben in den Kasten. Es werden sehr lange zwölf Tage sein. In jener Nacht kehrt der mörderische Albtraum wieder, und die Tür im Traum schrumpft rasend schnell in ihrem Rahmen, während ich verzweifelt versuche, die Angreifer draußen zu halten.

10. Mai, Sonntag. Ich bin unruhig. Meine innere Welt ist ins Rutschen gekommen, wie gelockerte Steine in einem Pharaonengrab. Wie üblich eile ich ins Gartencenter. Wir halten uns

lange dort auf. Ich bin unentschlossen, als hätte ich Alzheimer. Wir laden palettenweise Geranien und Mohn ein; zu viele fürs Auto. Ich folge im Taxi. Es bedarf einer großen Menge an Blumen, damit meine angstvolle innere Stimme sich beruhigt. Während Henri Töpfe und Blumenkästen füllt, mache ich mich zu Parzelle 29 auf. Mary ist dort. Sie wirkt kräftiger. Ihre Saubohnen sind hochgeschossen und blühen, ihre Wigwams schon aufgebaut. Ein paar Stunden lang jäte ich gründlich in der Sonne, um den kleinen Salatblättern eine Chance zu geben. Es ist eine gute Arbeit: Man verschwendet nichts und pflegt und ermuntert junge Pflanzen dazu, sich frei zu entfalten, ohne erstickendes, wucherndes Unkraut. Die Parzelle sieht verheißungsvoll aus, verspricht viel für den Sommer; Erbsensprösslinge und Bohnen drängen scheu ans Licht. Ich bin dankbar für diesen Ort, für meine geduldige Frau, die die Töpfe bepflanzt und das Dach fegt, sodass ich den Abfall wegkarren kann.

Das immerhin habe ich über Frank in Liverpool erfahren: Er hat das Examen für die Oberschule bestanden, doch bei dreizehn Kindern hatte die Familie dann kein Geld für Schuluniform und Bücher. Seine älteste Tochter wurde einen Tag nach seinem Tod 21. Er hat ihre Mutter nie geheiratet. In seinem Beruf bei einer Telefongesellschaft war er respektiert. Er kam nie zu spät zur Arbeit, immer eher zu früh. Morgens um 7.30 konnte man ihn beim Lösen eines Kreuzworträtsels antreffen. Er trank gern. Sein Lieblingspub war eine Yates Lodge, sein Lieblingsgetränk Weißwein. Franks Bruder Christy ging vor 31 Jahren zu seiner Beerdigung, hat aber danach nie wieder sein Grab aufgesucht.

13. MAI, 18.30 UHR. Es ist heiß, ich bin ein emotionales Wrack, hoffnungslos zerrissen zwischen zwei Welten, von denen keine

klar umrissen ist. Meine Identität fühlt sich an wie eine Flüssigkeit, vollkommen aufgelöst, Erinnerungen blubbern ohne Unterlass hoch. Sie waren nett zu mir in Liverpool, der alte Mann und seine Söhne, aber es hat mir die Luft zum Atmen genommen. Ich habe mein Leben damit verbracht, auf Liebe zu bauen. Ich glaube ans Festhalten und ans Bleiben. Ich werde nicht wie meine Mutter (oder mein Vater) sein. Wiederholt sage ich mir das. Aber momentan zertrümmere ich meine Sicherheit Ziegel um Ziegel, suche nach dem schwankenden Fundament und dem Sand, auf dem ich entstanden bin. Es ist nun nicht mehr aufzuhalten. Ich befinde mich im düsteren Keller meines Lebens, leuchte in verborgene Winkel und reiße verrottete Balken weg. Um mich zu trösten, gehe ich zur Parzelle. Eine späte Sonne wirft Kirchenfensterlicht durch die grünenden Bäume. Ich zupfe hier und da, dünne allzu dichte Reihen aus, trödele friedlich herum. Niemand ist da, nur ein Rotkehlchen folgt mir dorthin, wo ich gieße. Dabei ist starker Regen angesagt, woraus ich schließe, dass eigentlich ich es bin, der das Leben spendende Wasser braucht, Kanne für Kanne, Reihe für Reihe. Beim Abendessen gibt es meinen Salat. Zum ersten Mal seit Tagen fühle ich mich ein bisschen besser.

14. Mai. Eine Nachricht vom DNA-Labor. Alles ist angekommen, und alles ist in Ordnung. Mit den Ergebnissen werde es vielleicht noch einmal zwei Wochen dauern. Mein Herz machte einen Satz, als ich die Botschaft in meinem Posteingang sah, aber nun muss ich weiter warten.

17. Mai, Sonntag. Ein sonniger Nachmittag im Schrebergarten: mein Wiederholungsrezept. Ich gerate mitten in einen aufgeregten Lärm. Eine Ente wird gerade vom Fuchs gejagt und

schafft es noch so eben übers Tor. Nach wenigen Minuten kehrt sie unter lautstarker Empörung zurück. Ich fürchte um sie. Sie streift mit viel Getöse zwischen den Bäumen umher. Sie kreist mehrmals über dem Areal. Vielleicht hat der Fuchs ihre Eier gestohlen oder die Jungen angegriffen. Um ihretwillen wünschte ich, sie würde still sein. Ich grabe den restlichen Chicorée aus und lasse drei hohe Pflanzen stehen, deren Blätter sich auffächern wie ein Flamenco-Kleid. Die Erde hat die Farbe von Kaffeesatz, ein starker Kontrast zum frischen Grün der Pflanzen. Ich harke und ebne den Abhang ein wenig ein, bewundere die Schwertlilie, die durchs Gras bricht. Sie ist unsere einzige mehrjährige Blume, sitzt geschützt an der Böschung neben dem schnell aufsprießenden Sauerampfer. Sie ist zart, von ruhiger Farbe, bei einem Verkauf seltener Pflanzen entdeckt. Mary ist hier, als Howard ankommt. Drei Gärtner wiedervereint. Wir haben beschlossen, den Weg und die Bohlen in Marys Teil der Parzelle auszutauschen, das flachere Ende jedoch unabgedeckt stehen zu lassen. Inzwischen gefällt es mir, wie die Butterblumen die Böschung kolonisiert haben. Wir werden ihnen freien Lauf lassen, keine Zeit, sie zu zähmen. Erneutes Höllengekrächze. Der Fuchs verfehlt die verrückte Ente um wenige Zentimeter. Wieder entkommt der Vogel nur knapp, während der Räuber mit den Vorderbeinen über dem Zaun hängt.

19. Mai, Dienstag. Mein Extramonat Therapie ist vorbei, und wir beschließen, von Woche zu Woche weiterzumachen. Begonnen damit habe ich in den unglücklichen Tagen nach der Lektüre meiner Plymouth-Akten, und jetzt scheint es, als ob meine Suche einem Ende entgegenschlottert. Es gibt für mich keine weiteren Wege zu erkunden, und ich habe keine Lust mehr auf Schmerzen. Christophers Zugriff auf mich beginnt sich zu

lockern, zumindest behaupte ich das mir und der Therapeutin gegenüber. Aber ich weiß immer noch nicht genau, ob er an mir hängt oder ich an ihm. Er ist tot. Es ist vorbei. Nichts mehr zu machen, nur noch ein paar Fragen sind zu stellen. Vielleicht werde ich nie vollkommen frei sein oder will es auch gar nicht. Wird er immer sechs Jahre alt für mich bleiben, ein von meiner Mutter gebrochenes Kind? Wird er immer der kleine Junge mit dem schiefen Lächeln sein? Werde ich immer Schuldgefühle haben? Jetzt gibt es nur noch mich und die Erinnerung an ihn. Ich klammere mich daran, möchte nicht, dass sie weiter verblasst. Und ich möchte ihm für immer Wildblumen schenken und für immer seine Studentenblumen hüten.

20. MAI. 17.30 UHR. Ich bin mit Howard im Bus unterwegs zur Parzelle, um einen Bohnenwigwam zu bauen. Eine schwangere Frau steigt ein. Ich überlasse ihr meinen Platz, setze mich nach hinten. Ich schaue auf mein Smartphone. Da ist eine E-Mail vom DNA-Labor. Meine Ergebnisse lägen vor. Kurz überlege ich, ob ich besser warte. Ich sollte vorbereitet sein, sage ich mir halbherzig, und sie zu Hause lesen. Ich hatte geglaubt, ich sei frei von der Hoffnung auf einen Vater. Ich war stolz, für mich allein dazustehen. Doch ich bin in eine Leere vorgestoßen, eine unentdeckte Höhle mit Riesenfarnen und Flüssen und jeder Menge Tieren, Millionen Fledermäusen. Wie kann man etwas vermissen, das man nie hatte – wer hätte gedacht, dass das möglich ist? Normalität ist ein mächtiges Schleppboot, mein Wunsch ist riesig, einfach nur Anständigkeit weiterzureichen und nicht das vergiftete Blut meiner Mutter.

Bzgl. Kunde: Jenkins
Testergebnisse – Seelenfrieden

Sehr geehrter Allan Jenkins,
beigefügt finden Sie eine Kopie Ihrer Testergebnisse. Wir wissen, dass sie für erhebliche Nervosität sorgen können, weshalb es wichtig ist, dass Sie sich ein paar Minuten Zeit nehmen und ruhig durchatmen.
Ganz gleich, ob die Ergebnisse dem entsprechen, was Sie sich erhofft haben, oder nicht, nehmen Sie sich bitte die Zeit, schon vorher zu überlegen, wie Sie weiter verfahren wollen, anstatt erst nachträglich auf die Resultate zu reagieren, was dazu führen könnte, dass Sie Dinge sagen oder tun, die nicht Ihren wahren Gefühlen entsprechen.
Wenn Sie, nachdem Sie die Ergebnisse zur Kenntnis genommen und über mögliche Reaktionen nachgedacht haben, noch mit jemandem sprechen wollen, könnte die unten genannte Organisation Ihnen Hilfe anbieten – auch wir stehen bereit, Ihnen jedwede Fragen zu beantworten.

Ich öffne den Anhang. Es sind zwei Seiten mit einander entsprechenden mathematischen Gleichungen, die ein Theorem lösen: das Rätsel, das ich darstelle. Ich springe zum Ende, zur Antwort.

Verwandtschaftstest-Zertifikat Fallnummer:
PO24167

Probe Nr.: HID 150513_014 Mutmaßlicher Onkel:
Christopher O'Toole

geboren 06/09/1936

Probe Nr.: HID 150513_016 Kind: Allan Peter Jenkins

Geboren 15/01/1954

DNA-Isolierung wurde für alle Proben separat vorgenommen. Genetische Charakteristika wurden bestimmt durch PowerPlex 21 PCR-Set (Promega), Investigator HDPlex PCR-Set (Qiagen) und PowerPlex Y23 PCR-Set (Promega). Parallel dazu wurden positive und negative Kontrollen durchgeführt, die die erwarteten korrekten Resultate ergaben.
Wir wurden aufgefordert, zu prüfen, ob Christopher O'Toole Allan Peter Jenkins' Onkel väterlicherseits ist oder nicht.
Basierend auf den Genotypisierungsresultaten verglichen wir die folgenden zwei Hypothesen.

A: Christopher O'Toole ist Allan Peter Jenkins' Onkel väterlicherseits. Allan Peter Jenkins' Vater ist ein hundertprozentiger Bruder von Christopher O'Toole.

B: Christopher O'Toole und Allan Peter Jenkins sind nicht miteinander verwandt.

Aufgrund mehrfacher Ausschlussverfahren über Y-Chromosom-Marker ist Hypothese A genetisch unmöglich.

Der Bus klettert den Hügel hinauf. Als Nächstes kommt meine Haltestelle. Aber mir sind die Beine wie abgeschnitten. Werden

sie nachgeben? Werde ich stürzen? Ich war so nah dran, verführerisch nah dran, und jetzt: vor der Nase weggeschnappt. Scheiße. Scheiße. Scheiße! Sheila rutscht in ihrem untoten Grab herum, lächelt zufrieden. Howard sieht mich fragend an. Das Plaudern vergeht mir, mein Lächeln gerät kläglich. Die Schwester eines Freundes wird heute zu mir nach Hause kommen, ich kann jetzt nicht allein sein. Ich brauche eine Katze zum Kuscheln, ein Federbett zum Verkriechen, aber die zweitbeste Medizin ist, im Garten eine Konstruktion aus Haselnussstecken zu bauen. Die Parzelle wirkt freundlich. Wir spitzen die Enden von Jane Scotters stabileren Pflöcken an und hängen uns mit unserem Gewicht daran, um sie in die Erde zu drücken. Es ist fast unmöglich, dabei nicht zu grinsen. Wir werden die Bohnen später umpflanzen, aber der Wigwam ist rasch aufgebaut und mit Schnur vertäut. Howard pflückt Salat. Mein Appetit ist verschwunden. Meine Mutter. Christopher kaum drei Monate alt, ihre dritte Schwangerschaft, immer noch zu Hause bei Mum und Dad und den Brüdern. Stillt und schläft mit Frank und mindestens noch einem ANDEREN. Meinem Vater. Ich bin verwirrt und fühle mich reingelegt. Christy O'Toole jetzt anzurufen ertrage ich nicht. Ich brauche eine Pause von der Achterbahn.

Die Wahrheit hat 60 Jahre da gestanden. In einem Aktenordner auf einem Regal in Stepney. Ich hätte einen Schutzpanzer tragen sollen. Das Gleiche gilt für die Plymouth-Protokolle, Informationen, wie von der Stasi gesammelt, zusammengetragene Geheimnisse. Informationen so explosiv, dass sie mit Vorsicht zu behandeln sind. Ich arbeite nun schon mehr als ein Jahr lang an der Entschärfung dieser Bombe. Die ganze Zeit schien sie jede Minute losgehen zu können, sei es wegen Dudleys gefährlicher Gedanken, seiner bitteren Andeutungen, sei es wegen seiner Forderungen nach mehr Geld. Die Geschichte von Francis

O'Toole war jedenfalls ein raffinierter Einfall, der geduldig darauf wartete, dass ich darüber stolpere. Irgendwann geht einem das Glück aus. Ich kann nicht so tun, als hätte ich es für Christopher getan, kann mich nicht hinter meinem Bruder verstecken. Es ging schlicht um mich und das, was mir fehlt. Das Bedürfnis eines Kindes, das jede andere erwachsene Stimme übertönt. Jetzt bin ich wieder da angelangt, wo ich begonnen habe, bei meinem Ausgangspunkt plus einer frischen Wunde. Verletzungen heilen bei mir schnell, wie bei einem Parcours-Jockey: Knochen und Herz manchmal kaputt, aber die Seele bleibt meistens intakt. Ich bin glücklich mit meinem Leben, mit meiner schönen Frau, den Menschen, die mich lieben und brauchen, der Arbeit, die mir Freude macht und die andere zu schätzen scheinen. Es ist jetzt Mitte, Ende Mai in meinem Jahr des Gärtnerns und der Kindheit, dem Jahr meiner Gemeinschaft mit Christopher. Die richtigen Gebete sind gesprochen worden, die Priester gegangen, jetzt sind nur noch er und ich übrig, die einander Lebewohl sagen. So wie beim letzten Mal, als ich ihn sah und ihm sagte, dass ich ihn liebe. Ich war sein Bruder. Das hat mir immer gereicht; Mütter und Väter waren für andere da. Ich hatte ihn, er brauchte mich, und die Erinnerung an ihn brauchte mich auch. Ich stand auf der Klippe und zitierte seinen Namen.

22. Mai. Ich rufe Christy O'Toole an. Ich sitze jetzt seit zwei Tagen auf den DNA-Ergebnissen und muss es hinter mich bringen. Wahrscheinlich werde ich ihn zum letzten Mal sprechen, und der Gedanke daran macht mich melancholisch. Zuerst kommt die Nachricht nicht richtig bei ihm an, er versteht sie genau andersherum. Ich glaube, wir waren beide von der Romantik der Geschichte verführt worden – er wegen seines schon so lange toten Bruders, ich wegen eines Vaters, den ich nie kennen werde.

Er erzählt mir, sie hätten schon meine nächste Reise geplant. Worauf ich entgegne, ich sei dankbar für seine Liebenswürdigkeit, aber hier habe die Sache ein Ende. Ich wünsche ihm und seiner Frau und der Familie alles Gute. Ich habe es mir anders gewünscht. Ich habe mir gewünscht, dass es wahr ist. Es wäre schön gewesen, wenn es Liebe in meiner Herkunftsgeschichte gegeben hätte. Aber es ist das Samuel-Beckett-Ende des Vergessens. Wir bleiben in Verbindung, sagen wir. Ich werde ihm zu Weihnachten eine Karte schicken.

25. MAI. Dänemark. Die Schwäne sind fort, die Schwalben sind angekommen und bevölkern den elektrischen Zaun um die Wiesen der Islandponys. Die männlichen Jungpferde reagieren unruhig, wenn die weiblichen rufen. Ihre langen Haare fallen ihnen über die Augen wie bei einer Boygroup. Das erste Fohlen steht unsicher auf dünnen Beinen da, seine Knie sind zu groß, sein Fell kräuselt sich wie Persianerpelz. Auf der Wiese gibt es Sumpfknabenkraut. Ich steige über den Weidezaun und bewundere ihre Maserung. Lerchen flattern unglaublich hoch in die Luft. Ihr Ruf weckt ein Echo in mir. Wilder Flieder aller Schattierungen blüht in den Hecken. Wir radeln zwischen seinem Duft hindurch und pflücken einen Armvoll fürs Haus. Die Lärchen scheinen in einem Monat um einen halben Meter gewachsen zu sein. Die wilden Möhren und die roten Lichtnelken schwingen in der leichten Brise vom Meer. Die Birke hat im Abendlicht etwas Geisterhaftes. Schon bilden sich Vogelbeeren, nicht lange, und sie werden die Nahrung der Zugvögel sein. Aus ihrem Nest im hohlen Baumstumpf rufen die Amseln. Der Hase, inzwischen riesig, saust auf seinen kräftigen Hinterbeinen über den Weg, ein orangefarbener Blitz. Zuerst dachte ich, es sei ein Fuchs, aber kein anderes Tier bewegt sich so.

Gut gegen den Nordwestwind eingepackt, sind wir bei Sonnenuntergang am Wellensaum entlangspaziert. Als das Licht schwindet, nimmt das Meer einen mattsilbernen Ton an. Hier werde ich gegen das Gefühl der Vaterlosigkeit geimpft. Unsere Apfelbäume stehen in voller Blüte. Die drei Birnbäume sind alle fremdbestäubt. Wir säen Tulpen, weil wir es uns leisten können, drei Jahre auf sie zu warten. Es ist ein Ort für Familien. Wir mähen das Gras. Wir beobachten alles, was wild ist. Wir trimmen die Buche, schneiden Zweige zurück. Meine Schultern und mein Rücken ächzen. Ein Zweig ist mir ins Auge geraten, aber die Tannen stehen jetzt luftiger. An der freigeräumten Stelle säen wir Fingerhüte. Sie werden zwei Jahre brauchen. Die letzten Tulpenblütenblätter hängen lose am Stängel, wie Fahnen an einem schäbigen Musikpavillon.

25. MAI, 19 UHR. London. Gerade noch Zeit für eine schnelle Tasse Tee zu Hause nach dem Flug, doch die heimatlosen Bohnen rufen. Ich hebe die Reihe mit den Keimlingen aus, setze die Bohnenpflänzchen rund um die Haselstecken und lege zur Sicherheit hier und da noch Samen dazwischen, für den Fall marodierender Schnecken. Die Saubohnen blühen karmesinrot, schwarz und weiß. Ich koste ein paar oberste Blätter als kleine Leckerei zwischendurch. Howard ist nicht da, also schummele ich ein paar Sonnenblumen in die Ecke. Der Parzelle scheint die Zuwendung zu gefallen. Die Salatreihen leuchten grün und rot in der anbrechenden Dunkelheit. Wir sind zu mehreren heute, die wir hier im späten Licht eines Sommerabends still vor uns hin arbeiten und nur aufblicken, um zu nicken oder hallo zu sagen. Meine Trauer ist vorbei (zumindest fürs Erste). Ich freue mich auf die längeren Tage.

Zu Hause stoße ich auf Notizen, die ich mir in Melbourne,

nach meiner Unterhaltung mit meinem Onkel Colin, gemacht hatte. Es gab da noch einen zweiten Song, den ich, wie er fand, hören sollte. Der passe zu jener Sheila, die er kannte. Er bringe sie auf den Punkt, sagt er. Es ist ein Discosong aus den Achtzigern, der im Film *Priscilla – Königin der Wüste* vorkommt.

Please don't talk about love tonight
Please don't talk about sweet love
Please don't talk about being true
And all the trouble we've been through
Please don't talk about all the plans
We had for fixing this broken romance
I wanna go where the people dance
I want some action, I wanna live
Action, I got so much to give
I want to give it, I want to get some too ...
Alicia Bridges, I Love the Nightlife

Durch die Musik lernte ich überhaupt erst, dass es mehr Menschen wie mich gab, nur in Aveton Gifford nicht: die wilden Mähnen der Jungs in den *Top of the Pops* (ich identifizierte mich mehr mit den Rolling Stones als mit den Beatles; und ich verzehrte mich nach einer Marianne Faithfull). Als ich dann später umhervagabundierte, war Musik für mich und meine Freunde das einzige Verständigungsmittel. Leonard Cohens Selbstbespiegelung verschönte mir die Schulzeit in Battisborough. Und der Tod von Jimi und Janis machte die Tage in Basildon noch düsterer. Auch Zeitschriften spielten eine Rolle. *Oz* und *International Times* offenbarten eine Welt von Sex und Drogen. Das Isle-of-Wight-Festival im Jahr 1970 (Hendrix, The Doors, Sly and the Family Stone) beendete meine Kindheit. Drei Wochen

lang schlief ich am Stadtrand von Ryde am Strand und kehrte nur nach Basildon zurück, um mich zu verabschieden. Ich wusste noch nicht, wohin ich gehörte, aber dass weder die toughen Doc-Martens-Typen noch Rays Predigten meine Heimat waren, das wusste ich. Für ein paar Jahre ließ ich mich treiben, wohnte in leeren Gebäuden oder irgendwo im Freien und verfiel umherflirrenden Mädchen in grüner Seide zum Soundtrack von Van Morrison. Mit achtzehn wohnte ich in besetzten Häusern in London und führte zeitweise ein Hippie-Café, das zwei Gänge und einen Tee für zehn Pence anbot. Und ich war ein glücklicher Guerilla-Gärtner in der Nähe von Notting Hill Gate.

31. MAI. John repariert den neuen Superrasentrimmer. Er zerlegt ihn und baut ihn von Grund auf neu zusammen. Ich karre Marys Säcke zum Kompost. Sie ist jetzt sehr häufig hier. Ich leere Beutel mit Dung in ihre Kürbisgrube und harke ihn unter. Das Zeug ist fast flüssig. Jetzt ist die Zeit, wo die Parzelle zu schrumpfen scheint und ich nichts in genügender Menge zur Verfügung habe außer Rucola. Ich borge mir den Trimmer, um den Verbindungsweg zu säubern, und mache ihn dabei fast umgehend kaputt. Mit technischen Geräten komme ich einfach nicht zurecht. Es geht auf 20 Uhr zu, als ich aufbreche. Ich habe das ganze Wochenende hier verbracht. Der Weg und die Parzelle sind von Unkraut befreit, und auch mein Kopf ist jetzt wieder frei. Ich bin dankbar, dass ich die Möglichkeit hatte, meinen Vater und meine Familie zu suchen, aber eigentlich ging es mir ohne sie mein ganzes Leben lang gut (oder ziemlich gut). Bald werde ich geheilt sein, denke ich.

Juni

1. JUNI. Ich habe eine SMS von Tony O'Toole bekommen. Er schreibt, er sei Franks ältester Sohn und habe «heute die Nachricht bekommen, es bestehe die Möglichkeit, dass wir beide denselben Vater haben». Es sei mir hoffentlich nicht unangenehm, dass er mich angeschrieben habe.

Ich würde mir wünschen, es wäre wahr, erwidere ich, doch der DNA-Test spreche eindeutig dagegen. Später rufe ich ihn an. Wir reden eine Stunde lang. Er war etwa siebzehn, als sein Dad starb. Ich kann immer noch den Verlust in seiner Stimme hören. Er spricht liebevoll über Frank. Gegen Ende seines Lebens schoben seine Kinder ihn abends im Rollstuhl zum Pub und holten ihn zur Sperrstunde wieder ab. Frank habe nicht gewusst, dass er Krebs hatte, sagt Tony. Seine Mutter, Franks Ehefrau, habe es ihm nicht sagen wollen.

Tony hat meine Barnardo-Aufzeichnungen fünfmal gelesen. Er kann gar nicht damit aufhören. Er hat mich gegoogelt. Ich hätte die O'Toole-Augen. Er glaubt, Christys Leukämiebehandlung könne das Resultat beeinflusst haben. Es hätte die Bluttransfusion sein können. Er habe immer geglaubt, dass es irgendwo da draußen einen Bruder gebe, sagt er. Laut Familienlegende habe Frank stets das Foto eines Jungen in seinem Portemonnaie bei sich getragen, Tonys Mutter habe es später gefunden. Sein Dad sei ein Koch gewesen, und ich schriebe doch übers Essen, sagt er. Er möchte, dass es wahr ist. Ich fühle mich hilflos. Ich würde mich ja weiter an die zerschredderte Hoffnung klammern, aber DNA lügt nicht. Es sei aber doch nun mal in den Augen, sagt er. Seine Frau stimme ihm da zu. Ich merke, dass sein Wunsch stärker ist als meiner.

7. JUNI. Howard ist zur Verabredung des Arbeitstrupps erschienen. Er war eine Woche in Wales. Er hat Nancy und Otto mitgebracht, ihr neues Hundebaby. Wir rühren das letzte Fass mit Beinwellbrühe um und nehmen Maß für die Stützstreben für Marys Bohlen. Wir holen den Grill herüber. John singt irische Lieder unterm Apfelbaum. Sein weicher Tenor schmettert die Ballade *The County Down*. Mary sieht zufrieden aus, unterhält sich angeregt. Fast alle gesellen sich zu uns.

Später rufe ich Christy an. Ich mache mir Sorgen um Tony. Ich hätte den Eindruck, mich in seine Erinnerungen hineinzudrängen, und wisse nicht recht, was ich tun soll. Christy hat von der Geschichte mit Frank und dem Foto gehört. Das kannst nicht du gewesen sein, sagt er, der Junge war blond. Wir beschließen, dass ich einen Test mit Tony mache, damit er wieder Ruhe findet. Wir werden ein Testset benutzen, das Christy gekauft hat. Er wird mir eines der Wattestäbchen schicken. Ich simse Tony, berichte ihm von dem Plan. Ich will diese neue Unsicherheit nicht, aber es scheint wohl nötig zu sein. Und danach ist endlich Schluss.

12. JUNI. Es gibt einen Rundbrief von Davids Frau an alle Schrebergärtner. Sie schreibt, seine Demenz sei inzwischen weit fortgeschritten. Offenbar entwischt er ständig zur Parzelle und lässt den Wasserhahn laufen. Sie habe ihm gesagt, es sei Zeit, den Garten aufzugeben, und hat seine Schlüssel zurückgegeben. Sie bittet uns, ihn nicht hereinzulassen. Ihn auszusperren sei die einzige Möglichkeit. Die gute Nachricht sei jedoch, dass er schnell vergisst und vergnügt nach Hause kommt. Es liege nicht in seiner Natur, wütend zu sein. Ich werde ihn und seine alten Geschichten aus Afrika vermissen. Aber ich bin mir nicht sicher, ob ich ihn tatsächlich aussperren werde. Seine Parzelle ver-

wandelt sich schon wieder in eine Unkrautwüste. Neue Besitzer werden sie bändigen und beleben. Hoffentlich behalten sie sein Spargelbeet.

13. JUNI. Ich muss immerzu an Frank und das Foto mit dem blonden Jungen denken, das er mit sich herumtrug. In Zeiten vor DNA-Tests hätte er wohl geglaubt, Sheilas Kind sei seines. Es ist Tradition bei Seeleuten und Soldaten, dass sie sich immer wieder aus dem Staub machen, aber er hätte doch den Kontakt halten können, zumindest am Anfang. Sheila hat ihm vielleicht ein Foto von seinem Sohn geschickt. Er hat es vielleicht behalten. Der Gedanke, dass er es in der Yates Wine Lodge oder unterwegs auf Reisen immer mal herausholte und betrachtete, hat etwas merkwürdig Tröstliches. Die Erinnerung an sein irgendwo existierendes unbekanntes Kind, ein halb lebendig gehaltener Moment.

14. JUNI. Es gibt eine neue Bank auf der Dachterrasse; eine neue Rose und auch Tomaten. Hier spaziere ich barfuß umher, knipse Verblühtes ab und sorge für Ordnung. Häufig ist jetzt ein junges Rotkehlchen am Futterspender. Ich versuche, es beim Umhergehen nicht zu stören. Es gibt Mohn mit schweren Blüten, scharlachrot wie Soldatenuniformen. Die Alexandrarose, die wir kauften, als Lesleys Sohn Justin starb, ist blassrosa wie die wild wachsenden. Es ist jetzt das dritte Jahr, dass wir Tomaten haben. Aus Jane Scotters Sämlingen. Sie hat ihren Stand in London aufgegeben. Ich vermisse ihre Anregungen, aber es ging ihr nicht gut. Die Tomaten sind hochgebunden und die Triebe in den Achseln ausgegeizt. Es fasziniert mich, wie sie duften, wenn ich sie streife: reif von Erinnerungen. Und etwas anderes als Erinnerungen sind sie inzwischen nicht mehr: Lilian, Dud-

ley, der geliebte Christopher. Ich bewahre immer noch ihr Andenken. Vor allem aber nähre ich mich von diesem Ort wie von Frühlingswasser. Etwas Lebendiges ohne Beine, um das man sich kümmern kann. Ein stiller Ort über einer Londoner Straße, der die Macht hat, mich in den Schlaf zu wiegen.

19. JUNI. Wieder geht ein Umschlag mit meiner DNA in die Post. Wieder ein Mann mit einem Loch an der Stelle, wo sein Vater sein sollte. Hoffentlich kann er damit umgehen, Tony O'Toole, wenn die Wissenschaft ihm seinen Traum zerstört. Dreißig Jahre nach seinem Tod können Frank und seine Familie immer noch nicht entkommen. Sheilas Wut hallt durch die Jahrzehnte. Ihre Hand schießt hervor, damit wir stürzen. Wir fallen um wie Dominosteine.

Der Letzte auf der Liste ist Ray, der in Basildon haust und auf seinem Schweigen beharrt. Er glaubt, Jesus beschütze ihn, habe ihm vergeben; er ist sicher, dass er irgendwie davongekommen ist. Seit inzwischen einem Jahr denke ich, ich hätte ihn wegen Christopher zur Rede stellen müssen. Aber ich glaube nicht an Racheengel. Schließlich ist er kein Eichmann. Trotzdem wäre es gut gewesen, Bescheid zu wissen. Und das wäre es auch heute noch. Aber will ich wirklich zu ihm gehen, vor seiner Tür aufkreuzen und ihn fragen? Ich bin mir da nicht mehr so sicher.

Es ist jetzt ein Jahr her, dass ich mit diesem Tagebuch begonnen habe, dieser Reise durch mein Leben und durch die Jahreszeiten im Garten, und meine Vergangenheit hat sich wie Farnblätter allmählich entrollt. Es war anders geplant: als die Geschichte von einem kleinen Jungen und dem Mann, zu dem er wurde, eingehüllt in Blumen und alles, was wächst und genießbar ist. Doch andere Stimmen haben sie übertönt: der Ruf eines hartnäckigen Bruders; Schwestern, die immer noch

Narben von Missbrauch tragen; das schrille Voodoo-Gekicher meiner Mutter. Personen stehen nun in anderem Licht da, wie falsch etikettierter Samen, der eine unerwartete Frucht hervorbringt. Eine freundliche Vaterfigur offenbart eine grausamere Seite. Eine wenig geeignete Pflegemutter wird liebenswürdiger mit der Patina der Zeit.

Als ich mit dem Tagebuch begann, erholte ich mich gerade von einer unfreiwilligen Gartenabwesenheit. Die Parzelle fühlte sich (natürlich) im Stich gelassen, war mürrisch, und es musste ihr gut zugeredet werden, ehe sie sich wieder entfaltete. Kartons mit Dokumenten brachten das Schreiben dann beinahe von seinem Kurs ab. Pedantisch genaue Protokolle über ein Leben unter Pflegschaft: ein Komitee, das über meinem Stammbaum brütete. Die Barnardo-Aufzeichnungen steckten noch voller Geheimnisse, bewehrt mit der kindlichen Unterschrift meiner Mutter. Nach 60 Jahren haben sie immer noch beunruhigendes Potenzial, lauern latent wie gefährliche Anthraxsporen.

Das alles hat der Garten im Laufe des Jahres geliefert: Saubohnen, gelbe Bohnen, blaue Bohnen, grüne Bohnen, schwarze Bohnen in violetten Schoten; rosafarbene und weiße, wächserne Kartoffeln, Erbsen, Radieschen, endlose Salatvariationen, Rote Bete in vielen Formen und Farben; Mais, Grünkohl, Mangold, Kräuter und Blumen. Kapuzinerkresse leistet mir immer noch Beistand, safrangelb wie indische Gewänder. Zwar kann der ständige Nachschub an Essbarem – wie auch an Erinnerungen – manchmal zu viel werden, ist aber trotzdem besser zu bewältigen als geronnene Angst. Es gibt Spechte, Amseln, Rotkehlchen, Zaunkönige und den schreienden Turmfalken, der in niedrigem Abstand über uns kreist. Es gibt massenhaft Frösche und mysteriöse Molche. Es gibt John Teevan, Annie, Bill und Ruth. Es gibt den Amerikaner Jeffrey mit seinem englischen Garten. Am

liebsten sind mir natürlich Mary und Howard. Es gibt ein Stück Land, kaum größer als ein Wohnzimmer, wo ich eine Gemeinschaft gefunden habe.

Auch in Dänemark bin ich glücklich, umgeben von den Bäumen, die ich am Meer gepflanzt habe; und auch mit meinen Tomaten, den Dachterrassenrosen und anderen Blumen. Doch Parzelle 29 heißt mich schon länger willkommen, wie eine ungezähmte Katze, die ich regelmäßig füttern gehe. Bring mir deine Ängste, deine Wut, deine unzähligen Samentütchen, und ich schenke dir Essbares und Blumen und Frieden. Trübes Blei leuchtet dort golden. Oder einfach gesagt: Wo man selber pflanzt, ist Heimat.

20. JUNI. Es ist Mittsommer und somit wieder Zeit für sonnige frühmorgendliche Besuche auf der Parzelle. Wir haben Blattläuse auf den Saubohnen, und ich bringe es nicht übers Herz, sie mit dem biologischen Insektizid zu spritzen, das im Gartencenter verkauft wird. Nicht dass ich Skrupel hätte, die Läuse zu töten. Ich finde die Art schrecklich, wie sie den Pflanzen, die sie befallen, das Leben aussaugen. Aber wenn für Lilian Seifenlauge ausgereicht hat, dann hilft sie vielleicht auch bei mir.

Ich durchforste die Küche nach einem umweltfreundlichen Spülmittel und nehme den ersten Bus. Auf Blüten und Babyschoten wimmelt es schwarz. Ich besprühe sie mit weichem, seifigem Todesstaub. Entweder die Blattläuse oder die Bohnen. Ich pflücke eine Schote zur Stärkung. Ich gebe mehr Spülmittel in die Spritzlösung. Einer von beiden muss jetzt sterben.

Als ich fertig bin, gieße ich. Wegen der allgemeinen Trockenheit ist es immer noch verboten, den Schlauch zu benutzen, aber Nutzpflanzen durchzubringen finde ich in Ordnung. Später komme ich noch einmal wieder, um Zwiebeln und Schalotten zu

ernten. Es wird Zeit für den Mangold, ehe die Sonne zu sinken beginnt. Ich säe vier kurze Reihen verschiedenfarbiger Sorten: mit weißem Stängel, regenbogenfarbene *Bright Lights*, rosafarbene und goldene. Ich säume den Weg mit Dill, Koriander und Petersilie. Vier Stunden bin ich jetzt schon hier und dachte, es seien nur zwei. Ein letzter Besuch am Sonnenwendsonntag, gemeinsam mit der Sonne den Tag begonnen. Ich hatte ein paar Studentenblumen erspäht, von denen ich dachte, sie wären gar nicht gekommen, der richtige Moment, sie zu ergänzen. Also säe ich noch eine Reihe neben ihnen und eine weitere ganz am Ende. Sie sollten sich gut mit Herbstbohnen, Zucchini und Mais verstehen.

Ich möchte meine Kindheit aus den Akten zurückfordern. Ich möchte Fakten außer Kraft setzen. Ich möchte, dass Dudley der freundliche Dad ist, den ich mir konstruiert habe, und nicht der engherzige Mann, der ans Licht kam. Ich möchte zurück in den Sommer der frühen sechziger Jahre. Ich möchte der Junge sein, der vom Spielen am Fluss zu gebutterten Kartoffeln und Stangenbohnen nach Hause kommt. Ich möchte, dass Lilian lächelt. Ich möchte, dass es *Angel Delight* gibt, das selbstgemachte Eis aus der Packung. Ich möchte, dass Christopher ganz aufgeregt über das neugeborene Kalb ist. Ich möchte, dass er eine Sechs würfelt. Wir waren nicht die makellosen Mädchen, die Lilian sich gewünscht hatte, und nicht die typischen Jungen, nach denen Dudley sich verzehrte. Und sie waren nicht die warmen Kuscheleltern, die wir uns erhofft hatten, aber das stand auch nicht in der Stellenausschreibung, all diese Vorstellungen von Liebe aus dem 21. Jahrhundert. Wir waren glücklich, bevor sich bei Mum und Dad die Enttäuschungen verfestigten. Ich möchte mich an die hellen Nächte in dem überfüllten Wohnwagen erinnern, in jenem Sommer der ewig scheinenden Sonne. Ich

möchte Dudleys Bettelbriefe nach Plymouth ausmerzen, seine Wut und seine Ehrlichkeit. Ich möchte die Freude über jene Blumensamen wiederentdecken, die er mir schenkte. Ich möchte Kapuzinerkresse wachsen sehen. Ich wünschte, ich wüsste nicht bis ins bittere Detail, was er empfand. Ich möchte, dass meine schöneren Erinnerungen das elende Geflüster ausblenden. Ich möchte meine Mum und meinen Dad zurück. Ich möchte, dass sie mich möchten.

27. JUNI, SAMSTAGNACHMITTAG. Nach ein paar Tagen Abwesenheit bin ich zurück im Garten. Die Ameisen treiben die Blattläuse zusammen wie die Massai ihr Vieh. Wo sind die Marienkäfer, wenn ich sie brauche? Ihre Zahl geht zurück.

Ich bin hier, um biodynamischen Kuhdung umzurühren, den Grundbaustein unseres Bodens. Ich sitze auf den Stufen beim Werkzeugschuppen, rolle meine Ärmel auf und bewege das dreckige Wasser hin und her. Die Sonne sinkt, und die Energie verlagert sich. Jemand hat sich die Bürste ausgeliehen, die ich immer zum Besprühen benutze, also schneide ich ein bisschen Salbei.

Am nächsten Morgen bin ich ganz früh wieder da, weil ich Spätblüher säen möchte, aber da ich den ersten Bus kriegen wollte, habe ich in der Eile meinen Samenbeutel vergessen. Also verpflanze ich Sonnenblumensämlinge an geeignete Stellen. Der Dill ist immer noch ein schüchterner, mickriger grüner Stiel. Der Mangold ebenfalls: scharlachfarben, winzig. Ich jäte. Ich gieße. Ich sammle einen Armvoll weiß stängeligen Riesenmangold mit dem gekräuselten waldgrünen Blatt. Aus Schweden habe ich drei Sorten rote Tagetes-Samen mitgebracht. Howard macht Fotos. Die Buschbohnen sehen glücklicher aus, klammern sich fester an die Stangen, um sich hochzuziehen;

entweder hat der Kuhdung sie wiederbelebt oder der Morgenregen.

Ich bekomme eine besorgte Nachricht von Tony Walker. Es geht um meine DNA. Ich brauche einen Moment, um zu begreifen, wer er ist. Tony O'Toole, mein fast möglicher Bruder und neuer Facebook-Freund, benutzt auch den Namen seiner Mutter. Noch ein Mann mit einem Aliasnamen. Ich frage mich, welchem er sich wohl näher fühlt. Dem Anthony Walker auf seiner Geburtsurkunde oder dem Tony O'Toole seiner Freunde. Ob es für ihn manchmal auch verwirrend ist, so wie gelegentlich für mich? In seiner Mail steht, das DNA-Labor brauche meine Unterschrift, bevor sie testen können, ob wir denselben Vater haben. Ich unterzeichne das Autorisierungsformular und maile es zurück. Das Ergebnis werde ich in wenigen Tagen erfahren; allerdings steht darin höchstwahrscheinlich, wer ich nicht bin, und nicht, wer ich bin.

30. JUNI. «Ich habe nicht deine Mutter geheiratet. Ich habe Christopher geheiratet.» Ich bin bei Ray. Ich habe die Fahrt immer wieder verschoben, doch es zieht mich dorthin wie die Motte zum Licht. Ich muss genauer verstehen, was in der dunklen Ära zwischen meiner Geburt und Dudley Drabble geschehen ist.

Ray ist der Hüter von Geheimnissen: von meinem Leben als Barnardo-Baby bis zu einem mit Wunden bedeckten Vierjährigen. Er ist die Hauptader, der Vater, der Bescheid weiß, aber nie etwas gesagt hat.

Ich bin also wieder in Basildon. Kinder strömen aus meiner alten Schule. Es sind 32 Grad. Entschieden zu heiß. Ich nehme ein Taxi. Ich klingele am Bungalow. Das kleine Haus ist in Rosen gehüllt. Ich warte. Ich klingele erneut. Ich klopfe.

Eine dünne Stimme meldet sich von innen. Ich komme, fleht sie. Ein langsam sich bewegender Schatten, dann ist er da. Der Mann, der meine Mum heiratete. Ich erkenne ihn nicht wieder. Er ist schwerer geworden, älter, mit langen, kränklichen, verklebten Haaren und einem zerzausten Don-Quijote-Bart. Er blickt mich fragend an. Auch er erkennt mich nicht. Ray, ich bin es, Peter, sage ich. Ich halte ihm die Mandeltörtchen von der Patisserie Valerie hin. Peter, wiederhole ich – der Name des Teenagers, der ein Jahr lang bei ihm wohnte. Er macht ein verwirrtes Gesicht. Es ist lange her.

Peter? Peter? Allan!, sagt er endlich. Ein dünnes Lächeln. Ich folge ihm ins Haus.

Wir setzen uns. Er mustert mich argwöhnisch. Das Zimmer riecht nach Alter und Krankheit. Als Erstes danke ich ihm dafür, dass er mich damals aufgenommen hat, mir Zuflucht geboten hat als Baby und dann als wilder Junge, der nirgendwo hinkonnte. Ich gebe beruhigende Laute von mir. Ich darf ihn nicht verängstigen. Muss mich wie an ein wildes Tier heranpirschen. Es gibt viel zu fragen. Wie lange kannte er meine Mutter schon, als er sie heiratete? Warum hat er es getan? Was für ein Mensch war sie? Wann und warum ist sie gegangen? Ist er Christophers Vater?

Anfangs kommen die Geschichten langsam. Er sei durcheinander, sagt er, könne sich nicht erinnern. Das meiste, was er sagt, passt nicht zusammen. Die Jahreszahlen und die Zeitspannen stimmen nicht, wir waren nicht dort, wo er behauptet, dass wir waren. Es ist das erste Mal, dass er spricht, aber er ist jetzt 87, vielleicht funktioniert sein Gedächtnis nicht mehr. Vielleicht ist alles verpackt, verschnürt und begraben.

Er beginnt, über Sheila zu sprechen. Er habe ihren Bruder Terry gekannt, sagt er. Er sei öfter bei ihnen zu Hause gewesen.

Ich habe mich nicht für Sex interessiert, sagt er, ich habe mich für Christopher interessiert.

Er tat mir leid, sagt er, er hat jemanden gebraucht, der sich um ihn kümmert. Er ist mir immer entgegengelaufen, wenn ich den Weg hochkam. Sheila war die meiste Zeit nicht da. Sie trieb sich in der Union Street herum.

Während er sein selbstgekochtes Essen aufwärmt, frage ich, ob sie jemals glücklich gewesen seien. Nicht, was du unter Glück verstehst, sagt er. Es war zum Vorteil von Christopher. Ich wüsste nicht, dass jemals etwas zwischen uns war.

Ich frage, ob es irgendetwas Nettes an ihr gegeben habe. Sie war sehr nett zu allen anderen, sagt er. Ich habe sie mit einem Kerl unter den Bäumen erwischt. Du gehst jetzt nach Hause, Sheila, habe ich zu ihr gesagt. Und du verschwindest, zu ihm. Beide standen sie da. Sie sagte, du bist es, der verschwindet, du kannst mir nichts befehlen. Sie rührten sich nicht. Ich musste gehen ... Eine halbe Stunde später tauchte sie dann zu Hause auf.

Anscheinend kannte sie manche Kerle noch nicht einmal. Sheila war etwas, das ich nicht hätte machen sollen, sagt er. Es ist halt passiert, so ist das nun mal. Ich lebe noch.

Seine Freunde hätten versucht, es ihm auszureden. Ich hatte einen guten Kumpel, sagt er, war zur selben Zeit beim Militär, hat wirklich alles versucht, sagte, das ist sehr dumm, was du gerade machst, ich finde nicht, dass du sie heiraten solltest. Warte wenigstens noch ein bisschen, habe der Freund gesagt. Aber wer weiß schon, ob nicht noch Schlimmeres passiert wäre, wenn ich sie nicht geheiratet hätte.

Er fängt an, über die Pädophilengeschichte mit «Jimmy Savile und Rolphy Harris» zu reden. Die Frauen und die Richter, sagt er, sind doch meistens genauso schlimm.

Ich habe da meine Erfahrung, sagt er. Ich kann nicht älter

als sieben gewesen sein. Da war eine junge Dame, ich weiß, dass sie dreizehn war, sie nahm mich immer mit auf ein Feld, und ich sollte mit ihr spielen. Danach ging sie arbeiten, als Dienstmädchen bei einem vornehmen Herrn, und wurde schwanger.

Er erzählt mir von einer früheren Freundin. Sie war sexbesessen, sagt er, obwohl sie «nie zusammen waren wie Mann und Frau». Auf Reisen hätten sie immer getrennte Zimmer gehabt.

Vor einigen Jahren sei ihm der größte Schock seines Lebens widerfahren. «Ich hatte eine ältere Schwester, die bei meiner Großmutter lebte. Ich habe mich immer gewundert, wieso sie Betty Jones genannt wurde, sagt er. Als ich 82 war, erzählte mein Bruder mir, dass sie geboren wurde, bevor Mutter heiratete.»

Er erzählt mir, als er in Plymouth wohnte, habe eine Nachbarin gefragt, ob sie mich adoptieren könne, «und es war ihr ernst damit. Du warst so ein niedliches Baby». Er wird allmählich müde. Mehr werde ich über meine Mutter nicht aus ihm herausbekommen: wieso er ihr erlaubte, ihm Christopher wegzunehmen, und wieso sie ihn zurückbrachte. Ich komme bei ihm nicht weiter, was meinen Bruder, was Grausamkeit und Krankheit angeht, die entscheidenden Dinge. Er hat sie weggesperrt, und ich habe keinen Schlüssel. Ich danke ihm und rufe ein Taxi. Ich darf mein Gehirn jetzt nicht mehr quälen, sagt er, bald ist Schlafenszeit für mich.

Das Taxi fährt vor, der Sommerabend geht zu Ende. Es ist alles zu spät, schon zu lange vorbei. Also überlasse ich Ray seinem Bungalow und seiner liebenden Tochter, die sich um ihn kümmert. Leslie Ray und Lesley. Ich glaube, ich wünsche ihm alles Gute. Erst als ich beinahe zu Hause bin, habe ich das Gefühl, an der Nase herumgeführt worden zu sein.

Juli

1. JULI. Der Tag nach Ray. Das neue DNA-Resultat ist da. Es sei zu 98,7 Prozent sicher, dass Tony und ich denselben Vater haben. Ich verstehe die Welt nicht mehr. Ich weiß nicht, was ich fühlen soll. Nach dem letzten Test hieß es: unmöglich. Und seitdem bin ich (fast) versöhnt mit der Tatsache, dass Frank nicht mein Vater ist. Ich habe doch nicht zu hoffen gewagt, oder? Tony schickt eine SMS, ob alles in Ordnung sei. Ich weiß es nicht. Es muss sich um einen Fehler handeln. Wie kann das sein? War's das jetzt endgültig? Wie stehen die prozentualen Chancen, dass diese Ergebnisse falsch sind?

Ich kann nicht mit Christy O'Toole reden. Ich kann nicht mit Tony reden. Ich muss das selbst überprüfen. Das Glück von anderen Menschen hängt daran. Und auch meines. Soll ich noch eine Probe schicken? Prüfen lassen, ob sie der entspricht, die sie schon haben? Ich fühle gar nichts mehr. Hat Tony die Wattestäbchen irgendwie durcheinandergebracht? Lieber würde ich mein Familienzugehörigkeitsgefühl verlieren, als dass der alte Mann seines verliert. Wenn Frank mein Vater ist, wieso bin ich dann nicht mit Christy verwandt? Die Mutter der beiden ist eine Mutter Teresa, der heilige Fels, auf den die O'Tooles gebaut sind. Ich möchte ihr Bild nicht zerstören. Ein später, freundlich gemeinter Brief eines Fremden, und Christys Welt könnte auseinanderbrechen. Er ist beinah 80. Er hat Leukämie. Seine Frau hatte einen Schlaganfall.

Ich nehme mir einen Tag Zeit, während Kopf und Herz langsam rotieren, dann rufe ich Kate von der DNA-Firma an, an die Christy und ich uns gewandt hatten. Ich lese ihr die Ergebnisse vor, frage, ob sie Sinn ergäben. Ob irgendeine Möglichkeit be-

stehe, dass sie sich anders interpretieren lassen? Könnten sie fehlerhaft oder sogar manipuliert sein? Ich hasse den Verdacht. Es ist so, als habe man mir mein Glück gestohlen, es zumindest verlegt. Die Suche nach Frank, das Finden meines Vaters, bringt keine Freude.

Kate meint, nach dem, was ich sage, klinge der Test seriös. Sie würde darauf vertrauen, und sie sei Expertin. Es würde einer hochkomplizierten Prozedur bedürfen, um alles noch einmal zu prüfen. Und warum sollte das jemand wollen? Es gehe doch einfach um zwei Männer, die herausfinden wollen, wohin sie als Jungen gehörten.

3. Juli. Ich wende mich mit Fragen an das zweite Labor. Frage sie, ob sie auf hundertprozentige oder nur auf halbe Geschwister getestet haben. Ob die Probe einer Person zweimal getestet werden kann, ob sie vielleicht einen Fehler gemacht haben. Ob ich eventuell noch eine schicken soll. Mit Tony habe ich noch nicht gesprochen. Ich weiß einfach nicht, was ich sagen soll. Tests sind nicht das Richtige für eine so große Angelegenheit.

6. Juli. Drei Tage zu spät rufe ich an. Ich entschuldige mich für mein Schweigen. Ich sei zu durcheinander gewesen. Ich müsse ständig über die möglichen Konsequenzen nachdenken. Er sagt, ihm sei es ähnlich ergangen. Wir reden über Christy und Frank. Ich sage, dass ich an das Labor geschrieben habe. Er sagt, er habe drei Proben geschickt, zwei von ihm und die eine von mir. Meine Hoffnungen versinken langsam im Sand von Devon. Ich frage, warum er das getan habe? Er sagt, jemand habe ihm geraten, mehrere zu schicken. Ich bitte ihn, das Labor am Montagmorgen anzurufen, sie sollen noch einmal prüfen; er sei sich nicht zu 98,7 Prozent sicher, dass er mit sich selbst verwandt ist.

7. Juli. Schrebergartenanlage. Ich muss nachdenken. Ich brauche Frieden, Amselgesang und Erde. Ich habe ein Spray dabei, das wir für die Blumen auf dem Dach benutzen. Ich kann dieses Aussaugen von Leben nicht mehr ertragen. Jetzt sind die Stangenbohnen von den Blattläusen befallen und die Kapuzinerkresse ebenfalls. Ranken und Blätter hängen schlapp herunter. Ganze Flächen sind mit Parasiten bedeckt. Ich spritze. Ich spritze noch einmal. Und noch einmal. Das ist nicht mehr biodynamisch.

Als ich fertig bin, ist mir ganz elend von diesem wütenden Morden, aber die umweltfreundliche Flüssigkeit hat nicht geholfen. Ich verlasse den Garten. Ich säe nicht. Ich fühle mich schlecht. Ich wünschte, ich könnte die Ereignisse zurückspulen. Aber wie weit müsste ich zurückgehen, damit es reicht?

Vielleicht ist es ja vorbei, dieses Jahr tiefen Schürfens. Was hat es gebracht? War es für Christopher? War es für mich? Was habe ich erfahren? Ich fühle mich befallen von einer alles Leben aussaugenden Furcht. Die Ängste kehren zurück. Der abgedeckte Brunnen hat ein Leck, es stinkt wieder, die Therapie ist – wie das umweltfreundliche Mittel – zu schwach für die Reinigung. Vielleicht muss Agent Orange her. Der Darwinist Dudley Drabble, der Pfingstkirchenpriester Ray, meine Mutter Sheila, Doktor Barnardo, die «Pflege»-Arbeiter von Plymouth: möge sie alle die Pest heimsuchen. Es wird Zeit, dass ich wieder auf eigenen Füßen stehe. Scheiß auf sie! Sie taugten nichts. Manchmal denke ich, Christopher und mir wäre es besser ergangen, wenn wir in einer Kiste ausgesetzt worden wären.

Christopher! Mein schlimmstes Versagen. Mein reizender, geliebter Albtraumbruder. Ein Jahr lang habe ich in diesem Fegefeuer gelebt und um Vergebung gefleht. Jetzt gewähre ich mir selbst Hafturlaub.

15. JULI. Mittwochmorgen, Schrebergarten, es ist früh. Ein Tag der Blätter. Das Sommergewitter am Wochenende hat meine vor der Sonnenwende gesäten Keimlinge weggespült. Die Sonne wandert jetzt ein oder zwei Grad näher an ihr Winterquartier heran. Die Brombeeren werden kräftiger. Die Dahlien kommen. Ich habe Kleidung zum Wechseln dabei. Ich steige aus meinen Büroschuhen, wandere im Garten umher und fülle die Lücken. Ich säe roten und grünen Salat. Die Buschbohnen springen befreit aus ihrem Parasitengefängnis. Ich säe Kapuzinerkresse in die Böschung und füge ein paar Studentenblumen hinzu. Mein Leben ist fast wieder an seinem Ausgangspunkt angelangt. Ein verwundeter Soldat, der nach Hause zurückkehrt. Es gibt frische Verletzungen. Ich bin voller Granatsplitter. Schatten haben mich umgeworfen. Was immer es auch gewesen ist, es hat sich gelohnt, dafür zu kämpfen, doch nun ziehe ich mich zurück. Von jetzt an gibt es nur noch mich und die Samen. Ich hoffe, dies ist der Ort, an dem ich bleiben kann.

17. JULI. Das Liverpooler Labor schreibt, die Resultate seien aus ihrer Sicht zufriedenstellend. Ich fühle mich immer noch seltsam außen vor, wundere mich, dass ich mich nicht freuen kann. Was hält mich zurück? Vor einem Monat schien ich noch keine Zweifel zu haben. Ich wünschte mir Christy als Vaterfigur. Ich wünschte mir eine Verbindung über Blutsbande. Jetzt, wo ich auf der Schwelle stehe, weiß ich nicht, ob ich eintreten möchte. Werden die Bedürfnisse meiner neuen zersplitterten Familie genügend Raum für meine eigenen lassen? Die Vorstellung neuer Brüder und Schwestern schüchtert mich ein. Ich werde zwölf Geschwister haben. Es ist unfassbar.

Es gibt da eine Furcht, unauffällig, aber bohrend, dass sich hinter der Tür etwas Geheimes verbirgt, das mich verletzt hat,

als ich klein war. In den anderen Bereichen meines Lebens habe ich mir Sicherheit geschaffen. Ich stelle mich immer mit dem Rücken zur Wand, beobachte die Türen, habe ein wachsames Auge auf die Fenster, sehe, wer kommt und wer geht und wann. Doch nun stehe ich hier und bin nackt wie ein Neugeborenes.

Ich habe Angst vor einem drohenden Chaos, vor Kontrollverlust. Ein Fluchtauto, das ich nicht fahren kann. Ein Berg, keine Bremsen, eine Mauer, eine Klippe, ein fast tausend Meter hoher Felshang. Ein Vergessen, das ich früher einmal begrüßt hätte. Der Verlust eines aus Fragmenten zusammengesetzten Ichs. Tony wünscht sich einen großen Bruder. Für Christopher und Lesley bin ich das schon einmal gewesen. War es auch für Caron, Susan, Michael und Mandy, die Brut meiner Mutter. Wir werden noch einen Test machen lassen. Ich bin fast so weit, den Schlüssel umzudrehen.

18. Juli. Die Tomaten verdoppeln jede Woche ihre Größe und werden schon gelb. Die Dachterrasse verändert sich. Die Rosen legen vor dem letzten Sommerauftritt eine Ruhepause ein. Die Lobelien sind fast durch. Die Tage werden kürzer. Es ist ein beeindruckendes Jahr gewesen, für die Blumen und für mich. Hin und wieder sehen wir alle ein wenig ermattet aus.

Dudley ist der einzige Dad, den ich je haben werde, auch wenn Frank vielleicht mein Vater ist. Dudley hat mich beschützt, mich geprägt, mir geholfen, der Mann zu werden, der ich bin. Dieser Dankesschuld bin ich mir zutiefst bewusst.

Ich liebe ihn von ganzem Herzen und vermisse ihn häufig; ich schaue auf die Kapuzinerkresse im Marmeladenglas. Aber, um Himmels willen, was hat er sich nur dabei gedacht? Wie konnte er den Plan schmieden, Christopher und mich zu trennen? War das so eine Art Gärtnerentscheidung? Unkraut und alles Schwa-

che auf den Kompost, stärkere Pflanzen an geschützte Stellen und in die Sonne. Wir waren eine Familie gewesen. Christopher und ich hatten im Kinderheim aneinander gehangen. Wir waren fast so eng miteinander verbunden wie Zwillinge.

Wir kamen im Doppelpack, wie Blumentöpfe. Liebe reißt einen nicht auseinander. Hackt einem keine Glieder ab. Ich werde nicht ewig darüber böse sein. Ich wünschte, ich wäre es schon jetzt nicht mehr. Die Plymouth-Schachtel wird weggestellt werden. Es war hart, das Jahrzehnt mit Dudley und seinen Gedanken zu verdauen. Ich möchte mich nur an den Christopher erinnern, der zufrieden auf seinem Schoß sitzt. Ich wünschte, mein Dad hätte länger durchgehalten. Wir hatten einen Vertrag. Ich hatte seinen Namen angenommen. Er hatte sein Brandzeichen hinterlassen. Wir würden seine Söhne sein. Er hätte mich damals aus Battisborough abholen sollen. Es wäre seine Aufgabe gewesen, nicht die eines Sozialarbeiters.

Ich verstehe, dass es nicht einfach war, durchzuhalten. Aber er hatte mich bei sich aufgenommen, er hätte mich zurückholen müssen. Er hätte erleben können, wie Christopher aufblühte, er hätte seine Jungs lieben können. Er hätte ein Großvater sein können. Er wäre ein guter gewesen.

Im Grunde hätten wir nicht älter werden dürfen. Wir hätten nicht erwachsen werden dürfen. Aber das wirkliche Leben ist nun mal nicht so. Es gibt kein Nimmerland. Keine verlorenen Jungen, keinen Captain Hook, keine Wendy. Ich war Peter Drabble, nicht Peter Pan.

19. JULI. Ich bin auf dem Rückweg vom Land und kann es kaum erwarten, in den Garten zu fahren. Es war heiß in den letzten Tagen, die Parzelle braucht mich. Sie wuchert allmählich zu. Howard ist nicht da zum Ernten und Zupfen, und ich kann nicht

länger auf ihn warten. Ich grabe Kartoffeln der Sorten *Pink Fir* und *La Ratte* aus. Ich schneide Salat und drei Sorten Mangold. Ich werde die Zwiebeln mit nach Hause nehmen. All die Gartenfrüchte des Hochsommers: Kartoffeln, Erbsen, Blattpflanzen, die Bohnen kommen auch bald. Ebenso wie die Kapuzinerkresse beginnen die Kürbisse im hinteren Teil, sich über die Böschung zu ergießen. Ich werde Mais und Sonnenblumen an freie Stellen umsetzen. Zeit, Ringelblumen zu pflücken, Chicorée, Grünkohl und späten Salat zu säen. Ich muss Platz schaffen für den Herbst. Die schwarze Katze beobachtet mich beim Gießen. Es wird jetzt deutlich früher dunkel. Ich schürfe nach weiteren Erinnerungen an Christopher, doch die Ader ist versiegt. Alle sind weitergezogen. Geblieben ist eine Geisterstadt. Ich habe mich nie mit meinem Bruder betrunken. Er ist nie über Nacht geblieben. Ich habe ihm nie Frühstück gemacht. Wir haben nie miteinander im Restaurant gegessen. Auch nie Fisch und Chips. Ich werde nie mehr mit ihm an einem Fluss entlangspazieren. Wir werden nie hinaus aufs Meer blicken.

20. Juli. Ich kann kaum glauben, dass ich es tue, aber ich habe Tony darum gebeten, noch einen weiteren Test machen zu lassen. Er wird seine Wattestäbchen von Liverpool aus schicken und ich meine von zu Hause. Sie werden dann im Labor gemeinsam getestet. Eine letzte Drehung des Familienrads. Ist Frank der Vater, nach dem ich nicht gesucht habe und der gefunden wurde, als ich den verlor, den ich hatte? Pandoras Büchse ist nicht leer. Die Hoffnung ist nicht zerronnen; Nietzsche behauptet allerdings: «Hoffnung ist in Wahrheit das übelste der Übel, weil sie die Qual der Menschen verlängert.»

21. Juli. Um 6 Uhr früh im Schrebergarten. Mittwoch. Ein Arbeitstag. Es ist kühl. Es ist frisch. Das Licht ist gedämpfter. Ich werde gestochen. Ich harke die neuen Kartoffeln zusammen; sie sind, wie für ein Hochglanzfoto in einer Zeitschrift, mit Erde bestäubt. Ich räume das Erbsenbeet frei. Ich pflücke die Schoten. Die geernteten Früchte packe ich in einen Beutel und hänge ihn für Howard in den Schuppen. Die Rufe der Tauben erinnern ans Land. Ich präpariere Beete fürs Säen. Ich hacke, ich harke, ich kompostiere. Ich säe Chicorée und Chioggia-Rote-Bete aus. Ich sammle Meerrettichgrün für einen ukrainischen Freund. Ich gieße. Ich wünschte, ich könnte den ganzen Tag hier verbringen. Es wäre dringend nötig, muss aber warten. Ich muss unbedingt ins Büro, muss dringend frühstücken, baden, einen Anzug tragen. Es wird ein piekfeines Essen geben, das nicht besser schmecken wird als frisch gepflückte Erbsen. Später rufe ich in Plymouth an, einen der Brüder meiner Mutter, Onkel Tony. Ich frage mich, ob Terry tatsächlich Rays Türöffner zu meiner Mutter war. Er wäre damals sechzehn Jahre alt gewesen. Tony erzählt mir, Terry und er hätten zu der Zeit keine Matrosen gekannt. Er sagt, er weiß nicht mehr, wann Ray aufgetaucht ist. Tony wohnte bei Sheila, während Ray zur See fuhr. Sie hat ihm immer das Lunchpaket fertig gemacht. Er erzählt mir von dem Tag, als Sheila mit der neugeborenen Caron aus dem Krankenhaus nach Hause kam. Sie sei sofort wieder ausgegangen, sagt er, schnurstracks zur Union Street. Von wegen Ausruhen oder mütterlicher Instinkt. Sie war schon echt eine Nummer, meine Mutter.

22. Juli. Zeit, meinen Onkel Terry anzurufen und über Ray zu reden. Ob sie miteinander befreundet gewesen seien, bevor Ray meine Mutter kennenlernte. So habe er es nicht in Erinnerung, sagt er. Er habe immer geglaubt, Ray habe Sheila in einem

Tanzlokal in der Nähe der Marinekaserne getroffen, kurz bevor die Zeit des Rock'n' Roll begann. Er selbst, Terry, habe damals Barbara den Hof gemacht. Ich höre, wie sie ihn leise korrigiert. Damals, sagen sie, habe es die Embassy Hall, den Labour Club und das St. Johnston Social am Devonport-Dock gegeben; dort hätten die Matrosen einheimische Mädchen kennengelernt. Dort und an den Docks hätten sie auch Ray mehrmals gesehen. Terry sagt, Barbara und er hätten mich im Queen's Gate, einem Kinderheim, besucht. Ich sei etwa drei gewesen. Er könne sich nicht erinnern, wo Ray und die anderen Kinder waren. Sie seien mit mir ausgefahren. Er habe zu der Zeit einen Ford Eight besessen. Wir hätten bei seiner Schwiegermutter Tee getrunken. Ich sei sehr blond gewesen. Es gebe noch ein Foto von mir aus der Zeit, sagt er, sie würden es suchen und mir eine Kopie schicken. Von einem Francis O'Toole hätten sie noch nie gehört. Sheila habe eine Menge Geheimnisse gehabt, sei sehr verschwiegen gewesen, sagen sie. Ich danke ihnen für ihre Freundlichkeit. Ich bin mir sicher, der Ausflug damals wird mir gefallen haben.

24. Juli, Freitagnachmittag. Im Posteingang finde ich eine E-Mail. Die DNA-Ergebnisse sind angehängt, aber das Passwort funktioniert nicht. Ich gerate in Panik. Habe ich es richtig in Erinnerung? Ist das ein Zeichen? Ich rufe das Labor an. Das Wort erscheine in Kleinschrift. Ich öffne den Anhang. Ich will es, zumindest glaube ich das.

Da ist es. Bestätigt. Ich habe meinen Vater gefunden. Die Hypothese, dass Tony O'Toole mein Halbbruder ist, ist zu 98,72 Prozent wahrscheinlich. Stille Befreiung. Erleichterung. Es wird dauern, bis ich wirklich begreife, aber das Geheimnis ist jetzt gelüftet. Es gibt ein Ende. Ein glückliches, glaube ich. Es ist ein neuer Sämling, der beschützt werden muss. Tony nahm

mich an die Hand, als ich noch blinzelnd dastand. Sein Glaube stark, meiner schwankend. Beinahe Allan O'Toole, Vater Francis. Die Geburtsurkunde ist nicht länger leer. Ich weiß nicht, was es bedeuten wird, acht Schwestern und vier Brüder zu haben. Zu viel, um es zu begreifen, aber ich habe Zeit. Erst einmal wird es Fotos, Namen, weitere Informationen geben. Tony sagt, er wird mir alles mit der Post schicken.

Ich gehe nach Hause, dann zum Schrebergarten. Es schüttet wie aus Eimern. Ich schneide überschüssiges Sommergrün weg. Ich möchte für den Winter vorbereitet sein. Zweimal komme ich am Wochenende her. Ich leere Marys Säcke mit Unkraut. Ich sehe den Tauben beim Schmausen zu. Ich bereite neue Beete vor. Ich setze Pflanzen um. Ich spritze stinkende Beinwellbrühe. Der umgesetzte Mais wird ihn brauchen können, der Sommerkürbis ebenfalls. Ich ernte Zucchini und pflücke Blumen für die Vase. Der Grünspecht ruft. Es gibt nur die Parzelle, meine Pflanzen, meine Erinnerungen. Ich werde sie hüten.

29. JULI, ABENDS. Christy ruft an. Tonys jüngste Schwester Bernadette habe gefragt, ob sie bei ihm vorbeikommen könne. Sie habe am Telefon nicht sagen wollen, weshalb, und da habe es in seinem Kopf «einen lauten Knall gegeben». Er habe gewusst, dass es um mich ging. Er habe gewusst, dass es der Test war. Er verstehe nicht, wie es zu dem neuen Ergebnis kommen könne. Ich erkläre ihm, ich hätte nicht angerufen, weil ich ratlos sei. Ich erkläre ihm, ich hätte den Test gegenprüfen lassen, dann hätten wir noch einen mit meiner Probe gemacht, die ich direkt aus London verschickt hätte. Es sei mit entsprechender Sorgfalt geprüft worden. Anscheinend stehe fest, dass Frank mein Vater war oder zumindest zu 98,72 Prozent. Er sagt, er würde sich wünschen, dass er mein Onkel wäre. Das würde ich mir auch

wünschen, erwidere ich. Er wird jetzt noch einen Test machen lassen, erklärt er. Er möchte wissen, ob Frank sein Bruder ist. Ich sage, es tue mir leid, dass ich die Ursache für dieses ganze Chaos sei. Die DNA habe doch eigentlich Sicherheit bringen und Fragen beantworten sollen, anstatt zu neuen zu führen. Noch kann ich nicht feiern, dass ich meinen Vater gefunden habe. Irgendwie bin ich mir immer noch nicht sicher.

August

16. AUGUST. Tony ruft an: Die Familie hat eine neue Theorie mit einer unverheirateten Tante. Vielleicht habe sie ein Kind bekommen, vielleicht Christy oder Frank, der dann von ihrer Mutter aufgenommen worden sei. Damit bliebe der Ruf ihrer Mutter intakt, vielleicht noch heiliger als vorher.

18. AUGUST. Meine Schwester Susan stellt bei Facebook ein Foto ein: «Meine Brüder Christopher und Allan» steht darunter. Es stammt von dem Tag, als wir unsere Mutter kennenlernten. Ich bin mager, Anfang dreißig und trage Cord, aber anschauen muss ich die ganze Zeit Christopher.

Er sieht glücklich aus, steht erhobenen Hauptes da. Ein breites Grinsen liegt auf seinem rotbärtigen Gesicht (ich hatte den Vollbart und wie gut er ihm steht vergessen, nur an seinen militärischen Schnurrbart erinnere ich mich). Er trägt eine Kette mit Hundemarken um den Hals. Das ist der Bruder, den ich vergessen habe, der Chris, der durch das Kind und den sterbenden Mann ausgelöscht wurde. Hier ist er endlich wieder mit seiner Mutter vereint. Er hat einen Ort, wo er hingehört, was ich nie haben werde.

Ich lächle mein Fotolächeln, präsentiere meine leicht nervöse Maske. Er ist vollkommen offen, vertrauensselig. Hierauf hat er gewartet. Er war bis zu seinem sechsten Lebensjahr mit Sheila zusammen. Ich hatte nicht die gleiche Geschichte. Wir waren auseinandergerissen worden.

Es war eine gute Zeit für ihn. Das Foto ist das einzige aus seinen mittleren Jahren. Er hatte endlich seine Familie gefunden, hatte vor, wieder an Sheilas Busen zurückzukehren. An die war-

me Milch der Zugehörigkeit, der mütterlichen Liebe. Ich werde das Foto meinen Erinnerungen hinzufügen. Jenen Augenblick, als seine Zukunft leuchtete.

September

5. SEPTEMBER. Der Schrebergartensalat beginnt auszuschießen, herrlich, halb wild. Jetzt, wo Howard fort ist, ertrinke ich in Bohnen. Der Schweizer Mangold und der Chicorée sind für den späten Herbst gedacht. Ich jäte um sie herum, damit sie Luft bekommen. Ich ernte Rote Bete, groß wie Babyköpfe. Bald werden die Sonnenblumen blühen. Ich werde sie den Vögeln als Futter überlassen.

Die Tauben haben den Palmkohl dezimiert. Marys Tomaten haben Braunfäule. Ich trage die Leichen zur Mülltonne. Der Sommer ist fast vorbei. Die Farben der Parzelle sind gedämpfter, die roten Salate rostig wie alte Traktoren. Ich ziehe die größten und kräftigsten heraus und lege sie in den Frühbeetkasten als Samen für den Sommer. Es ist ein bemerkenswertes Jahr gewesen.

6. SEPTEMBER. Auf Bürgersteigen gehe ich immer an der Außenseite. Alte Schule, gutes Benehmen, dachte ich früher, bevor ich mich fragte, woher das wohl kam. In Bussen sitze ich auf der linken Seite. Ich kann im Zug nicht mit dem Rücken zur Fahrtrichtung sitzen. Ich nehme immer dieselbe Route über die Hampstead Heath. Manchmal gehe ich sie auch umgekehrt. Ich bin ein Gewohnheitstier. Ich muss wissen, was an einem Tag ansteht. Ich glaube nicht, dass mir jemand beigebracht hat, auf dem Bürgersteig an der Straßenkante zu laufen. Es gibt eine verschwommene Erinnerung an ein Kinderheim, wo in Zweierreihen marschiert wurde. Ich weiß nicht, wo oder wann.

Es ist das Mantra der Wiederholung – der gleiche Spaziergang auf der gleichen Wegseite, der gleiche Sitzplatz. Vielleicht

habe ich meine neuronalen Pfade schon sehr früh angelegt. Ich habe mir meine eigenen Erinnerungen konstruiert. Weil eine vertraute Familie fehlte, erschuf ich mir das Vertraute aus dem Unvertrauten, fand Trost in der Kälte. Vielleicht ist es so ähnlich wie bei einer Zwangsstörung: Wiederholung hilft bei der Suche nach Sicherheit. Möglicherweise bin ich verletzlicher, als ich zugeben möchte, aber fürs Erste bleibe ich bei Höflichkeit als Erklärung.

7. SEPTEMBER. Ein Anruf von Tony: Der neue DNA-Test bestätigt Christy zu 99,8 Prozent als seinen Onkel. Christy und er seien glücklich, sagt er. Ich freue mich ebenfalls für sie. Ich möchte nicht die Seuche meiner Mutter in mir tragen, ihre familienzersetzende Pest, aber ich verstehe nicht, wie dieses Ergebnis Sinn ergeben soll. Wenn Christy Tonys Onkel ist, kann Frank dann noch mein Dad sein? Ein paar Tage später rufe ich Christy an, um ihm zu gratulieren. Eigentlich hatte ich ihn fragen wollen, ob wir unseren Test noch einmal wiederholen lassen sollten. Aber ich höre die selige Erleichterung in seiner Stimme und bringe es nicht übers Herz.

Ich kenne meine Mutter, erklärt er mir, weiß, was für eine Frau sie war. Die Ungewissheit muss ihn gequält haben. Für ihn und Tony ist die Suche vorbei. Ordnung und Klarheit sind in die O'Toole-Familie zurückgekehrt. Wir sprechen über die Bedeutung der Familie als Maßstab für einen Menschen. Ihr seid beide meine Neffen, sagt er. Wir werden ein Festessen machen, wenn du kommst.

Wahrscheinlich ist das der nächste Schritt, ein Treffen mit Tony, meinem anderen Michael, meinen vier O'Toole-Schwestern. Ich versichere mir, ich sei nicht auf der Suche nach Gewissheit gewesen. Vermutlich lassen sich die Risse mit einigem

guten Willen kitten. Vielleicht kann ich ihr älterer Bruder sein. Vielleicht kann Frank mein Dad sein. Wir werden vorsichtig agieren. Es sieht so aus, als sei es noch nicht vorbei. Der letzte Akt steht noch aus.

Ich finde meinen Sinn für Humor nicht in dem, was ich schreibe. Mit ein, zwei Glas Wein würde ich meine Geschichte anders erzählen. Ich pflege meinen Schmerz mit Lachen zu kaschieren. Ich verwandele ihn in eine Erzählung, mache sie komisch, mache sie zu meiner. Hier dagegen klingt aus irgendeinem Grund alles feierlich ernst; meine Frau ist leicht besorgt, sie erkennt mich gar nicht wieder. Melancholie hat sich wie Flussnebel festgesetzt. Ich sage mir, es wird vorübergehen, die Sonne wird ihn auflösen; ich grabe immer noch an einem Tunnel, bin dabei, zu entkommen. Bald schon werde ich frei sein.

Väter und Brüder. Männer und Jungen. Ich habe mich fast mein ganzes Leben lang nach der Gesellschaft von Frauen und Mädchen verzehrt, nach meiner Mutter. Bei Männern fällt die Annäherung schwerer. Ich hatte gedacht, meine Sehnsucht nach einer Mutter liege daran, dass Mum weniger liebevoll war als Dad, aber die Geschichte hat gezeigt, dass dem nicht so ist. Es war einfacher, Lilian zu lieben, als Dudley nicht mehr Herr im Haus war. Sie wurde herzlicher im Umgang, war Licht, wo Sheila Schatten war.

Ich hatte einen Bruder, einen Vater, ein paar wenige männliche Freunde. Ich war zufrieden damit, mir Mythen zu basteln. Es muss die genetische Anlage sein, nicht die Sozialisation – mein «echter» Vater muss der Grund dafür sein, dass ich mich von meinen Geschwistern unterscheide. Woher sonst sollen Lebenshunger und Ehrgeiz und die Wörter stammen, wenn nicht von ihm? Ich habe mich nicht für besondere Einzelheiten interessiert. Ich dachte, ich sei auf der Suche nach meiner Sippe.

Er war eine Phantasiegestalt, mein Vater. Als Bruderfigur hatte ich Christopher: Er stand für meine konflikthafte Beziehung zu Jungen und Männern. Anziehen, abstoßen, anziehen, abstoßen. Abstoßen. Jetzt habe ich vier neue Schwestern und zwei Brüder, fünf von ihnen als Freunde auf Facebook. Vielleicht bringen sie mich meinem Vater auf eine Weise näher, die mir mit meiner Mutter nicht möglich war. Für meinen O'Toole-Clan bin ich ein Bindeglied zu ihrem Dad, indem ich sein Leben vor ihrer Geburt, seine Liebe nachlebe, bevor er verloren ging. Vielleicht ist es nicht meine Aufgabe, ein Kind zu sein, das seine Mutter und seinen Vater findet, sondern der große Bruder, der für sie alle da ist. Das ist es, was ich tue, was ich schon immer getan habe.

Mütter und Töchter. Frauen und Mädchen. Lilian verzehrte sich nach einer adoptierten Tochter, aber Dudley bestand auf Söhnen. Weil es zu spät für eigene war, griff er sich ein Paar gebrauchte, mit leichten Schäden durch Abnutzung. Lilian gab uns zu essen, las uns Geschichten vor, brachte uns in die Schule. Wir wurden in die Kirche geschickt. Sie reinigte uns von Sheilas Sünden, schrubbte nervös an den Flecken herum. Die Pubertät war natürlich unmöglich. Wir waren über unser Haltbarkeitsdatum hinaus. Niemand kauft pubertierende Jungen außer vielleicht meine andere Mutter. Sheila hatte einen anderen Markt erobert, auf dem alles einen Preis hatte. Dort konnte man auf Probe kaufen oder auch mieten, wenn man wollte. Bei Nichtgefallen Geld zurück.

Seit einigen Monaten träume ich nicht mehr den Verfolgungstraum, auch wenn ich manchmal noch mit klopfendem Herzen und pumpendem Adrenalin aufwache, als wäre ich entkommen. Vorerst bleiben die Messer jedenfalls im Futteral, liegen irgendwo, vielleicht in einer Bar, in einem versteckten Win-

kel – wer weiß? Ich nehme an, es ist vorbei. Jahrzehntelang das Beutetier zu sein hat gereicht. Ich wüsste gern, ob der Traum eine Art Bearbeitung von Ängsten ist, indem er sich quälend wiederholt: Ein Moment wird so lange immer wieder durchlebt, bis er verblasst. Aber der Traum wurde nie schwächer. Eines Tages war er da, und jetzt ist er weg. Ich weiß nicht, was sie bedeutet, meine stumme Nacht. Sind meine Jäger weitergezogen, oder lauern sie noch irgendwo im Schatten? Die Nächte werden es verraten.

Ein Jahr im Garten. Von Sommer zu Sommer. Von sprießendem Grün durch toten Winter und wieder zurück zum Leben. Laub, Blume und Frucht, üppige Momente vor Einbruch des Herbsts. Es gab Regen und Sonne und Schnee. Es gab himmelhohe Sonnenblumen, Bohnenstangen und im Wind sich wiegenden Amaranth. Wigwams wurden hochgezogen und stürzten ein. Pfähle wurden errichtet, wieder abgebaut und weggepackt. Es gab Salate, Rote Bete, Radieschen und andere Wurzeln in sämtlichen Farben und Sorten. Aroma hat die Mahlzeiten gewürzt, die wir kochten – Rosmarin, Fenchel und Thymian. Wir haben selbstgezogene Maiskolben vor Ort geröstet, mediterrane Suppen gekocht. Winterliche Zwiebeln, Schalotten und Knoblauch warten in unserer Küche darauf, in Herbstgerichten aufzutreten. Es gab viele Erfolge und einige Fehlschläge (die ewig instabilen Pflanzenstützen, der todbringende Sprühnebel auf die Parasiten). Egal, wie das Wetter war, ich war da. Mir war zu kalt, mir war zu heiß, ich war zu nass. Ich habe gehackt. Ich wurde gestochen. Ich habe gejätet und gegossen. Hegend und hütend habe ich kleine Pflanzen durch ihr kurzes Leben begleitet. Ich war beständig. Ich habe Früchte und Blumen geteilt und Samen fürs nächste Jahr gesammelt.

Ich weiß nicht, was ich ohne die Parzelle gemacht hätte. Die

Heilung hätte sehr lange gebraucht. Wenn ich traurig war, wenn ich allein sein musste, war sie für mich da. Ich kümmere mich um sie, ich rede ihr gut zu. Sie hat mir verziehen, dass ich sie im Stich ließ, als ich mir das Bein brach.

Ein Jahr im Leben. Von Sommer zu Sommer, von einem Vater zu einem anderen. Durch Düsternis und Verzweiflung und wieder zurück. Land und Gedächtnis wurden umgepflügt; das Denken in Rosarot abgelegt; vergessene Winkel ausgeleuchtet. Mit einer Hommage an einen alten Mann hat es begonnen, bis ich ihn dann, hoch aufgelöst, in einem 360-Grad-Winkel gesehen habe. Habe ihn erst geliebt, dann verloren, dann etwas weniger geliebt, auch das wahrscheinlich nur vorübergehend. Habe über die beiden Jungen gelesen und geschrieben. Mit den Fakten zurechtzukommen versucht. Meine Mütter: die eine beängstigend und hager, die andere monströs fett. Beide am Ende unzureichend. Habe Geschichten von meinen Schwestern gehört, die ich nie werde teilen können. Dudley und Christopher, die beiden bestimmenden Männer in meinem Leben. Beide viele Jahre abwesend. Inzwischen beide tot. Ich habe durch Annahme seines Namens Dudley zu gefallen versucht. Durch Annahme von Christophers Namen auch ihm zu gefallen versucht.

Ein Jahr, in dem ich beide zur Ruhe gebettet habe. Eine Zeit, in der ich versucht habe, Frieden durch Aufdecken der Wahrheit zu finden. Rückkehr in die Therapie, als ich nicht mehr konnte. Eine Zeit vergifteter Schachteln mit einem Leben in Pflege, die keine war. Ich bin so weit, sie jetzt wegzustellen.

Schließlich ein Gespräch mit Ray. Einem unsichtbaren, unnahbaren Beinahe-Vater, dessen Namen ich immer tragen werde. Ich entdecke mehr über Allan Beale, seine Babymonate in einem Waisenhaus. Über Alan Jenkins' Krankheiten – seine Stigmata der Vernachlässigung. Ein Jahr, das ich damit verbrachte, einen

verängstigten kleinen Jungen zu besänftigen. Den Jungen, der meine zu vielen Namen tragen sollte. Eine Zeit, die ich mit Peter Drabble verbrachte und in der ich ihm verzieh, wie er mit Chris umgegangen ist. Ich spüre Erleichterung darüber, dass ich nicht mehr jener Peter bin, auch wenn ich inzwischen den Jungen mit seinem Selbstvertrauen liebgewonnen habe; er ähnelt einer zu hastig errichteten chinesischen Stadt, die über dem Morast thront, der sie einst war.

Jetzt ist es Zeit, Christopher ruhen zu lassen. Ich habe einen Ort gefunden, wo wir Jahr um Jahr Studentenblumen und Kapuzinerkresse pflanzen können.

Ich werde tief Luft holen, bevor ich Allan O'Toole erkunde. Seine Brüder und Schwestern kennenlerne, nach Erinnerungen an einen weiteren toten, fernen Mann grabe. Meine staubigen Schränke öffne. Schaue, was passt und was in die Kleidersammlung gehen soll.

Ein Jahr, in dem ich Gedanken, Kraft und Informationen gesammelt habe. Schicht um Schicht entfernt, Tränen unterdrückt und mich um Lachen bemüht habe. In dem ich an einem Flussufer dem Glück nachgejagt bin. Dann alles wieder an seinen Platz gestellt, gesäubert und abgestaubt habe. Dreck, Schmiere und Spinnweben sind verschwunden. Und jetzt herrscht Zufriedenheit, mühsam errungen vielleicht, aber stabil.

Ein Jahr älter. Es konnte nicht länger aufgeschoben werden. Um mich herum sterben sie. Ich hinke. Möchte wissen, wer ich bin. Wer mein Bruder war.

Dieses Jahr war meine Geisterbahn, ein Jahrmarktausflug auf einem langsamen Boot ohne Ruder. Schaurige Gestalten, bedrohlich funkelnd. Personen aus meiner Schattenwelt, Archetypen der Angst: die sexuell verschlingende, monströse Mutter; der abwesende Stiefvater; das Kabuff unter der Treppe; der

Höllenfeuer-Prediger. Rücksichtslose Männer, die Messer und Schwänze schwingen. Inmitten der Schatten ein Peter-Pan-Knabe, der sich vorgenommen hat, zu entkommen, sich selbst, seinen zerbrochenen Bruder und die kaputten Schwestern zu retten. Jetzt gibt es Licht im Tunnel, die Gespenster entpuppen sich als bemaltes Sperrholz. Noch kleben Spinnweben an ihnen, aber es sind Attrappen. Die Ängste und die Erinnerungen weichen zurück und schrumpfen. Die klebrigen Hände sind weniger zudringlich.

Dezember

In liebender Erinnerung an
Unseren geliebten Vater und Großvater
Francis Anthony O'Toole
Geboren am 13. Juni 1931
Gestorben am 28. November 1984
Im Alter von 53 Jahren

4. DEZEMBER. Einunddreißig Jahre zu spät. Er ist schon lange fort. Die Blumen, die ich aus London mitgebracht habe, liegen vor dem neuen Grabstein, den er sich mit Irene teilt, der Mutter seiner anderen Kinder, die im vergangenen Jahr gestorben ist, am 29. November. 30 Jahre und einen Tag nach ihm. Tony hat mich für ein paar Minuten allein gelassen, damit ich es begreifen kann, versuchen kann, etwas zu fühlen.

Hier ist er also endlich, Frank, mein Vater, der Dad, nach dem das Baby sich so gesehnt hat. Dieser Mann, dessen Gene ich trage, der unter Irene in einer Kiste in der Liverpooler Erde liegt. Erinnern mögen sich jetzt andere, ich muss hier ein Skelett mit Fleisch versehen. Der Wind reißt an meinem Mantel. Ich habe mich dreimal umgezogen, bevor ich das Haus verließ. Was trägt man, wenn man seinen toten Vater und seine neuen Geschwister trifft?

Bäume zittern, Blumen liegen verweht im Gras. Die Böen zerren an mir. Ich friere. Ich versuche, Erkenntnisse zu gewinnen – aus dem Grabstein, den Chrysanthemen und Nelken, den grünen Glaskieseln, unter denen er liegt. Ich versuche, ihn zu fühlen, lasse ihn mich fühlen. Hätte er sich darüber gefreut, dass ich hier bin? Das Barnardo-Baby hätte sich gewünscht, am

Grab seines Vaters zu stehen. Ich steige zu meinem Bruder ins Auto. Es ist Zeit, seine Frau kennenzulernen.

The Blob – früher hieß sie Yates Wine Lodge – ist ein großer Raum mit aufgereihten Vierertischen. Alte Männer, die seit etwa 31 Jahren mit denselben Freunden auf denselben Stühlen Guinness und Lager trinken. Nur der Name über der Tür hat sich geändert. Frank trank «Aussie white», nicht Chardonnay. Australischer Weißwein mit Brandy. Braun wie Sherry, 17 Prozent Alkohol, süß und flach wie ein Softdrink vom Vortag. Er wird mit Eis und einem Schuss Limonade serviert, ein starkes alkoholisches Getränk für Männer und Frauen der Arbeiterklasse und für Menschen, die auf Parkbänken trinken. Ich kann ihn beinahe hier am Tisch mit Tony, Mick und Bernadette sitzen sehen.

Micky 10 Tops nennen seine Kinder meinen kleinen Bruder, weil er leicht fror und stets mehrere Schichten trug. Seine Hand ist immer kalt, wenn ich sie schüttele, kälter als der Wein. Er wirkt ein wenig nervös, das ist er wohl schon sein Leben lang: das einzige außerhalb von Liverpool geborene Kind. Als Baby hatte er eine Hirnhautentzündung, ein Auge war blau, das andere braun, «wie David Bowie». Er war ein früher Raucher und hat sich mit acht Jahren im Schlaf seine Füße an sich entzündenden Cowboy-Streichhölzern verbrannt, die er in seinen Socken aufbewahrte. Etwa um dieselbe Zeit hat Frank ihn und Tony gezwungen, eine Flasche Marine-Rum auszutrinken, nachdem er entdeckte, dass sie seinen gestohlen hatten. Nach einem Unfall – ein Hirnschaden nach einem Kampf, bei dem er mit dem Kopf gegen den Bordstein knallte – ist Mick ruhiger geworden. Er bricht früh auf, um seine Tabletten zu nehmen. Er und Tony haben eine sanfte Zähigkeit, eine zähe Sanftheit. Sie erinnern mich an Christopher.

Bernadette, die Jüngste, genau wie unsere gleichnamige Tante, hat meine blassen Augen mit den leichten Schlupflidern. Sie redet wie ein Wasserfall. Wir sind alle nervös. Bernie ist eine Frau des Militärs: Sechzehn Jahre in der Armee, hat im Irak gedient. Sie ist lustig und schnell. Sie ist für das Reden am Tisch zuständig, erzählt Geschichten. Über ihren Dad, der die Kinder aufweckte, wenn er aus dem Pub kam, laute Musik anstellte und sie dazu tanzen ließ. Sie vergöttern ihn. Ihre Mutter Irene soll gesagt haben, sie würden ihn auf ein Podest heben, und man merkt noch jetzt beim Erzählen, wie legendenumwoben er ist. Immer wieder dieselben Formulierungen, dieselben Geschichten. Der Pub, das Tanzen, das Trinken, die Pralinenschachteln, ein warmer, aber wenig zugänglicher Mensch in ihrem Leben. Es scheint, als hätten auch sie sich an Fetzen und Bruchstücke gehalten, ihn aus spärlichen Erinnerungen zusammengesetzt. Wir gehen spazieren, wir essen, wir reden, wir trinken. Es ist ein lauter Freitagabend in Liverpool: knappe Oberteile, kurze Röcke, dicke, aufgedrehte Locken und hohe Absätze. Eine Frau hält sich am Hemd ihres Freunds fest, während sie auf turmhohen Schuhen eine Treppe hinunterzugehen versucht. «Wir sind wie Elefanten», sagt sie, als sie meinen Blick einfängt. Sie gleitet am Geländer hinunter, der schmale Rock hochgerutscht.

Es gibt einen Graben zwischen den Geschwistern. Bernie und Tony reden nicht mit Paula und Debbie, Bernie spricht aber mit Donna, die wiederum nicht mit Tony reden will. Am nächsten Morgen treffe ich die großen Schwestern, meine zweite Ladung O'Tooles. Sie sehen ähnlich aus. Ich kann meine anderen Schwestern in ihrer Traurigkeit wiedererkennen; etwas von der jungen Sheila in ihrer Figur. Es scheint, dass Frank einen bestimmten Typ bevorzugte.

Es ist 11 Uhr vormittags, ein Dezembersamstag, wir tragen alle unsere Sonntagskleidung. Paula, Donna, Debbie und ich. Paula ist die Älteste. Ihr Vater starb einen Tag vor ihrem 21. Geburtstag, und ihre Mutter Irene starb an Paulas 51. Geburtstag. Sie hat Mick damit genervt, was er zu unserem Treffen anziehen soll, und hatte Bedenken, wie ich den Pub finden würde. Sie wollte, dass Mick einen guten Eindruck auf mich macht. Ich sage, dass mir das Blob gefällt, der *Aussie white* allerdings nicht. Und ich könne mir gut vorstellen, wie Frank mit seinen Kumpels Abend für Abend am selben Tisch saß und starken Wein und Marine-Rum trank. Wir laufen langsam um «Paddys Wigwam» herum – Liverpools katholische Kathedrale. Wir zünden Kerzen in der Versöhnungskapelle an. Wir kehren im Kirchencafé ein und trinken Tee. Wir exhumieren Frank aus ihren Erinnerungen. Sie fragen nach mir, ich frage nach ihm. Wir lachen, ich mit leichter Atemnot. Irene war siebzehn, sagt Paula, als sie sich in ihrer Heimatstadt kennenlernten. Frank war Mitte dreißig, erzählte ihr aber, er sei einundzwanzig. Wegen des Fotos, das ihre Mutter in Franks Anzug fand, hatten seine Kinder immer geglaubt, sie hätten einen Bruder. Mit mir komme ich auf jeweils sieben Kinder für Sheila und für Frank. Einer von dreizehn, wie mein Vater.

Paula und Tony hatten versucht, den blonden Jungen zu einer Pension auf der Isle of Man zurückzuverfolgen, aber als sie dort ankamen, war da nur ein Elektrogeschäft. Das Gefühl aber, dass irgendwo im Äther ein älterer Bruder existierte, blieb. Unsere vier Stunden vergehen wie im Flug. Frank war viel fort, und wenn er zu Hause war, verbrachte er die meiste Zeit im Pub. Hin und wieder nahm er eines der Kinder mit, kaufte ihm (natürlich) Garnelen und schickte es wieder nach Hause.

Er habe nie «Ich liebe dich» gesagt, erklären sie. Man durf-

te nicht im Schlafanzug nach unten kommen, nur vollständig angezogen. Sie mussten das Zimmer verlassen, wenn seine Freunde kamen. Einmal in der Woche gingen sie zu ihrer Oma. Durften nur sprechen, wenn sie dazu aufgefordert wurden. Nachdem Paula ausgezogen war, kam sie immer noch jeden Tag nach Hause, um ihm das Frühstück zu machen. Sie tut immer noch weh, die Wunde, die er hinterließ.

Tony sagt, Paula sei eher eine Mutter gewesen als Irene. Sie sagt, er sei ein ungezogener Junge gewesen. Aber die großen Schwestern wollen jetzt nicht mehr mit Tony und Bernadette sprechen. Es ist nicht der richtige Zeitpunkt, nachzubohren.

Sie bringen mich zum Zug, haben Schwierigkeiten beim Überqueren von Straßen. Sie sind zögerlich. Es könnte an mir liegen. Wir trinken noch ein Lager in der Lime-Street-Bahnhofsbar. Hier hat Frank ebenfalls getrunken. Sie schenken mir Fotos. Frank als junger Mann und dann Aufnahmen von später, auf denen man sieht, wie sich das Leben aus ihm zurückzieht. Paula gibt mir seine Marine-Papiere, ein Foto mit seinen Kumpels. Als ich zu Hause ankomme, habe ich Magenkrämpfe, aber ich weiß jetzt, wie mein Vater als Vater war. Ich habe an seinem Grab gestanden und hallo gesagt.

Ich bin ein Eisberg. Das meiste von mir ist verborgen. Ich fühle mich ausgeleert, als hätte ich Blut gespendet. Mit Franks Familie ist es gut gelaufen. Sie waren einfühlsam und liebenswürdig. Es war beinah banal, aber jetzt stehe ich unter Wasser wie der Lake District. Meine Schutzwälle sind zerstört worden. Meine Kraft läuft aus, meine Faust ist schwach. Das Ufer weicht zurück. Ich bin überflutet. Ich muss mich treiben lassen, vertrauen (wenn ich kann), schauen, wo ich lande.

Am nächsten Tag bin ich wieder im Schrebergarten. Es ist warm für Dezember. Feucht. Die Studentenblumen und die Ka-

puzinerkresse sind leblos, nicht in der Lage, durchzuhalten. Ich nehme sie heraus. Mit den blanken Händen. Heute kein Werkzeug. Ich rolle sie zu Bündeln, sammle sie für den Kompost zusammen. Wo sie gelegen haben, gibt es Samen für den nächsten Frühling und Sommer. Ich verteile ihn.

Ich ernte Rüben und Chioggia-Rote-Bete, pflücke Petersilie und Kerbel. Auf dem Heimweg kaufe ich ein Hühnchen, packe dann alles in einen Topf und stelle ihn in den Backofen fürs Sonntagsessen. Ich brauche Trostnahrung.

Ich bin es leid, traurig zu sein. Die unnütze Suche nach einer unnützen Familie, mein trügerischer Seelenfrieden. Jemand hat einmal gesagt, Pflegekinder seien wütend und hätten niemanden, der ihren Zorn absaugt, so wie man Gift aus einer Schlange zieht. Und es war wirklich Zorn, der mein Abkommen mit Dudley zunichtemachte, meine Liebe zu Christopher zerfraß und manchmal noch jetzt an mir nagt. Und da ist sie wieder: eine Wut, berauschend wie Whisky, betäubend, beinah schon Hass.

Ich war als Kind nicht ausgelegt für rationale Begründungen, hatte kein erwachsenes Verständnis für meine Teenager-Mutter, meinen nichtsnutzigen Vater, den Mangel an Liebe. Alles, was ich wusste, war, dass ich ganz allein war, der nährenden Brust und meinem Zuhause entrissen.

Und jetzt ist das wütende Kind erstarkt und voller Kraft. Bereit, alles zu verbrennen. Auszulöschen. Napalm zu fordern, einen Bombenteppich zu werfen. Wie Calley in My Lai giere ich fast danach, alles in Schutt und Asche zu legen. Es wird also Zeit, Kollateralschäden zu begrenzen, sofern ich kann. Ich muss mich von dem gefährlichen Knopf fernhalten.

Ich werde eine Tüte mit Samen füllen. Einen Bus nehmen. Boden vorbereiten. Schnur spannen. Säen. Und auf die innere Ruhe warten. Und auf Ringelblumen.

Christopher war mein, er war meine Verantwortung, als sei er mir als Kind geschenkt worden, so wie ihm sein fuchsrotes Kätzchen geschenkt wurde. Er war klein, verwundet, hilflos, bedurfte dauerhafter Zuwendung und Liebe. Ein ängstliches Lächeln, beeinträchtigt durch einen nervösen Tick. Anfangs funktionierte es, wir rollten uns zusammen, wir flüsterten einander beruhigende Geschichten zu. Zumindest eine ganze Weile lang. Aber wie Kater Tuppence waren wir halb verwildert, und ich wurde nachlässig. Eines Tages ließ ich Christophers versperrte Tür offen, und auch er entschlüpfte. Ob ich ihn wohl im rechten Licht sehen könnte, wenn ich an den Fluss zurückkehren würde? Stünde er dort, für immer sechs, in seinen Khakishorts, mit seiner mageren Brust und seiner Angel?

Ich habe immer gewusst, dass ich leistungsfähiger war als Christopher. Er war zwar besser mit seinen Händen und Füßen, am besten mit anderen Jungen, aber ich konnte gut mit Mädchen, mit Lilian und Dudley und war gut in der Schule. Ich wusste, dass es darauf ankommen würde. Ich konnte Menschen dazu bringen, dass sie sich um mich kümmerten. Ich wusste, dass man sich im Krieg (und mir war klar, dass es einer war) lieber mit Worten aus dem Kampf herausreden sollte, egal, wie gut die eigenen Fäuste sind. Schlicht gesagt, ich wusste immer, dass ich mehr Glück hatte. Und das entschied alles.

Ich war Sheila und ihren Männern, war Krätze, Eiterflechte, Herpes und Rachitis entkommen. Ich hatte die TBC überlebt. Ich konnte reden (und was habe ich geredet) und charmieren und lächeln. Ich konnte Menschen dazu bringen, mich zu wollen. Ich war elastischer, Zeug blieb an mir nicht lange kleben. Im Gegensatz zu heute.

Es ist schwer, die Sache mit Frank O'Toole unter Kontrolle zu halten. Mittlerweile finde ich zwar, dass ich einiges gut hin-

bekam: Lesley, Ray, Sheila, neue Brüder und Schwestern aufzuspüren und Christopher wiederzuentdecken. Ich hatte Raum für sie alle. Aber ein verlorener Vater war zu viel, es war zu heftig, es ließ sich nicht rasch verarbeiten. Er steckt mir immer noch unverdaut im Hals. Bis es so weit ist, werde ich völlig ausgebeult sein.

Das Jahr der Väter. Das Jahr, in dem ich Frank gefunden, bei Ray vor der Tür gestanden, Dudleys verstörende Gedanken gelesen habe. Francis O'Toole habe ich nicht rechtzeitig entdeckt. Dreißig Jahre sind ein ganzes Leben zu spät. Der junge Mann ist in der Zeit ein junger alter Mann geworden und jetzt schon lange tot. Ich ahne nun ein wenig, wie eine Kindheit mit ihm gewesen sein mag, doch je näher ich ihm komme, desto mehr entzieht er sich. Ich lese in seinen Armee-Akten, studiere sein Soldbuch und seine Personalakte. Ich starre auf seine schräg abfallende Unterschrift. Ich habe jetzt beide Unterschriften, die meiner Mutter und die meines Vaters. Ich habe ihre Namen in ihrer eigenen Schrift gesehen, geschrieben, bevor ich geboren wurde: Sheilas ist kindlich, wenig selbstbewusst; Franks hat eine extravagante Neigung. Ich kriege Semiologie anstelle von Sicherheit. Ich lese die Runen.

Hauptbuch / Versetzungsliste
Francis Anthony O'Toole
Schiff: Indefatigable; 31.2.52
Allgemeiner Einschätzung nach gilt er als guter Koch, aber er ist desinteressiert und ist Autoritäten gegenüber unwillig. Es ist zu hoffen, dass er sich in einer neuen Umgebung besser verhält. Er hat einen einnehmenden Charakter, und ich kann nicht umhin, ihn zu mögen.

Der nächste Eintrag ist auf zwei Monate vor meiner Geburt datiert und kommt von der HMS *Decoy*, dem Schiff, das vom Barnardo-Heim erwähnt wird. Beide Berichte, der über meine Mutter wie der über meinen Vater, wurden etwa zur selben Zeit und im selben Ton verfasst.

> Schiff: Decoy; 10.11.53
> Beruflich, in der Kombüse, ist er ein guter Handwerker und kann Verantwortung beim Kochen übernehmen. Für sich selbst Verantwortung zu übernehmen ist er jedoch nicht fähig und von daher nicht geeignet als Vorarbeiter, denn er wäre ein schlechtes Beispiel und gilt wegen seiner Schwäche hinsichtlich Alkohol und Frauen bei Landgang als verantwortungslos und schmuddelig. Ich bezweifle, dass er sein regelwidriges Verhalten jemals in den Griff bekommt.

Ein schmuddeliger Vater mit regelwidrigem Verhalten, eine moralisch schwache Mutter – mein spezielles Vermächtnis.

In späteren Berichten heißt es, dass er «versucht, seinen lockeren Ruf vergessen zu machen». Im Juni 1956 besteht er die Prüfung zum Fähnrich zur See zu 82 Prozent. Er wird nicht befördert. Im Februar 1957 ist er «betrunken an Land in der Lucky Wheel Bar»; im Juli desselben Jahres muss er dreimal in sechs Wochen in den Schiffskarzer, weil er eine Flasche Whisky an Bord gebracht und zwei Fenster im Karzer kaputt geschlagen hat.

Ich halte seine Jugend in meinen Händen, ein paar Blätter schäbigen Papiers, ein verblichenes Schwarzweißfoto. Da ist er, nackt bis zur Taille, Fäuste gereckt, streitsüchtig, ein kämpfender O'Toole, ein weiterer Boxer für die Familienliste. Ein weiterer

halb erkennbarer Mann, der zu entziffern ist, dessen Charakter aus Chiffren gedeutet werden muss.

Der kränkliche Ray hat mich dieses Jahr krank gemacht, die Halberinnerungen, die er zutage förderte. Je mehr er enthüllte, desto geheimnisvoller wurde es.

Also bleibt mir nur Dudley, der die Unterschiede zwischen meinem Bruder und mir nährte, der meine Identität, mein Glück, mein Leben änderte, bis auch er sich davonmachte. Der Mann, der die Saat legte.

Sind es nur Menschen wie ich, solche mit meiner Vergangenheit, die sich derart besessen damit beschäftigen, wer sie sind? Was, wann, wo und warum? Das unlösbare Rätsel: Erbanlage oder Sozialisation, «Natur oder Kultur»? Vielleicht bin ich eine Kombination aus Frank, Ray und Dudley, bin alle oder keiner von ihnen, eine selbst zusammengestellte Mischung. Es wird Zeit, mit dem Fragen aufzuhören, Zeit, dankbar zu sein, finde ich.

Ein Jahr lang war ich Christopher auf der Spur. Ein Jahr, in dem sich seine Fährte wie im Schnee allmählich verlor. Ich skizziere ihn rasch, weil er ebenfalls verblasst. Fast fünf Jahre habe ich gebraucht, um die Lücke zu sehen, die er hinterließ. Jetzt habe ich weitere Brüder, die vielleicht ihm mehr ähneln als mir, auch wenn sie nicht seine DNA haben. Am Anfang von allem (wo immer, wie auch immer, ein Neubeginn war es) waren Christopher und ich alles, was wir hatten.

Das Jahr der Brüder, in dem ich Christopher heraufbeschwor und Tony leugnete. Der Teenager Christopher war zu einer Peinlichkeit geworden. Ich sah nur noch seine Unbeholfenheit, seine Schwäche, seine Unfähigkeit, allein zu sein. Ich werde nie erfahren, was bei meiner Mutter passiert ist, aber jemand hatte ihm das Mark ausgesogen, bevor sie ihn ausspuckten.

Ich konnte seinen Kummer hören, als ich kleiner war, doch dann verlor ich die entsprechende Frequenz. Zu erkennen war dieser Kummer an seinem Bedürfnis, sich mit anderen Jungen zu umgeben, an seiner unbeirrbaren Ergebenheit schrecklichen Ehefrauen gegenüber. Seine Liebe zeigte er in Babysprache. Experten hatten ihn in seiner Abhängigkeit geschult. Und er trat ab, als niemand mehr für ihn da war.

Verwüstet von seiner Mutter, verstoßen von seinen Vätern und immerzu mit mir verglichen. Für eine Weile war ich sein sicherer Hafen, bis auch ich ihn verriet. Als ich schließlich erwachte, war es längst zu spät. Jetzt ist er selbstverständlich für immer fort. Ich versuche, wieder Vertrauen zu gewinnen, aber es war ein langes Trauerlied. Mein Gartentagebuch ist zum Lied einer Witwe geworden. Ich besinge einen geliebten Menschen, der auf See geblieben ist.

Dies ist nun also sein Loblied, eine Art Rede an seinem Grab, falls er eines hat, Geschichten, zusammengestellt für die Beerdigung. Ich trage seinen Sarg. Ich lege Zeugnis ab. Er war mein Bruder. Ich trauere immer noch um ihn.

Meine Vergewaltigungs- und Mörderträume sind zurückgekehrt. Ich wehre sie ab. Ich versuche verzweifelt, Luft zu bekommen, aufzuwachen.

Es ist wieder Weihnachten im dänischen Sommerhaus: wild, windig, noch dunkel, die Vorhersage verkündet Unwetter und anschließend Schnee. Auch hier pflanze ich seine Studentenblumen, trotz meiner Zweifel, ob er selbst es später auch noch tat. Nicht als Wiedergutmachung dafür, dass ich ihm meinen Judasrücken zukehrte, aber vielleicht als ein Akt der Buße, indem ich es immer wieder hinschreibe, wie in der Schule.

Manchmal ist alles vorbei, für den Tag, alles gesagt, alles gerüstet für die Nacht, und der Tag noch nicht vorbei, noch lange nicht vorbei, die Nacht noch nicht so weit, noch lange, lange nicht so weit.

Samuel Beckett, *Glückliche Tage*

Das Paradies lässt sich in Gärten nieder,
und es lässt sich in meinem nieder.

DEREK JARMAN,
Derek Jarmans Garten

Postskriptum

EIN SOMMERLICHER SONNTAGNACHMITTAG in einem anderen Garten meines Lebens, vier Türen weiter, wo meine Tochter Kala und ihre Kinder Leah und Dylan wohnen. Ich werfe einen Blick umher und sehe sie die Blumen gießen, die wir säen: Kosmeen, Mohn, Kornblumen, Ringelblumen (natürlich). Ich beobachte, wie sie bei den Einjährigen die welken Blüten auszupfen und ihre Rosen hochbinden und wie sie Jasmin durch das Rankgitter fädeln. Ich höre Kala aufschreien, als sie wieder eine Spinne entdeckt. Ich sehe sie im Gras liegen, sehe sie sitzen und essen und mit Freunden plaudern.

Kalas Garten ist ein Produkt der Zusammenarbeit. Ich kaufe zu viel Samen und versuche, meine Tochter dazu zu überreden, alles wild durcheinanderwachsen zu lassen, während sie und Henri die Pflanzen unbarmherzig nach Größe und Farbe sortieren. Wir säen Sommereinjährige an Kalas Geburtstag im Mai und pflanzen Frühlingstulpen im Herbst. Es ist ein urbaner Familienblumengarten. Er wird viel genutzt und sehr geliebt.

Heute findet ein Grillfest statt. Radha, meine jüngere Tochter, erscheint als Erste, mit zweien ihrer Kinder: Lene und Taylor. Liam, ihr ältester Sohn, lebt bei Henri und mir, seit er dreizehn ist. Heute habe ich ihn um 12 Uhr geweckt, eine halbe Stunde bevor alle erwartet werden. Es ist sein letztes Jahr als Teenager. Wie eine Katze kann er die Nächte draußen verbringen und den größten Teil des Tages verschlafen. Kala kocht in ihrer Küche – Jerk-Hühnchen, ein Lieblingsgericht der Familie. Leah, gerade erst von einem Sommer auf Ibiza zurück, bereitet ihren Kartoffelsalat vor. Henri und ich haben Tomaten von der Terrasse und gekochte Bohnen und Zucchini von der Parzelle mitgebracht.

Mein Sohn Jaime gesellt sich mit Familie zu uns: seine Frau Rebecca mit Tara und Emily. Tara ist vier Jahre alt, Emily zwei; beide sind blond mit großen blauen Augen. Es ist einfach, mich in ihnen zu erkennen. Im Nu drängen sich Cousinen und Tanten um sie, Decken werden im Gras ausgebreitet, Spiele aufgebaut, riesige hölzerne Nullen und Kreuze. Dylan und Lene lassen Tara gewinnen. Eine kluge, liebevolle Entscheidung. Emily lacht und klatscht in die Hände.

Die Sonne scheint, die Blumen leuchten, es wird viel und lange umarmt und geküsst. Wundersamerweise sind wir eine berührungsfreudige Familie. Das ist mir immer wichtig gewesen.

Der Grill glüht erfreulich stark. Der Tisch ist beladen mit Krügen und Bechern und Speisen.

Taylor ist vierzehn und fußballverrückt. Er grinst und führt seine besten Balltricks vor. Alle sind beeindruckt. Er ist im letzten Jahr stark gewachsen. Liam ist 1,92 Meter groß. Er muss sich schon lange zu mir hinunterbeugen, wenn er mich umarmt. Er und Taylor stecken die Köpfe zusammen.

Jaime kommt zu mir an den Grill. Wir rösten Kalas Hühnchen. Henri und Radha wuseln in mütterlichem Eifer umher, versorgen die kleinen Kinder mit Zitronenlimonade und alle anderen mit Prosecco.

Kalas Kosmeen wiegen sich, ätherisch rosa, in der leichten Brise. Die mexikanischen Sonnenblumen stehen voll in Blüte. Der Garten ist vielleicht ein wenig zu bunt, so wie wir. Teller werden gereicht, geleert und neu beladen.

Karen, eine befreundete Fotografin, macht Bilder. Abgesehen von Weihnachten, ist es schwer, sie alle zusammenzubekommen. Ich wünsche mir jedes Mal, diese Momente nie zu vergessen. Als ich einen Toast ausspreche, schießen mir die Tränen

in die Augen. Die Familie, nach der ich im vergangenen Jahr, eigentlich mein Leben lang, gesucht habe, sage ich, ist die, die hier um mich versammelt ist.

Danksagung

Zuallererst danke ich Henriette für ihre Geduld und ihre Liebe, als ich mich immer tiefer in meine Kindheit vergrub. Weiter geht mein Dank an meine Schwestern Lesley und Susan dafür, dass sie mir ihre Geheimnisse anvertraut und das Manuskript gelesen haben. An Mary und Howard für ihre Freundschaft und dafür, dass ich Parzelle 29 mit ihnen teilen darf. An alle von Branch Hill. An Louise Haines von 4th Estate für den Auftrag zu diesem Buch und ihren Zuspruch während seines Entstehens. An Araminta Whitley von LAW für substanziellen Rat. An Nigel Slater für Anregungen. Danken möchte ich auch einigen der Menschen, die mir Schutz gewährten, als ich ein Kind war.

Über den Autor

Allan Jenkins ist preisgekrönter Journalist und Herausgeber des Magazins «Observer Food Monthly». Zuvor arbeitete er als Gastrokritiker für die Zeitung «The Independent» und baute eine Weile in einer Ökokommune auf der Insel Anglesey Bio-Gemüse an. Heute lebt er in London.

Quellen

S. 17: Zitat aus Seamus Heaney: Vom Graben. Übersetzt von Henriette Beese. In: Seamus Heaney: Ausgewählte Gedichte. Selected Poems 1965–1975. Übertr. und Nachwort von Henriette Beese. This selection © Seamus Heaney 1980. Klett-Cotta, Stuttgart 1984.

S. 148/49: Liedtext: Nobody's Child. M & T: Cy Coben, Mel Foree © Sony/ATV Milene Music. Mit freundlicher Genehmigung von Sony/ATV Music Publishing (Germany) GmbH.

S. 154: Zitat aus Joan Didion, Das weiße Album, in: Joan Didion: Das weiße Album. Aus dem Englischen von Charlotte Franke. Rowohlt Taschenbuch Verlag, Reinbek bei Hamburg 1997.

S. 218: Textauszug aus: T. S. Eliot, Das wüste Land, in: ders., Werke in vier Bänden, 4: Gesammelte Gedichte 1909–1962. Aus dem Englischen von Eva Hesse. © Deutsche Übersetzung Suhrkamp Verlag, Frankfurt am Main 1972/1988.

S. 248: Liedtext: I Love The Nightlife. Text & Musik: Alicia Bridges, Susan Hutcheson, Verlag: Bike Music (BMI).

S. 294: Textauszug aus: Samuel Beckett, Dramatische Werke. Werke. Erster Band. Theaterstücke. Werkausgabe in zehn Bänden. In Zusammenarbeit mit Samuel Beckett herausgegeben von Elmar Tophoven und Klaus Birkenhauer. Übertragen von Elmar Tophoven, Erika Tophoven und Erich Franzen. © der deutschen Ausgabe Suhrkamp Verlag, Frankfurt am Main 1976.

MIX
Papier aus verantwortungsvollen Quellen
FSC® C083411
www.fsc.org

Das für dieses Buch verwendete Papier ist FSC®-zertifiziert.